World Archi

Vol.1

Canada and
the United States

北美

总 主 编：【美】K. 弗兰姆普敦
副总主编：张钦楠
本卷主编：【美】R. 英格索尔

20世纪 世界建筑精品 1000件

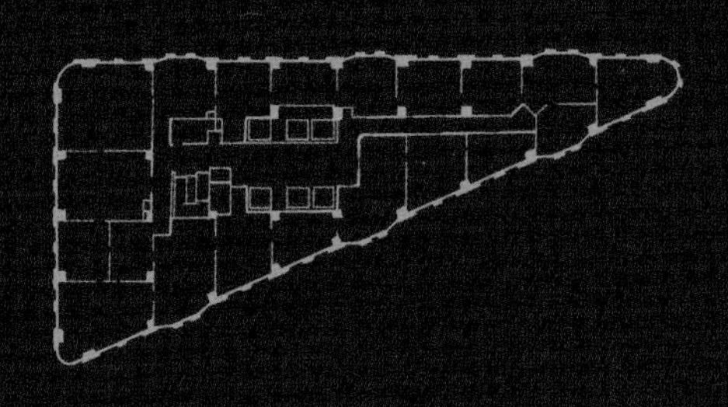

生活·讀書·新知 三联书店

20 世纪世界建筑精品 1000 件
（1900—1999）

目　录

1900—1919

1920—1939

1940—1959

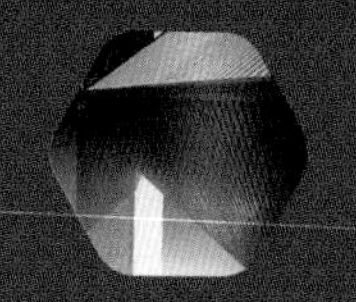

1960—1979

1980—1999

总导言

总主编

K. 弗兰姆普敦

分区与提名的方法

K. 弗兰姆普敦
（Kenneth Frampton）
美国哥伦比亚大学建筑、规划、文物保护研究生院的威尔讲座教授。他是许多著名建筑理论的开创者和历史性著作的作者，其著作包括：*Modern Architecture: A Critical History* (London: Thames and Hudson, 1980, 1985, 1992, 2007) 和 *Studies in Tectonic Culture: The Poetics of Construction in Nineteenth and Twentieth Century Architecture*, edited by John Cava(Cambridge: MIT Press, 1995, 1996, 2001)等。

难以想象有比试图对20世纪整个时期内遍布全球的建筑创作做一次批判性的剖析更为不明智的事了。这一看似胆大妄为之举，并不由于我们把世界切成十个巨大而多彩的地域——每个地域各占大片陆地，在社会、经济和技术发展的时间表和政治历史上各不相同——而稍为减轻。

可以证明，此项看似堂吉诃德式之举实为有理的一个因素是中华人民共和国的崛起。作为一个快速现代化的国家，多种迹象表明它不久将成为世界最大的后工业社会。这种崛起促使中国的出版机构为配合国际建筑师协会（UIA）于1999年6月在北京举行20世纪最后一次大会而宣布此项出版计划。

尽管此项百年评介之举的背后有着多种动机，做出编辑一套世界规模的精品集锦的决定可能最终出自两个因素：一是感到有必要把中国投入世界范围关于建筑学未来的辩论之中；二是以20世纪初外国建筑师来到上海为开端，经历了一个世纪多种多样又反反复复的折中主义之后，中国有重新振兴自己建筑文化的愿望。

在把世界划分为十个洲级地域后，我们的方法是为每一地域选择100项均衡分布在20世纪的典范建筑。原本的目标是每20年选20项，每一地域选100项重要作品，全球整个世纪选1000项。然而，由于在20世纪头25年内各国的现代化进程不同，在有的情况下需要把前20年的份额让出一半左右给后来的80年，从而承认当“现代时期”逐步降临时世界各地技术经济发展初始速度的差异。

十个洲级地域的划分如下：1.北美（加拿大和美国），2.中、南美（拉丁美洲），3.北欧、中欧、东欧（除地中海地区和俄罗斯以外的欧洲），4.环地中海地区，5.中东、近东，6.中、南非洲，7.俄罗斯–苏联–独联体，8.南亚（印度、巴基斯坦、孟加拉国等），9.东亚（中国、日本、朝鲜、韩国等），10.东南亚和大洋洲（包括澳大利亚、新西兰、塔斯马尼亚和其他太平洋岛屿）。

这一划分一旦取得一致，接下来就是为每一卷确定一位主编，其任务是监督建筑作品选择过程并撰写一篇综合评论，对本地区的建筑设计做一综述。这篇综合评论的目的除了作为对本地区建筑文化演变的总览之外，还期望对在评选过程中由于意见不同、疏忽或偶然原因而难以避免的失衡做些补救。评选由每卷聘请的五名至九名评论员进行，他们是建筑评论家或历史学家，每人提名100项典范作品，由主编进行综合后最后通过投票确定。

我个人的贡献可以视为在更广泛的范围内对这种人为的地理分割和其他由于这一程序所必然产生的问题

进行补救。然而，在进一步论述之前，我必须说一下在总的现代化过程中出现的有争议的现代建筑和似传统建筑之间的区别。后者承认现代化，但主张以某种措施考虑文化延续性和抵抗性，因此被视为“反动的”。这样，人们会发现各卷之间选择的项目在性质和组成上有甚大的不同，不论是在设计思想上，还是在表达时代的技术和社会特征方面。

在这传统和创新的演示之外，另一个波动是更难解释的同一时间和地点发生的不同建筑表达模式，它们不仅在强度上不同，而且作为一种文化势力或运动的存在时间也大相径庭。为了说明这种变化，我们可以芝加哥的草原风格为例。它从1871年的大火到1915年赖特设计的米德韦花园（Midway Gardens），是连续发展的，但其后这一地方性运动就失去了其劲头和方向；与此相反的是南加州家居发展的长得多的轨迹，它从1910年I. 吉尔设计的道奇住宅开始，到60年代洛杉矶的最后一座案例研究住宅为止，佳作延绵不断。同样，我们可以提到德国在1905年至1933年间特别丰产的时期，以及芬兰、捷克斯洛伐克同一时期的状况，其发展一直延续到第二次世界大战之前。人们也可注意到：这两个国家对激进现代建筑的培育离不开国家作为进步现代力量的概念。类似的意识形态上的民族文化轨迹在斯堪的纳维亚国家和荷兰的特定时期也可看到。

我们还可以看到与结构工程学相关的文化如何因时因地变化，在某个国家其技术潜力和优雅可塑达到特别高超的程度，而另一国家尽管掌握其普遍原理，却逊色甚多。于是，在1918年至1939年间的法国、瑞士、意大利、捷克斯洛伐克和西班牙可见到真正出色的结构工程文化，尤其是在钢筋混凝土领域，而英美国家在同一时期内却只有最实用主义的构筑形式。在英国，唯一的例外是工程师E. O. 威廉斯的工厂建筑和丹麦流亡工程师O. 阿鲁普的作品。在美国，混凝土领域的例外案例是巨大的水坝，特别是在田纳西河流域管理局以及在科罗拉多建造的巨石坝。

当然，在世界范围内，技术经济发展的速度是大为不同的，至今，还有前工业文化，乃至前农业、游牧、部落文化以这样那样的方式生存下来。同时，有组织的建筑产业连同建筑师职业实践在许多国家仅仅是第二次世界大战以后的事。这种前建筑师的建造文化，B. 鲁道夫斯基在他1963年出版的书中用了“没有建筑师的建筑”这一标题。今日在所谓“第三世界”中却出现了扭曲的反响，这里的许多大城市周围出现了自发移民的集合，自占的土地，没有足够的基础设施，也就是无水、无电、无污水处理等为人类密集居住场所保证健康生存所必需之物。对此，我们得承认一个严峻的事实，这就是即使在像美国这样的发达国家，每年建造量不足20%的部分才是由职业建筑师所设计的。

综合评论

本卷主编

R. 英格索尔

建筑、消费者民主和为城市奋斗

R. 英格索尔
（Richard Ingersoll）
建筑评论家和建筑史学家。1949年生于美国旧金山附近，在加州大学伯克利分校获博士学位，曾执教于休斯敦的赖斯大学和加州大学伯克利分校，执教于意大利锡拉丘兹大学的佛罗伦萨分院和费拉拉的建筑学院。1983年至1998年任《设计评论》主编。著有《罗马在文艺复兴中用作宗教仪式的公共场所》《勒·柯布西耶：一种外形的联姻》等。

尽管地理和气候条件不同，美国和加拿大却具有惊人相似的文化。除去加拿大讲法语的魁北克省和美国西南某些讲西班牙语的聚居区以外，大部分种族上和语言上的差异，都是吸收或从属于英语和盎格鲁-撒克逊传统的。尽管在过去的一个半世纪里，许多移民群曾创建了明显的民族区，因而得名像小意大利、中国城和西班牙语区等，同时由于开拓和种族歧视的历史，造成美洲土人和非洲裔美国人等贫困的亚文化群居民生活在种族隔离地区，但世界上第一次大规模的消费者文化已经在某种程度上产生出文化的统一效果。

正像法国评论家A. 德托克维尔（Alexis de Tocqueville）在19世纪30年代所指出的：新世界与欧洲的基本不同，就在于不受传统约束的实用主义精神[1]。随着20世纪初汽车工业的诞生，美国的实用主义又跃进了一级：由H. 福特（Henry Ford）发展的装配线系统（图1）和F. W. 泰勒（Fredrick Winslow Taylor）的“科学管理”，促进了汽车的大量生产（图2）；而当通用汽车在20世纪30年

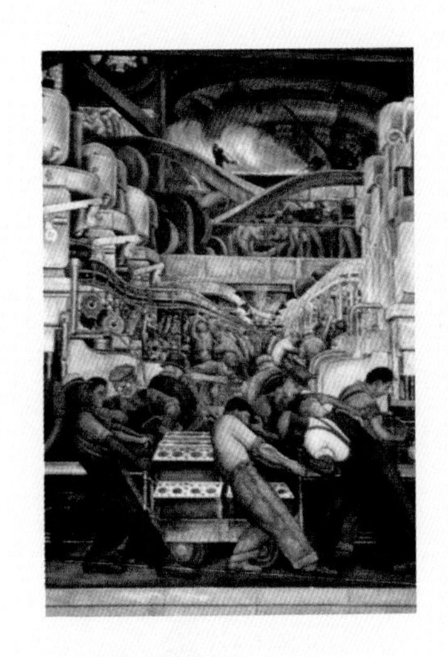

1 “装配线”壁画，1933 年
（作者: D. 里韦拉，底特律艺术学院）

2 福特汽车公司，在高地园工厂前的雇员们，1928 年

代强调外形，将产品设计调整为面向消费者心理时，则引出畅销的概念来[2]。1913年，美国变成了世界上主要的工业力量，而在1929年的统计上，美国的经济总量则已占世界经济总量的42%[3]。随着20世纪中期电视的出现，消费主义充斥了美国人观念的各个层面。汽车和电视的联合冲击，已经显著地影响到建筑艺术的趣味以及城市形态的分散趋势[4]。供出租的办公摩天楼、面向汽车的购物商场以及分散的郊区独立住宅居民点，就是这种体制的典型建筑产物。本书中许多广受赞赏的北美建筑物，则是由于试图对抗消费主义或者仅仅是不受其控制而赢得了赞许。

在20世纪初，北美建筑和城市化展现出一种民主的信仰与垄断企业的贪婪进行斗争的经常矛盾的目标。19世纪的工业大都市像是一处战场，市民无私的良好愿望与私人牟取暴利的行为总在争吵不休，同时伴随着城市美化与反城市投机开发的矛盾。从迈阿密到温哥华，尽管北美每座城市的中心地带几乎都是由规划街区的统一方格网所形成的，但是由于不适当的限高法规，大城市的天际线上突然爆出惊人的高楼。而随着铁路和公路设施的兴建，紧凑的历史城市同样戏剧性地消失了。城市上层人物为保持城市的发展和坚持一致的城市法规而做的努力，总会遭遇到内部矛盾。公司利用城市作为产品、劳动力和市场的资源来开发而创造了财富，它使得城市美化成为可能[5]。

这时美国的建筑出现了三种明显的趋向，在加拿大也是如此（虽说发展较慢），那就是：城市美化运动中成功的古典主义；高耸的钢框架摩天楼的折中主义风格和不成熟的工程学；对地方性敏感的手工艺运动，它追求以有人情味的家居生活来代替被污染的大城市。第一种是为了满足上层人物要求城市端庄得体的理想，认为城市民众可以通过建筑的改善而潜移默化；第二种反映出企业家们回应城市房地产投机压力的雄心；第三种则是响应一些进步中产阶级的个人主义。

城市美化运动

20世纪初，在“城市美化”的旗帜下，有70多座美国城市的志愿者组织并参与了为改善城市公共空间的前所未有的运动。作为成果之一，由巴黎美术学院培养的建筑师们在许多中心城市布置了古典式的重要环境。这种追求城市更新和古典风格的高雅趣味，是受到1893年芝加哥世界博览会上短暂的“白城”大受欢迎的鼓舞，那是美国公司主办的一次用古典式打扮掺和着殖民主义意味的庆典。芝加哥博览会上的中心“光荣院”是围绕着一个大水池组成的，以海上胜利纪念碑和一座镀金巨像来强调，并且用抹灰的古典柱子、拱券和华美的雕刻细部组成的立面围合而成（图3）。在布法罗（1901年）、圣路易斯（1904年）、西雅图（1910年）、旧金山（1915年）和圣迭戈（1915年）举办的类似博览会都重现了宏伟的轴线和古典的母题，偶尔也在城市里留下永久的痕迹，像B. G. 古德休（Bertram Grosvenor Goodhue）在圣迭戈的巴尔博亚公园核心部位（图4），或像B. 梅贝克（Bernard Maybeck）在旧金山的艺术宫（1915年）——它原是抹灰的，在20世纪70年代用混凝土仔细地加以重建[6]。在多伦多的加拿大国家展览会（1927

3 “光荣院”·世界博览会，芝加哥，1893年

4 巴尔博亚公园，1915年

年），以其带有胜利女神像的“王子大门”表达近似于穿越国界的这种趋向。

芝加哥博览会的景观园艺是美国最早的城市公园的支持者F. L. 奥姆斯特德（Frederick Law Olmsted）的最后设计之一。奥姆斯特德虽然不是一位古典主义的提倡者，但在促进美国城市的美化运动以改善公共空间方面，却是位主要的代表人物。奥姆斯特德将广场和公园视为文化和教育的财富来设计和进行斗争，他提出一种以古典式为核心的混合体，周围是如画般树木茂盛的景色，可以用公园和联系城市不同地区的林荫道连成体系，就像他为波士顿设计的著名的“翡翠项链”那样。在受到城市房地产投机驱动的干扰下，奥姆斯特德坚决主张打造安逸的空间，就像他为纽约设计的中央公园［与C.沃克思（Calvert Vaux）合作设计］具有“非凡的吸引力，这是对于那些不是一心只想发财的人而言的”。起初，城市美化运动也追求过奥姆斯特德的梦想，即通过接触优秀设计环境的令人愉快的美感，而达到社会改革[7]。

芝加哥博览会的主角是其总规划师D. H. 伯纳姆（Daniel H. Burnham），“不做小的方案”是他的傲慢口号，并且他将公司模式引进了建筑设计业务，而从他的顾客那里吸收了商业方法。伯纳姆的事务所能够设计出大量遍及美国的大型公共建筑、商业项目和城市规划并负责关键纪念性的建筑，如华盛顿的有宏伟拱顶的联合车站（1907年，图5）以及该市1901年的“麦克米伦规划”。在前进的时代里，伯纳姆是美国公司杰出人物中自相矛盾的典型：一面做着大批方案去保全美国城市的

5 联合车站，华盛顿市，1907年

尺度，像他为芝加哥（1909年，图6）和旧金山（1906年，图7）做的总体规划；与此同时，却又设计着争取成为世界最高的建筑，像他在纽约的富勒（熨斗）大楼（1903年），作为城市天际线上主要形象的构筑物破坏了区域和公共建筑的传统层次[8]。

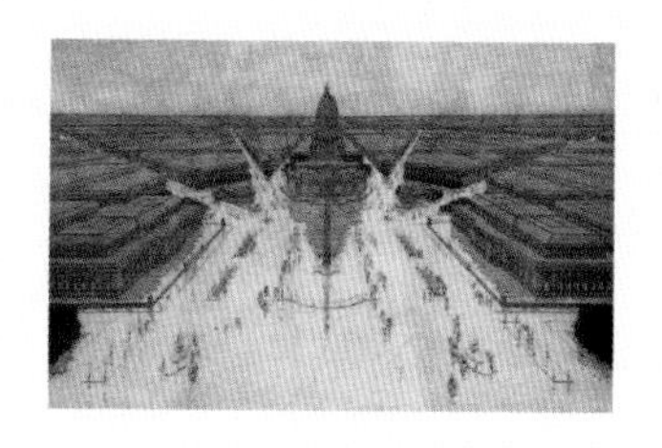

6 芝加哥市中心（方案），1909年

经营范围与伯纳姆的事务所接近的纽约麦金、米德和怀特事务所（Mckim，Mead & White），是巴黎美术学院古典风格的完美实践者。纽约市宾夕法尼亚车站的拱形大厅（1904—1910年，1964年拆毁），部分模仿卡拉卡拉浴场，还有蒙特利尔加建工程的堂皇神庙式大门（1901年），以及在普罗维登斯的罗得岛州议会大厦的闪光大理石穹顶（1903年），都属于他们最好的作品。像伯纳姆那样，麦金、米德和怀特事务所也可能以作品损害古典城市的尺度，就像他们设计的纽约市政厅（1907—1914年，图8），它充满宏伟的加泰罗尼亚拱式柱廊，以相对较平的楼身升至16层高，顶部冠以一座古典式圆亭子。麦金、米德和怀特事务所的古典风格变成城市美化中"美"的同义语，为公共的和同样为商业投机的建筑创造着正统的光辉形象[9]。

7 旧金山市政厅，1908—1912年

在城市美化方面，其中较为完整的小区有：费尔蒙特公园大道（1917年），是费城方格网道路中的一条斜切路，从市政厅到费城美术博物馆，由法国建筑师J. 格雷贝（Jacques Gréber）设计；丹佛市中心区（1917—1921年），由伯纳姆的规划合伙人E. H. 贝内特（Edward H. Bennett）设计；由伯纳姆和贝内特设计的克利夫兰市中心（1903年）。由法国移民P. P. 克雷特（Paul Philippe Cret）设计的底特律艺术学院的古典式主立面（1925

8 纽约市政厅，1907—1914年

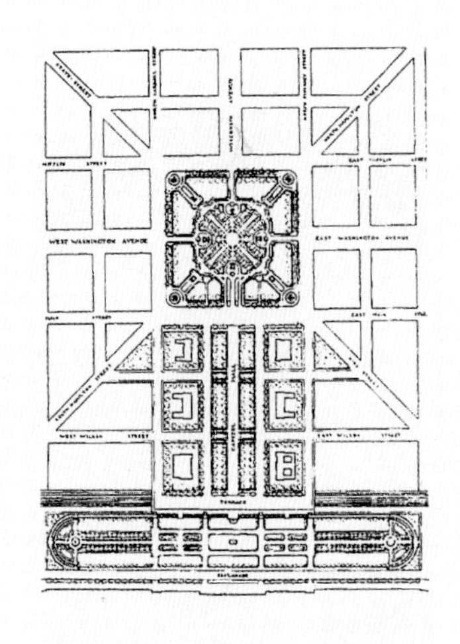

9 城市规划，麦迪逊市，1909年

年），对面是C. 吉尔伯特（Cass Gilbert）设计的底特律公共图书馆（1926年），在底特律主轴伍德沃德大道上形成了纪念性的中心点。在旧金山，小A. 布朗（Arthur Brown，Jr.）的有穹顶的市政厅（1908—1912年），由六座具有古典细部的建筑包围而形成了市中心广场，并完成于贝聿铭、科布、弗里德设计的公共图书馆加建工程（1996年），它在面对广场的两个立面采用了古典式细部，其他两个立面则是当代风格。G. B. 波斯特父子（George B. Post and sons）设计的麦迪逊市的威斯康星州议会大厦（1909年）在J. 诺伦（John Nolen）的城市规划中形成了支撑点。它被设计成X形平面（图9），并冠以纪念性穹顶，标志着方格网道路中由一套斜路交叉形成的中心。巴黎美术学院派古典主义和城市美化规划的最后作品出现在华盛顿，即E. H. 贝内特为政府三角地所做的规划（1926—1932年，图10），那是在白宫与国会之间用来建造七座政府大楼的地点，紧邻该地区的是J. R. 波普（John Russell Pope）设计的国家画廊的严肃古典主义建筑（1936—1941年）[10]。

10 政府三角地，华盛顿市，1926—1932年

在加拿大，城市美化是由1903年成立的加拿大城市改良协会来促进的，该协会由F. G. 托德（Frederick G. Todd）领导，他曾在奥姆斯特德的事务所受过训练。在此时期，当加拿大的业主们偶尔雇用最熟练的美国事务所来做学院派风格的设计时，某些受过古典训练的加拿大建筑师也具有同样的技巧，其中包括E. 马克斯韦尔和W. 马克斯韦尔（Edward and William Maxwell），他们设计了里贾纳的萨斯喀彻温省法院大楼（1900—1912年）和蒙特利尔的美术博物馆（1912年）。在多伦多，

J. 莱尔（John Lyle）的联合车站（1914—1930年）以一排18根多立克巨柱为突出特点，两边是一整套尺度类似的古典式建筑，一直引到由罗斯和麦克唐纳（Ross and MacDonald）设计的城堡风格的巨大的皇家约克旅馆（1927—1929年）。英国建筑师F. M. 拉滕伯里（Francis M. Rattenbury）设计了不列颠哥伦比亚省维多利亚的议会大厦（1893—1898年），还有F. W. 西姆（Frank Worthington Sim）设计了马尼托巴立法大厦（1913—1920年），展示他们得自英国的古典训练成果。加拿大最有造诣的学院派建筑师E. 科米尔在渥太华为加拿大最高法院设计了风格化的神庙正面（1938—1939年，图11），成为这次古典风格高潮的最后纪念碑[11]。

11 加拿大最高法院，渥太华，1949年

许多大学校园的设计与城市美化运动的目标是一致的，而且受到杰出的改革者们同样的引导，它们在已有的郊区占地中，经常会得到古典形式较为完整的实现，这比起大城市里的竞争地区更有条件。开始是T. 杰弗逊（Thomas Jefferson）在夏洛茨维克的弗吉尼亚大学“学院村”古典式田园风光（1812—1827年），随后美国的大学多被赋予了古典轴线和堂皇院落，虽然建筑物的设计通常还是喜欢用中世纪风格。城市美化运动从19世纪的校园设计中汇集到灵感，反过来又对20世纪的校园设计给予启发，其中包括：J. G. 霍华德（John Galen Howard）为加州大学伯克利分校设计的校园规划和建筑（1904—1920年）；麦金、米德和怀特事务所在纽约的哥伦比亚大学的扩建（1903年）；帕克、托马斯和赖斯（Parker, Thomas and Rice）为巴尔的摩的约翰·霍普金斯大学做的规划；克拉姆、古德休和弗格森（Cram，Goodhue and

12 斯威特布赖尔学院，弗吉尼亚州

Ferguson）为弗吉尼亚州普林斯顿的斯威特布赖尔学院做的规划（图12），以及他们的杰作——得克萨斯州休斯敦的赖斯大学（1910年）[12]。E. 科米尔的蒙特利尔大学20年发展规划，虽说是以古典标准设计的，却表现出典型的与美国校园相反的特征。加拿大采用的不同办法是以景色包围着一座单独建筑物，而不是一系列建筑物包围着景色。

城市美化运动的另一个派生物，就是它对于郊外社区和公司城镇设计上的影响。蒙罗亚尔"模范城"的规划（1911年）是由加拿大北方铁路公司资助的，该区完成后将能够通过隧道与蒙特利尔市相连。由F. 托德（Frederick Todd）所做的设计，是规划成棋盘形道路由斜向大路交叉，会合在车站，并有鉴于奥姆斯特德原来设计的蒙罗亚尔公园（1874—1877年）如画境般的规划，而考虑了设置几条具有自然美的不正规的外部道路。T. 亚当斯（Thomas Adams）曾经在英国R. 昂温（Raymond Unwin）设计的最早的花园城市工作过，在1914年由加拿大保护委员会聘来协助做规划工作。他在1917年设计了魁北克省特米斯卡明的整个公司城，这是他去美国审查纽约市区域规划（1920—1930年）以前为基帕瓦纤维公司设计的。堪萨斯市和圣路易斯市的风景园林建筑师G. 凯斯勒（George Kessler）为堪萨斯市设计了林荫道和公园系统，并被聘前往达拉斯、休斯敦和其他西南部城市创作类似的学院派的公园规划。同样来自堪萨斯市的一处是按汽车尺度组织的最受赞赏的样板之一，即郊区开发项目"乡村俱乐部广场"，由开发商J. C. 尼科尔斯（J. C. Nichols）和他的建筑师E. B. 德尔克（Edward B. Delk）在1920年设计[13]。其他由学院派组织所做的成功的郊区规划，包括第一个基于汽车的购物广场——森林湖市场广场，在芝加哥郊外，由H. D. 肖（Howard Doren Shaw）设计（1916年）。费城郊外的郊区广场（1932年）和达拉斯郊外的高地公园乡镇广场（1932—1941年），是由富希和奇克（Fooshee and Cheek）设计的。

城市类比较完整的景观之一是为蒂龙公司设计的公司城（1915—1919年，图13），在新墨西哥州，由B. 古德设计，重新创造出古典影响下的西班牙殖民镇的魅力。它与穿过一座绿化方形广场的拱廊街道相结合，并有一座可以俯瞰的穹顶教堂（未建）。这个由想避免在相邻的亚利桑那州遭到吞并的一个铜矿出资的规划，却注定是短命的，甚至比1915年圣迭戈的世界博览会更为短暂：1921年，在铜价下跌以及调解了在亚利桑那的冲突以后，企业为其他地方的富矿而放弃了新城镇。在20世纪60年代，引进了露天采矿，一度完整的市镇残余以致全被毁灭，再次显示着商业上层人物与古典式城市社会观念的内在矛盾[14]。

13 蒂龙公司城规划，新墨西哥州，1915—1919年

尽管美国人有实用主义倾向，而且从空间和时间上，他们都远离历史渊源，但在20世纪的头30年间，学院派古典主义在美国却较欧洲有更多的实例。在1870年到1910年之间，重要的建筑学系出现在加州大学伯克利分校、麻省理工学院，以及哈佛、普林斯顿、宾夕法尼亚、耶鲁、哥伦比亚等大学，它们基于欧洲历史性的权威样板来提供严格的巴黎美术学院式的教育。

城市美化运动有助于普及对古典建筑的鉴赏力，直到20世纪40年代，它仍是公共建筑设计风格的主要出处。从尺度和高雅组织空间的方面来说，该运动掩饰了强加在北美城市结构中的可怕的基础性转变。但是少数公共建筑的古典式面具却不可能遮蔽工厂和强占城市其余部分形态的房地产投机的恶果。被评论家L. 芒福德（Lewis Mumford）称之为“霸道”的古典风格，也不能表达北美居民的文化多样性。在20世纪20年代里，由于建筑风格不拘一格地转向比较适用的和地方主义的项目，城市美化也让位于比较实用的城市实践了。

摩天楼风格

摩天楼是独一无二的美国建筑类型，由追求技术创新的有抱负的企业文化所孕育，复由商业性房地产承包商与工业企业的巨头所推进。作为竞争的城市——纽约与芝加哥之间共享的创造物，高层建筑随着钢框架结构的技术优势和1857年左右安全电梯的完善而出现了[15]。芝加哥的一些大楼，像W. L. B. 詹尼（William Le Baron Jenney）的莱特大楼（1890年）和L. 沙利文（Louis Sullivan）的卡森、皮里和斯科特百货公司（1899—1904年），当它们正趋向有更大地块和体量，并在宽阔的“芝加哥窗”中具有强烈的水平要素时，纽约的摩天楼则从开始就被设想成在较小地段上的高塔。当20世纪初，H. 詹姆斯（Henry James）回到纽约时，就抱怨过那些楼像是改变了尺度的“插针垫”。不过，经过与摩天楼熟悉了一个世纪以后，曼哈顿的天际线反而引起了人们像突然遇到茫茫荒野般的惊叹和赞赏。

某些巴黎美术学院培养的建筑师变成了折中风格摩

天楼的最初设计者，像E. 弗拉格（Ernest Flagg），他在纽约的具有孟莎式屋顶的胜家大楼（1905—1908年）一度曾是世界上最高的建筑物。W. 波尔克（Willis Polk），他到旧金山受到麦金、米德和怀特事务所的极大影响，设计了文雅的霍巴特大楼（1914年，图14），大楼自一整个广场尺度的街区升起，成为带有文艺复兴式装饰檐口的一座细塔。波尔克还在八层高的哈利戴大楼（1918年，图15）上采用了最早的玻璃幕墙。C. 吉尔伯特（Cass Gilbert）是许多新古典式城市大楼的作者，他用陶制哥特式面砖来装饰纽约伍尔沃思大楼（1913年），以强调其垂直性，它雄踞世界最高建筑的宝座达20年，它本身给予美国人的印象是"商业大教堂"。

纽约摩天楼设计的最早几十年里，中世纪钟楼的模式是最受欢迎的历史先例。B. 普赖斯（Bruce Price）设计的纽约22层的美国保证大楼（1894—1995年）提供了首例，接着建成了在麦迪逊广场的N. 勒布伦（Nappdeon Le Brun）设计的大都会人寿保险大厦（1909年，图16）。在较小城市，这种摩天楼（钟塔）形象经常起着中心城市的标志作用：由戈金与戈金（Goggin & Goggin）设计的西雅图44层的史密斯塔（1914年）；由J. 怀特比（John Whiteby）设计的温哥华22层的太阳塔（1916年）；由马格尼和塔斯勒（Magney and Tusler）设计的在明尼阿波利斯的弗谢伊塔楼（1927—1929年）；L. 坎珀（Louis Kamper）设计的底特律的布什塔楼（1926年）；由达林和皮尔逊（Darling and Pearson）设计的蒙特利尔24层的太阳人寿保险大楼（1929—1931年）；以及由格雷厄姆、安德森、普罗布斯特和怀特事务所（Graham，Anderson，

14 霍巴特大楼，旧金山，1914年

15 哈利戴大楼，旧金山，1918年

16 大都会人寿保险大厦，纽约市，1909年

17 终点站塔，克利夫兰，1930年

Probst & White）设计的克利夫兰终点站塔（1923—1930年，图17），它是纽约以西古典式贴面的最高建筑竞争者，而在新火车站上面的多功能大厅又是范斯韦林根兄弟的不动产王国的基础项目。C. 克劳德尔（Charles Klauder）的34层“学习大教堂”（1926—1939年）为距市中心几英里的匹兹堡大学起着同样塔标似的作用[16]。所有这些塔楼在设计时，设想它们好像会成为城市独一无二的标志，而实际上，它们通常只标志着将来争夺城市“天际线制空权”的开始。

豪厄尔斯和胡德（Howells and Hood）在《芝加哥论坛报》竞赛中的获奖作品（1922—1923年），标志着钢框架摩天楼使用历史风格的结束。参赛作品中芬兰建筑师老沙里宁（Eliel Saarinen）的二等奖方案，以其阶梯式体积和程式化的垂直表现，对20世纪20年代以后的摩天楼设计影响更大。已经成为摩天楼风格本体的阶梯形退进，部分是由于1916年纽约地方法规的解释所造成的，该法规试图根据体量来限制高度并且从与街道宽度的关系来退进。H. 费里（Hugh Ferris）的有启发性的摩天楼炭笔渲染画，符合退进的规则，又提供了一种构造美感的新手法。在纽约的一些设计中颇可见到这类形象，如沃里斯、梅林和沃克（Voorhees，Gmelin & Walker）设计的纽约电话大楼（1926年），A. L. 哈蒙（Arthur Loomis Harmon）设计的希尔顿饭店（1925年），以及由斯隆和罗伯逊（Sloan and Robertson）设计的以化石似的母题来雕饰的查宁大楼（1929年）。R. 胡德在纽约的较晚作品，如每日新闻大楼（1929年）和麦格劳-希尔大楼（1932年），则表现出协同努力去消除历史图像并创造出一种风格，它从结构类型学和构造要求出发，窗子的水平和垂直布置以及贴面都根据钢框架的构件位置[17]来要求。

在芝加哥，格雷厄姆、安德森、普罗布斯特和怀特事务所的里格里大楼（1924年）以及霍拉伯德和鲁特（Holabird and Root）的帕尔莫利夫大楼（1929年），在众多的摩天楼中堪与纽约市的竞相拔高者并驾齐驱。霍拉伯德和鲁特也保持了体量巨大的芝加哥高层建筑传统，比如芝加哥每日新闻大楼（1925—1929年）。在多伦多，斯普罗特和罗尔夫（Sproatt & Rolph）的加拿大人寿保险大楼（1931年）以及由纽约的约克和索耶事务所（York & Sawyer）设计的加拿大帝国银行（1931年），再现了华丽艺术装饰派装潢的欣欣向荣的塔楼形象。在旧金山，T. 弗留格尔（Timothy Pfleuger）的艺术装饰派的太平洋电话大楼（1925年）和他的萨特450号大楼（1930年），宣告摩天楼向阶梯形退进巨型大楼的转变。由C. 比尔曼在洛杉矶商业区设计的东哥伦比亚大楼（1929年），以人字形雕饰的蓝绿色陶砖贴面，在建成后的几十年里，它是唯一能与J. 奥斯丁（John Austin）等人的方尖碑似的洛杉矶市政厅（1926—1928年）相匹敌的建筑。

退进式摩天楼的最高成就到来之际，正是“大萧条”出现之时，而且可以看成是恶性经济膨胀的一面镜子，它导致1929年纽约股市的暴跌。舒尔茨和韦弗（Schultze and Weaver）的沃尔多夫·阿斯托里亚旅馆（1929年）带有罩上的一对穹顶，由W. 范·艾伦（William van Allen）设计的镀铬贴面的克莱斯勒大楼

18 克莱斯勒大楼，纽约市，1929年

（1928—1930年，图18），使用对克莱斯勒汽车起着广告作用的汽车轮盖和发动机罩作为装饰，并且想成为世界最高建筑的竞争者。由S. 拉姆和哈蒙（Shreve Lamb and Harmon）设计的帝国大厦（1929—1934年）一开始就装备了供飞艇起降的平台。它是最后一批摩天楼中最宏伟的，已远超出商业空间的要求。在帝国大厦落成后的最初十年中，因未租出而空置的面积占了30%以上[18]。

在"大萧条"的最坏年月里，纽约市民的、城市的和商业的目标都集中在洛克菲勒中心这项单独的、乐观的和生气勃勃的事业上。它是曼哈顿中部整个的高层建筑区，由胡德协同六个其他建筑事务所设计，共同以协和建筑师事务所而闻名。在股市垮台前夕，洛克菲勒中心被看成大都会歌剧院的场地，并在十年里一直得到资助，这在歌剧院放弃了项目的很长时间之后成为市内极少的建筑现场之一。建筑群占据了纽约市三个街区，包括四座高层建筑和许多尺度较小的建筑，是为办公、购物和娱乐活动的混合用途的项目，这颇像H. W. 科比特（Harvey Wiley Corbett）在20年代中期首次提出来的摩天楼城市的设想。其他各种设施包括一条人行林荫路、一座下沉式滑冰场、一条穿过街区的道路、地下铁道购物层以及屋顶花园。作为有公共室外空间的规划好的办公楼建筑综合体，洛克菲勒中心的成功在第二次世界大战以后，曾引出了许多模仿者。

作为20世纪上半叶技术上最先进的建筑，美国的摩天楼曾被欧洲的技术先锋派着迷地关注过，它要求欧洲人采取批判观点去认识高层建筑技术的纯正，并将其作为功能主义建筑的基础。费城的PSFS（费城保险基金会）大楼（1929—1932年），由G. 豪（George Howe）和瑞士移民W. 莱斯卡兹（William Lescaze）设计，在摩天楼设计中是一种彻底转变的标志，它走向纯粹体积和表现结构，那将是40年代晚期美国经济复苏以后形成的摩天楼特点。PSFS大楼不仅造成风格上的分离，而且引起了关于摩天楼尺度和谐共存方面的争论，导致出台一项地方限制建筑高度的法规。该法规限制建筑物不得超过费城市政厅的12层塔楼的高度，并一直执行到80年代。

荷兰建筑师R. 库哈斯（Rem Koolhaas）在其《癫狂的纽约》一书中，描绘了一种美国摩天楼城市的神话，并且在托克维尔传统中，对于曼哈顿环境如何执行了某种创造性的遗忘感到惊奇，那里实用主义和消费主义的力量促成了一种下意识的"拥塞文化"。无意造成的野性美却满足了欧洲先锋派最大胆的美学和社会梦想[19]。摩天楼在建筑历史上仍然是最引人注目的贡献，引入了一种令人兴奋但又难以控制的要素，它的高度和尺度从根本上改变了城市的小巧紧凑形态。

中世纪爱好和手工艺风格

北美地区对于中世纪建筑风格的爱好，在19世纪中叶开始在宗教和大学的建筑物上采用，延续到20世纪的头30年间。H. H. 理查森（Henry Hobson Richardson）可能是19世纪美国建筑师中唯一具有国际影响的人，他对于复古主义者同时也对于像L. 沙利文那样的美国"有机"建筑的倡导者们，始终是参考的一个重点。理查森在波士顿的三位一体教堂（1873—1877年，图19）、在马萨诸塞州昆西的克莱恩纪念图书馆（1880—1883年）

19 三位一体教堂，波士顿，1873—1877年

20 阿勒格尼县法院，匹兹堡，1884—1888 年

以及在匹兹堡的阿勒格尼县法院（1884—1888年，图20），启发了遍及美国无数的公共和机关的建筑物，如19世纪末建于得克萨斯州、由J. G. 赖利（James Gordon Riley）设计的宏伟的县法院。商业大楼的兴建，尤其是芝加哥的马歇尔·菲尔德批发店（1885—1887年）推动了美国中西部大建摩天楼的风潮。对居住建筑的细部处理的重视，比如半木构的W. W. 舍曼住宅（1875—1876年）、埃姆斯盖特旅舍的巨石砌体（1880年），对于V. 斯卡利在50年代定义为“木瓦风格”以及其后继者手艺人风格的朴素美的形成做出了贡献[20]。

迷恋于中世纪细部和整体设计的背后是一个道德议题，那是从J. 拉斯金（John Ruskin）和W. 莫里斯（William Morris）的英国教堂建筑学运动和信仰改宗继承的，它逃避工业文明丧失人性的效应而捍卫劳动密集的手工艺优点，并作为挽救城市的一种形式。波士顿的建筑师R. A. 克拉姆（Ralph Adams Cram），他写过建筑学和神学的论文，是20世纪中拉斯金式爱好中世纪的主要阐述者之一。他与合作者B. 古德休一起，创作了许多教堂的和学院的建筑群，它们传达出工业化以前综合的壮丽感觉。不管是他们设计的西点军校（1903—1910年）、普林斯顿研究生院（1910—1912年）、纽约的圣托马斯教堂（1906—1914年）的哥特式细部，还是古德休的纽约巴塞洛缪教堂（1919年）和其事务所设计的休斯敦赖斯大学内建筑群（1911年）的拜占庭风格，他们的作品都显出对于高级手工艺和丰富多彩装饰项目的一种贡献，它颇近于老建筑的古色古香雅趣。古德休在1914年离开了克拉姆，他为洛杉矶公共图书馆（1921—1926

年，图21）和林肯市内布拉斯加州议会大厦（1920—1932年）所做最后的纪念性设计，尝试了打破特定历史参照的平面手法，强调了机械文明的纯粹体量，提前出现了20世纪30年代的流线型摩登式[21]。

大学校园，尽管是有轴线的、古典学院派规划式的，而对哥特式的爱好仍然占优势。在美国各学院的哥特式建筑中，耶鲁大学校园可能是最有力的例子，它是J. G. 罗杰斯（James Gamble Rogers）设计的。罗杰斯建筑设计的许多方面都是以克拉姆和古德休的先例为基础的。他的哈克尼斯纪念四合院（1917—1921年）是为一座现代学院的复杂的哥特式细部和尺度宜人的院落而设计的杰作[22]。多伦多大学也有类似的哥特式爱好，由斯波特和罗尔夫为V. 马西设计的哈特学院楼（1911—1924年）表现得尤为清楚。在它的附近，R. 汤姆（Ron Thom）设计的现代化哥特式的马西学院则为下一代献给马西的。

在加拿大首都渥太华，对于主要政府大楼使用新哥特式风格，有一种官方的偏爱。国会大厦，这座美洲大陆上最宏伟的维多利亚哥特盛期风格的建筑群，原来是由英国建筑师F. W. 斯滕特（F. W. Stent）和T. 富勒（Thomas Fuller）于19世纪60年代设计的，后在一场大火后重建时，则由J. A. 皮尔逊（John A. Pearson）设计成绚丽的新哥特式复兴风格（1916—1927年）。E. 伦诺克斯（Edward Lennox），一位理查森新罗马风式的追随者，创作出多伦多市政厅（1899年）感人的砌筑塔楼，还有H. 佩拉特（Henry Pellat）爵士的城堡式怪楼洛马公寓（1911—1914年）也在多伦多。在蒙特利尔，M. 哈

21 洛杉矶公共图书馆，1921—1926年

斯克尔（Marchand Haskell）的大研修楼（1903—1907年），利用了厚墙的稳定性和新罗马风结构的圆拱。北美地区最忠实于中世纪的建筑物可能是由D. P. 贝洛尔（Dom Paul Bellor）修士在1939年设计的圣伯努瓦·迪拉克修道院，它位于美国佛蒙特州与加拿大魁北克省的边界附近。现代的釉面砖材料作为忠实暴露结构的抛物线拱的贴面，并组成锯齿形图案，使得杂乱的复合体得到了风格化哥特式垂直性的统一功效。

在最动人的和有特色的加拿大建筑中，巨型城堡式旅馆也遵循这种中世纪化的趋势。W. 范·霍恩（William van Horne）从1886年直到20世纪20年代，一直受太平洋铁路公司的委托，他们想引进一种瑞士流行的高山旅游业的地方变体。纽约建筑师B. 普赖斯在魁北克省的封丹城堡（19世纪90年代）上设计出了典范作品，用卢瓦尔谷的城堡作为他的样本，并包括一些细部，像带着多重老虎窗的陡峭坡屋顶和圆形的角楼等。普赖斯在同年还在不列颠哥伦比亚省设计了班夫春季度假村（在1914年和1928年加建了翼楼），它以豪华的权威俯视着周围荒芜的景色。在大城市中盖的城堡式旅馆建立了一种统治中心的强烈感觉，其权威地位一直保持到第二次世界大战后的摩天楼引进。

缺少古代建筑遗产的20世纪美国人，迷恋于古代建筑。有钱的赞助人经常不遗余力地去重现幻想，或者甚至一丝不苟地引进欧洲祖先的建筑。以布卢瓦城堡为蓝本的比尔特莫尔巨型别墅（1888—1895年），是R. M. 亨特（Richard Morris Hunt）为铁路大王G. W. 范德比尔特设计的，位于北卡罗来纳州阿什维尔附近他的大庄园上，并在尺度上从未被超过。一套新文艺复兴别墅的装饰品在佛罗里达州迈阿密郊区被装配起来（1913—1916年），它是建筑师小F. B. 霍夫曼（F. Burrall Hoffman，Jr.）和P. 查尔芬（Paul Chalfin）为比斯开的J. 迪林设计的。在田纳西州纳什维尔，一座足尺的帕特农神庙复制品，原是1896年为田纳西州100周年而建，后来又在古典主义者W. B. 丁斯莫尔（William B. Dinsmoor）的指导下，以公债基金加以重建（1921—1931年），同时在蒙特利尔的圣雅各伯主教堂（1870—1894年），则重建了一座缩小的近乎完美的罗马圣彼得大教堂的仿造品。

当时，历史性建筑变成了大资本家收藏品的一部分。报业大王W. R. 赫斯特（William Randelph Hearst）曾委托J. 摩根（Julia Morgan）为他在南加州地区的圣西门城堡（1922—1947年）从欧洲搜集来不同时代的房间和砌筑立面。H. 福特因宣称历史是"骗人的鬼话"而出名，他在世的最后20年里，曾搜集历史性的美国建筑，其中包括T. 爱迪生和赖特兄弟以及他本人的诞生之所，将其集中在迪尔伯恩的古雅的、只有步行道的格林菲尔德村里。小J. D. 洛克菲勒买进了五座不同的南欧修道院遗迹而拼凑成一座独立建筑群，通称为"修道院"，用来收藏大都会艺术博物馆的中世纪藏品，它位于曼哈顿的最北端，时间在洛克菲勒中心工程开始前不久。洛克菲勒在20世纪30年代中还曾赞助过在弗吉尼亚州重建美国早期的威廉斯堡（图22），作为关于美国早期历史的一个教育娱乐项目。不过它也引起了许多似是而非空想的对于历史环境的模拟。

22 威廉斯堡，首长官邸一景，20世纪30年代

23 匡溪学院，20世纪20年代

除了与中世纪建筑风格的联想相关的美感猎奇和病态渴求以外，在拉斯金和莫里斯著作中主张的中世纪道德含义，在20世纪早期的建筑争论中，也促成了一种进步的批判态度。在美国对莫里斯的行会文化复兴最坚定的阐述者，可能是底特律的报业大王G. G. 布思（George Gough Booth），正当福特在自己的工厂内引进装配线的时候，他却在底特律附近的匡溪（克兰布鲁克）建立了一处教育环境基地（图23），献予基于手工艺的前工业社会的回归。具有讽刺意味的是，建筑师A. 卡恩（Albert Kahn）既设计了当地主要的汽车厂房，又设计了布思的英国自由式乡村住宅。一位更忠诚的中世纪爱好者B. 古德休也参与了克兰布鲁克的新哥特式基督教堂（1923年）的设计。1925年，布思的建筑师儿子说服了他的父亲去聘请老沙里宁主持克兰布鲁克建筑事务所和设计项目，结果是老沙里宁和他的家人为克兰布鲁克学院创作了一系列杰出的建筑和住宅。老沙里宁的出场，促成了在现代主义建筑师以手工艺为基础的设计方面长达25年的实验，类似于包豪斯提倡的手工艺与机械的综合[23]。

G. 斯蒂克利（Gustav Stickley）的杂志《手艺人》（1901—1919年），恢复了工艺美术运动的议题，并创造出该运动的美国式说法。文化和社会的改革有赖于生活方式的改变并回归到简单的、非伪装的住宅。由斯蒂克利和他的同事、罗伊克罗夫特行会的理论家E. 哈伯德（Elbert Hubbard）制作的部件笨重且没有装饰的西班牙传教团式家具，竟变成手工艺生活方式的象征了。《手艺人》杂志提倡朴素的孟加拉式住宅和简单的、手艺精湛的木工活儿，经常受到日本工匠手艺的启发，以作为陈腐的古典风格现状的替代品，并作为针对工业大城市病的药方。手艺人美学标准在加利福尼亚州得到了最充分的表现，那里温和的气候、中产阶级移民的解放精神以及接近亚洲，似乎都宜于一种试验性有机方式的设计。

手工艺运动不但具有支持无名者手工作品的优点，更造就了卓越的、有特色的设计师。C. 格林和H. 格林（Charles and Henry Greene）设计了差不多30幢复杂工艺的木结构住宅，在1902年至1909年之间，大部分建于帕萨迪纳，达到了一种无比的巧妙水平。他们的杰作在帕萨迪纳仍存有甘布尔住宅（1907—1908年），它随着不规则的平面，带有许多平台、阳台和深远的托架式檐子，将室内空间直伸入花园里。格林兄弟的日本式细木作，尤其是编织的地毯、彩色玻璃窗以及嵌入式家具，既新颖又具有良好的整体性，使人联想到近似欧洲新艺术运动作品的精神[24]。

E. 考克斯黑德（Ernest Coxhead）、A. C. 施瓦因弗斯（Schweinfurth）和W. 波尔克给旧金山湾地区带来了新的基于学院派的建筑文化，它联系于塞拉俱乐部的维护地方环境的利益与手工艺运动的理想，发展成为L. 芒福德后来称作的“海湾地区风格”。这种风格又由B. 梅贝克加以精心发展，他在为纽约卡里尔和黑斯廷斯商行设计了在佛罗里达州圣奥古斯丁的手法奇异的庞斯德莱昂旅馆（1895年）之后，来到了伯克利。梅贝克在伯克利山区建造了一系列折中式瑞士农舍风格的住宅，结合着哥特式和乡土做法，在适应当地气候和材料的条件下，带

24 赫斯特厅女子健身房，伯克利，1899年

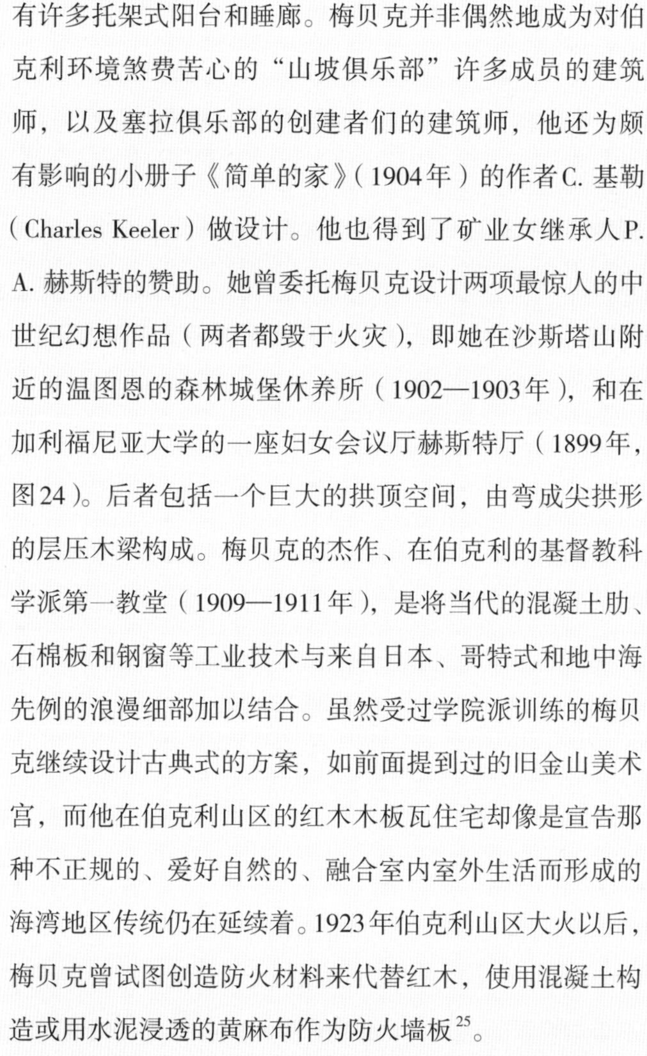

有许多托架式阳台和睡廊。梅贝克并非偶然地成为对伯克利环境煞费苦心的“山坡俱乐部”许多成员的建筑师，以及塞拉俱乐部的创建者们的建筑师，他还为颇有影响的小册子《简单的家》（1904年）的作者C. 基勒（Charles Keeler）做设计。他也得到了矿业女继承人P. A. 赫斯特的赞助。她曾委托梅贝克设计两项最惊人的中世纪幻想作品（两者都毁于火灾），即她在沙斯塔山附近的温图恩的森林城堡休养所（1902—1903年），和在加利福尼亚大学的一座妇女会议厅赫斯特厅（1899年，图24）。后者包括一个巨大的拱顶空间，由弯成尖拱形的层压木梁构成。梅贝克的杰作、在伯克利的基督教科学派第一教堂（1909—1911年），是将当代的混凝土肋、石棉板和钢窗等工业技术与来自日本、哥特式和地中海先例的浪漫细部加以结合。虽然受过学院派训练的梅贝克继续设计古典式的方案，如前面提到过的旧金山美术宫，而他在伯克利山区的红木木板瓦住宅却像是宣告那种不正规的、爱好自然的、融合室内室外生活而形成的海湾地区传统仍在延续着。1923年伯克利山区大火以后，梅贝克曾试图创造防火材料来代替红木，使用混凝土构造或用水泥浸透的黄麻布作为防火墙板[25]。

J. 摩根，作为第一位去巴黎美术学院就学的妇女，曾与梅贝克有过密切合作。她设计过许多古典式建筑，诸如加州大学伯克利分校的女子体育馆（1909年与梅贝克合作），以及成百幢在旧金山海湾地区的不正规的红木木板瓦住宅。她设计的伯克利圣约翰主教堂（1910年，图25），距离梅贝克的教堂有四个街区，是海湾地区传统的最佳实例之一，其中横跨着完美手工艺风格的

25 圣约翰主教堂，伯克利，1910年

空腹红木桁架。摩根是20世纪硕果累累的建筑师之一，并且在几乎是白种男人一统天下的、受性别限制的建筑行业中，她又是一位引人注目的特别女性。除去她有著名的业主W. R. 赫斯特以外，她还从独立的妇女俱乐部得到许多赞助，像伯克利妇女俱乐部（1904年）和基督教女青年会。与波尔克和梅贝克那种常在公众面前出现的大师相反，她是位不愿抛头露面的社会隐士[26]。

虽然I. 吉尔（Irving Gill）在南加州地区的作品似乎比新乡土派更像原始现代派，而他却是与手工艺运动密切相关的人物。他于20世纪初先在芝加哥L. 沙利文事务所工作，后来到了圣迭戈，在那里他发展出一种完全不同的风格，更接近于加利福尼亚州的传教团建筑传统，其中他简化了连接的细部，并运用了钢筋混凝土的光滑平面。他设计的西好莱坞的道奇住宅（1914—1916年，60年代被毁，图26），像纯粹的棱柱形盒子组成，令人想起A. 卢斯（Adolf Loos）的禁欲主义风格，它比欧洲的理性主义出现要早十几年。吉尔是使用非工业功能的斜倾混凝土板的第一批建筑师之一，如他设计的加州拉霍亚妇女俱乐部（1914年）。然而他认为自己的作品，包括精心制作的嵌入式家具，都属于传统工艺的范围。

26 道奇住宅，西好莱坞，1914—1916年

工艺美术运动是由多伦多的“建筑十八俱乐部”迎进加拿大的，它的主席E. 史密斯（Eden Smith）曾为自己设计了最鲜明手艺人风格的住宅（1896年）。一般地讲，没有在加利福尼亚州相应的运动那样大胆，木板瓦罩面的手工艺住宅的最佳实例是在温哥华地区，许多是由S. 麦克卢尔（Samuel Maclure）设计的。

加利福尼亚州地方色彩的发展，表明了真正的美国新风格，并且得到《手艺人》杂志文章的理论支持。美国人L. 沙利文在这个刊物上发表了杰出的建筑理论的最强音。沙利文，在19世纪80年代和90年代与D. 阿德勒（Dankmar Adler）合作设计了其最优秀的摩天楼方案，他在20世纪的最初十年间，开始在《手艺人》杂志上积极撰文。他的反学院派理论接近于维奥莱特·勒迪克（Viollet Leduc）的结构理性主义，强调有机形成的装饰形式。他的来自达尔文主义的“形式永远追随功能”口号，在他高度装饰的建筑物上，大概并不是显而易见的。然而，它却鼓舞了未来几代的功能主义者们。他在芝加哥的卡森·皮里·斯科特百货公司（1899—1903年）的转角入口，为其理论提供了一个清楚的实例，该建筑的大部分是无装饰的陶砖贴面，重复着钢结构的方格网，贴在宽的“芝加哥窗”的窗间墙上。这座12层高的建筑物的圆形底层转角处，即主要的公共入口，沙利文则用来自植物灵感的装饰性华丽织网去强调与框架持续性的截然不同的特征。沙利文在20世纪头20年间的作品，只限于小的商业建筑，大部分在艾奥瓦州和中西部州。其中他日益注意于“男子气的”平面和体量与“女人气的”关节和细部之间的平衡，将他的对称式小房子包以图案式的砖工，以及花边装饰主要集中于边缘和缺口处。他在艾奥瓦州格林内尔的人民保险银行（1909—1911年，图27）和与G. 埃尔姆斯利（George Elmslie）合作设计的、明尼苏达州奥瓦通纳的国家农民银行（1906—1907年），是他的最佳作品。虽然沙利文的风格相似于维也纳分离派和欧洲新艺术运动的其他作品，但他却给美国建筑师们提出了有说服力的指令，去

27 人民保险银行，艾奥瓦州格林内尔，1908年

深入研究现代地方性建筑的前提条件，那是从自然和现代生活的支配下有机地生长的[27]。

虽然在发展求实态度和趣味方面，手工艺运动起了重要作用，但它也可以被看成美国方式中消费主义的一个变体。它并非反对工业文明的邪恶，而似乎与其已经完全调解。由于大部分手艺人的作品都位于郊区，对于较个性化的、手工艺的孟加拉式住宅的选择，就变得不能不依靠汽车，这是消费主义工业和大都市蔓延的主要交通工具了。于是，通过手工艺来挽救社会的幻想，还要由受它抵制的消费制度来支持。

F. L. 赖特，美国的英雄

美国最伟大的与学院派传统持不同意见的建筑师是F. L. 赖特（Frank Lloyd Wright）。赖特追随着他的导师沙利文，秉持不墨守成规的师风。他谢绝了伯纳姆提供的巴黎美术学院的奖学金，转而代之以从日本的艺术与建筑中获得灵感。他在芝加哥地区的一系列住宅设计中，独立地创造了一种有机的、地方性的“草原风格”。赖特吸收了沙利文对有机论的兴趣，并将它超出装饰系统而扩展到包括平面、材料性质和与场地的关系方面。他设计的近于手艺人传统精神的赫特利、孔利、罗比和马丁住宅，皆建于20世纪最初十年里，是他的“草原风格”的最佳实例。这些建筑水平组织的体量以连续的挑檐来加以强调。赖特创造的“纸风车”平面，围着立柱核心旋转，提供了一种空间分隔感觉而不用常规的封闭式房间。赖特早期作品在概念上的自由与几何性的严密，在1910年由沃斯穆斯在柏林出版的专著中充分体现，之后对欧洲产生了深远的影响。赖特在伊利诺伊州橡树公园的统一教堂（1906年）和为纽约州布法罗肥皂公司设计的拉金大厦（1906年），大概是当时在美学上和技术上最有创造性的美国建筑了。虽然有沙利文的亭式银行和维也纳分离派的风格的影子，而它们却是功能主义者做法的先驱，即将机械设备、钢筋混凝土结构和空间的相互贯通结合为一体。机械设备和通风都集中在厚实的角落里以服务于一座空的中厅。

28 巴恩斯代尔住宅，好莱坞，1920—1924年

在创作了华美的、具有玛雅灵感的霍利霍克住宅（1917—1919年）以后（那是为A. 巴恩斯代尔在好莱坞设计的，图28），以及在洛杉矶地区某些住宅中对其独有的“花饰砌块”进行了实验以后，其中包括弗里曼住宅和恩尼斯-布朗住宅（全在好莱坞，1923年），赖特在30年代，当他年过六十以后，建造出了他最富创造性的建筑。他在方法上的改变，似乎是受到结构上的发明、朴素风格和欧洲现代主义光辉成就的影响。[28]考夫曼住宅（“落水别墅”，1935年）在宾夕法尼亚州的熊跑溪的林中，以钢筋混凝土的板式结构，戏剧性地挑出在小瀑布上，与其欧洲前例共同具有连续的条形窗、屋顶平台和相对开敞的平面。他在威斯康星州拉辛的约翰逊制蜡公司总部（1936年），以其光滑的圆弧形外貌，比欧洲任何表现主义的其他作品都更为蜿蜒，使用了空心混凝土的“树状”柱子安排成多柱大厅。实验性的以耐热玻璃管采光，使主要工作大厅给人呈现出一种离奇的水下感觉。赖特事业的顶峰成就是纽约倒置层庙式的古根海姆博物馆（1943—1956年），在一巨型螺旋形坡道上建成。其前所未有的曲线形态与曼哈顿方格网的正交

状态进行了斗争[29]。

在“大萧条”的最严重时期里，赖特提出他虚构的、反城市的“广亩”城市规划（1935年在洛克菲勒中心展出），是可以穿过大陆而扩展的一种郊区居民点，作为权利而给每个美国人一亩土地。他给大城市开的药方“广亩城市”是为高速路和个人的空中交通来服务的，是“到处和无处的”，更新了杰弗逊所说每个美国百姓都扎根于土地上的训令。为了这个新的郊区模式，他还推进了可以承受的“美国式”住宅范例，如在威斯康星州麦迪逊附近的第一所雅各布斯住宅（1936年），它造价5500美元，相当于当时一般独立住宅造价的一半。赖特在西塔里埃森建成了他的冬季工作室（1937年，图29），他将包括学生和助手们的一个社区安置在亚利桑那州斯科茨代尔的广阔沙漠景色中。该处是一个旅游小镇，随着时间推移开始有些像“广亩城市”了。配备有表演厅和花园的西塔里埃森提供了一处由个人出资的离开了大城市而不放弃其文明设备的地方。精心建造的这座建筑，开始以帆布做屋顶，这是对美国当地建筑的一种尊重。赖特对于构造的直觉，表现在实验性的内斜墙上，它以当地巨型石块作为骨料填放在混凝土模板里，从半手工砌筑和混凝土的混合中创造出一种动人的隔热厚墙。

29 西塔里埃森冬季工作室，亚利桑那州，斯科茨代尔，1937 年

赖特的绝妙创造是和他的无限自负相称的。虽然他备受钦佩，但是他也很难伺候或追随，所以只有成功的助手或很少的模仿者。他最有造诣的后继者之中，洛杉矶的J. 劳特纳（John Lautner）有像沙漠温泉汽车旅馆（1942年）这类的设计以及20世纪50年代极好的山坡住

宅；威斯康星州米德兰的A. B. 道尔（Alvin B. Dowell）是凤凰博物馆的设计师；K. 卡姆拉斯（Karl Kamrath）在休斯敦与合作者F. B. 麦凯（Fred B. Mckie）创作了像当代艺术协会博物馆（1949年，毁于1968年）这样的作品。多伦多的R. 汤姆在20世纪60年代为其学院校园设计出接近赖特装饰性草原风格的一种变体。俄克拉何马州塔尔萨的B. 戈夫（Bruce Goff）在受到赖特的个性和结构创新启发下，在其住宅中也创造出个人的风格，如诺曼的贝文格尔住宅（1955年）的螺旋塔。阿肯色州的E. F. 琼斯（E. Fay Jones）在帕隆住宅（1978年）和索恩克朗礼拜堂（1980年）之类的作品里复兴了美国风传统；同时W. 布鲁德（Will Bruder）在凤凰城的某些沙漠住宅中，则表现为当代建筑师中少数对复兴赖特“蜂窝状”几何图形感兴趣的人之一。

赖特虽然受到外国古代和当代的影响，他却给美国建筑带来一种文化独立的自觉精神。赖特的700多项设计是不断探索几何学、技术、材料和相连空间形式技巧的成果。他以强调田园风光来实践，去创造有机适应于土地的建筑物，而没有必要去满足非常讨厌的城市要求。美国建筑是否能够归纳为赖特的过人天才，这是后来的美国建筑师们需要解决的一项理论挑战。

欧洲现代主义在新世界来临

赖特是20世纪上半叶唯一对欧洲现代主义者产生过直接影响的美国建筑师，此外欧洲现代主义者还留意到美国无名氏设计的谷仓和工厂，从而提供一种目的论和工业文化的神话。加拿大艾伯塔省卡尔加里的自治领政府谷仓的整体式壳体（1915年），W. 格罗皮乌斯（Walter Gropius）和勒·柯布西耶（Le Corbusier）两人都曾将其作为插图来显示他们在工程师美学上的理论思考[30]。在20世纪20年代，某些有才华的现代主义者移居美国，诸如老沙里宁、W. 莱斯卡兹、F. 基斯勒、R. 欣德勒（Rudolph Schindler）、R. 纽特拉（Richard Neutra）以及A. 弗雷（Albert Frey）；在30年代末，出现了许多现代运动著名的权威人士，其中包括路德维希·密斯·凡·德·罗（Ludwig Mies van der Rohe）、W. 格罗皮乌斯、E. 门德尔松（Erich Mendelsohn）、M. 布鲁尔（Marcel Breuer）和J. L. 塞特（José Luis Sert），他们在美国建筑的论述中，都促成了直接的变化。

30 欣德勒－蔡斯住宅，西好莱坞，1921 年

欣德勒在1914年曾去芝加哥为赖特工作，1917年去南加州地区监理霍利霍克住宅的施工，并建造了他自己真正先锋派的混凝土房屋，如他在西好莱坞的自宅（1922年，图30）和纽波特比奇的洛弗尔海滨住宅（1922—1926年）。欣德勒在此后的30年里，继续建造了具有地方感的、受风格派启发的现代住宅（图31），这些住宅大部分在林中。基斯勒，虽然有名的作品很少，而实际上通过与纽约艺术界的交往，他可能在传播现代派新造型主义的规律方面，产生过很大影响。欣德勒在维也纳的同事纽特拉，也是卢斯的学生，曾为欣德勒早期的方案搞过园林设计，在赖特处短期工作后，进而设计了钢框架的好莱坞洛弗尔健康住宅（1927—1929年），它成了美国现代主义的典范之作。健康住宅以其屋顶平台、工业化窗户以及完全没有装饰的表面，被列为《国际风格》一书中少数美国的范例之一，该书

31 德凯勒住宅，西好莱坞，1932 年

是由H. –R. 希契科克（Henry–Russell Hitchcock）和P. 约翰逊（Philip Johnson）在纽约现代艺术博物馆1932年展览会的基础上编著的。

A. 弗雷主要与L. 科克（Lawrence Kocher）合作在美国东海岸设计了第一批现代派住宅中的两幢：阿卢米纳尔住宅和坎瓦斯住宅（1931年）。在这以后，他来到加州棕榈泉市，并且设计了一些不太著名的在30年代和40年代最自由的建筑物。格罗皮乌斯和布鲁尔带着他们在包豪斯的经验，设计了马萨诸塞州林肯市的格罗皮乌斯住宅（1937年），设计出一个平屋顶、没窗棂的平板玻璃窗和屋顶平台。虽然门德尔松在美国的作品没有他在德国的早期作品那样被欣赏，但也有一些值得注意的作品，其中有在克利夫兰和圣路易斯的犹太大教堂以及旧金山的迈蒙尼德医院。欧洲最著名的现代派建筑师勒·柯布西耶在1935年曾访问美国，但未接受任何委托。他对美国重新发挥直接影响的是他参与了纽约联合国大厦（1947—1952年）的设计。通过塞特的支持，他在哈佛大学的校园里设计了他最后的建筑——卡彭特视觉艺术中心（1959—1963年）。

在美国建筑上的现代主义，一般地说是一种嗜好。在加拿大对它则较少要求。E. 科米尔在蒙特利尔的作品，特别是他为蒙特利尔大学所做的设计，表现出与现代主义的某种不同，结果造成一种剥去装饰的学院派样式，颇像A. 佩雷（Auguste Perret）和P. 帕托（Pierre Patou）的程式化古典主义。具有甚至更明显艺术装饰派风格的是J. 卡卢（Jacques Carlu）的蒙特利尔伊顿第九层（1930年）和乔治与莫尔豪斯（George and Morehouse）

的多伦多证券交易所（1936—1937年）。加拿大比较开放的现代派作品出现在温哥华，起初受到艺术家兼建筑师B. C. 宾宁（Binning）的影响，他的住宅（1941年）就属于第一批有自信的现代派作品之一。建设公共住宅区和扩展学校的运动，由于受到英国20世纪50年代类似的发展所激励，在温哥华地区促成了现代主义的一种地方性表现。

欧洲现代主义者对北美地区最大的影响是在教育方面。W. 格罗皮乌斯和M. 布鲁尔从包豪斯来到哈佛，阿尔珀斯（Alpers）来到黑山后去耶鲁，密斯·凡·德·罗、L. 希尔伯塞莫尔（Ludwig Hilberseimer）和L. M. 纳吉（Lazslo Moholy Nagy）去了芝加哥的伊利诺伊理工学院。其他欧洲现代主义者，如J. L. 塞特和S. 彻马约夫（Serge Chermayoff）也曾在摧毁学院派的教育方法上发挥过重大影响。出乎意料的是，他们对于经验主义方法、协作和极端缩减历史作用的强调，在美国可能比在欧洲更易于在教育中见效，由于它更接近于美国人实用主义的倾向。

大军事工业中心的国际风格

“大萧条”的最后几年，建筑设计风格上出现了与历史风格的彻底决裂。这在1933年的芝加哥世界博览会，即“进步一世纪”博览会上已有预兆，而在1939年纽约世界博览会上则正式确定了。在P. P. 克雷特（Paul Phillipe Cret）指导下的芝加哥博览会上展出了传统布置的流线型现代风格建筑物，但也包括某些表现派功能主义者的样品，如G. F. 凯克（George Fred Keck）的

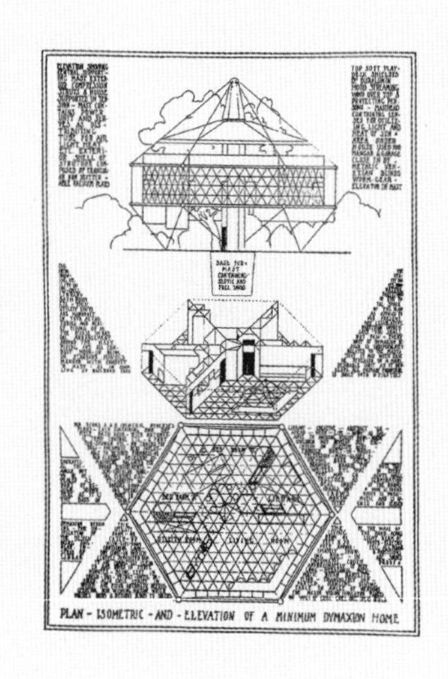

32 最大利用能源式住宅，1924年

"明日住宅"（带有私人飞机库），以及他的外骨架钢和玻璃的"水晶住宅"。先锋派工程师R. B. 富勒（R. Buckminster Fuller）1927年的"最大利用能源式住宅"（Dymaxion House），是一个多边形的吊舱挂在一个中心服务核心上（图32），它给凯克的作品提供了灵感。在这次展览会上，富勒还展示了他倒霉的三轮"最大利用能源式"汽车，它被卷入了一次死亡事故。

在芝加哥博览会上见到的流线型现代风格，在罗斯福新政期间被许多公共建筑设计所采用。学校、邮局和政府办公楼都给它一个朴素的、雄伟的建筑外观，并且经常由公共事业振兴署聘请的艺术家们以绘画和雕刻加以装饰。旧金山的林康附属邮局，以其A. 弗雷吉尔（Antoine Fregier）作的壁画，当列入政府拨款项目里最好的作品之中。由R. 万克（Roland Wank）设计的田纳西溪谷专署仍然是政府出资的现代设计中特别令人惊叹的作品。

1939年的纽约世界博览会，展现了表现主义者和功能主义者两方面的趋向，包括O. 尼迈耶（Oscar Niemeyer）、A. 阿尔托（Alvar Aalto）、A. 卡恩（Albert Kahn），以及工业设计师如R. 洛伊（Raymond Loewy）和N. B. 格迪斯（Norman Bel Geddes）的作品。在德国入侵波兰前夕开幕的博览会，其由美国大企业设置的展厅甚至比个别国家的更为耀眼（图33）。公司消费文化的机械装置，可以使人们生活在距市中心更远的地方，从而达到远离与不合意的职业和讨厌的人们的目的[31]。

33 通用汽车未来型展览，纽约世界博览会，1939年

博览会标志物三棱锥和球形的设计者W. K. 哈里森（Wallac K. Harrison）是纽约世界博览会的总设计师和

现代风尚的创造者。他应运而崭露头角，颇像以前的伯纳姆，而成为美国的主要法人建筑师，他可依靠的顾问是L. 斯基德莫尔（Louis Skidmore）。哈里森后因设计联合国大厦而成为载入史册的建筑师。他还设计了重要的摩天楼，如匹兹堡的奥尔科大楼（1956年），并指导了N. 洛克菲勒为奥尔巴尼的纽约州议会大厦设计的方案，结果成为帝国广场的巨型、高层有柱的平台（1962—1978年）[32]。

第二次世界大战后，美国以其无比的经济实力和杰出的工业成就，而成为新建筑最有影响的来源。有意思的是：曾一度被认为是“国际的”时髦风格，在高层建筑和商业园区的榜样下，竟成了“美国的”特产，并分送到世界的其他地方，其流行的情况简直就像好莱坞电影和摇滚乐那样。统治了美国军事工业的综合企业通过相应的机构和政府部门，将战时获得发展的技术要求应用到了建筑上。最终，勒·柯布西耶所说的将汽车生产方法用于建筑中的想法实现了，并且公司上层人物也喜欢这种无刺激性的环境，像有色玻璃的幕墙结构，用预制混凝土、钢或铝构件来就位。在战后的同一时期里，美国建筑中的更为表现主义和雕塑性的趋势则归于博物馆和大学的赞助（图34）。

34 V. 伦迪的结构创新构造

对于形成战后口味起着最重要影响的，有纽约的联合国总部建筑群（1947—1952年），设计者是由哈里森负责的十位国际建筑师小组，其中包括勒·柯布西耶、O. 尼迈耶、S. 马凯留斯（Sven Mavkelius）和其他现代主义提倡者。联合国秘书处大楼以长方形盒子状突出于曼哈顿摩天楼的阶梯形轮廓中，除去P. 贝拉斯基在俄勒冈州波特兰的公平大楼（1946—1948年）以外，它是第一座真正玻璃幕墙的高层建筑。作为反光的庞然大物，它为玻璃盒子提供了范例，这将使后来像达拉斯和休斯敦等暴发城市的天际线变成一大堆闪光的片状楼。联合国建筑群也提供了“园中塔楼”的基本范例，即以独立于城市道路网中像自由站立的平板那样来布置高层建筑。这种有意象征自由的建筑物，是否能够恰当地体现出集体价值，曾立即引起评论家像L. 芒福德等人的争论。芬兰建筑师V. 雷维尔（Viljo Revell）于1957年赢得竞赛并于1965年完成的多伦多市政厅，建立了一种联合国大厦模式的有趣变体。它呈现出有目的的闭合，而非开敞的无尺度感，较多受到城市方格网道路的限制。它的两座结构性混凝土外包的板楼，北边的比南边的略高，椭圆形地围绕着一座在高座上的蛤蜊状会议大厅，呈现着一种向心和统一的有力形象。

美国建筑里平板玻璃和露明钢件的坦率使用，以前曾出现在工业建筑和少数罕见的先锋派作品，如纽特拉的健康住宅之中。钢框架和纯粹玻璃墙的一种极简构造语言的精练完善，曾变成密斯·凡·德·罗选定的研究领域，他从1939年到1958年作为芝加哥伊利诺伊理工学院的建筑系主任，在美国中西部地区曾产生过广泛影响。他在普拉诺的范斯沃思住宅（1950年），一座草地上从露明钢框架悬挂着的玻璃盒子，提供了“限定而清晰”原则的最早的激进示范作品，并成为可以辨认的“密斯式”。因此，虽然P. 约翰逊在新坎南的“玻璃住宅”比范斯沃思住宅几乎要早两年完成，还只能靠后者来加以评价。

密斯·凡·德·罗的商业作品，以使用壁柱似的窗棂到结构柱子，来强调钢铁的严峻稳固，给予结构更高的浮雕效果以及更多一点的强硬度。芝加哥的一对26层湖滨公寓（1948—1951年）属于密斯第一批显示清楚网格构造的大型建筑物。他与P. 约翰逊合作设计的纽约西格拉姆大厦（1954—1958年）从公园大道的路边线后退50英尺（约15.2米），创造出一种新型的凹进广场，这种从城市街区边线后撤的做法受到普遍的欢迎。在多伦多，密斯设计了他最大的摩天楼群，即全国中心（1963—1969年，图35）的一排低层建筑和三座塔楼的建筑群（十年后又增加了两座不同高度、同样风格的塔楼）。该设计占了城市整整一个街区，并将场地中心敞开成一座不对称组织的步行广场，削弱着商业区路网的稠密，并为拥塞的中心城市展示着一种新的交错的空间性。

35 全国中心，多伦多，1963—1969年

斯基德莫尔、奥因斯和梅里尔联合事务所（Skidmore Owings and Merrill，简称SOM）在第二次世界大战期间，曾接受了大批国家军事用房的委托，并且开始将企业提出的“研究和发展”概念运用于建筑实践。SOM事务所吸收了网格式整体结构与流动空间的密斯式词汇，同时为其公司雇主们提供实事求是的做法，因而在其早期作品，如纽约的利华大厦（1950—1952年）、芝加哥的内地钢铁大楼（1956年）、旧金山的克朗·泽勒巴克（Crown Zellerbach，1959年）以及休斯敦的坦南科大楼（1963年，图36）获得成功之后，SOM事务所变成了最受欢迎的办公楼设计者。在这些城市里每个都设有SOM事务所，并且在其后的40年里，创作出成百

36 坦南科大楼，休斯敦，1963年

座市中心和郊区的办公大楼、城市规划建筑以及市府大楼。他们最伟大的高层建筑作品为斜撑式约翰·汉考克大厦（1970年）和束筒式西尔斯大厦（1974年），都在芝加哥，并都曾一度成为世界最高的建筑物。其大胆的结构处理都是由F. 卡恩（Fazlur Khan）的工程学技巧来加以指导的。

SOM事务所的对手，包括圣路易斯的赫尔穆特、奥巴塔和卡萨鲍姆事务所（Hellmuth Obata & Kassabaum，简称HOK）和休斯敦的考迪尔、罗利特、斯科特事务所（Caudill，Rowlett，Scott，简称CRS），他们也提供工程和规划服务，并设计了机场、医院、体育设施、学校和低层的公司总部，但较少密斯式，只是用功能主义者的处理方法。山崎实（Minoru Yamasaki）的纽约世界贸易中心双塔所用的抽象哥特式的外表（1966—1980年）以及贝聿铭事务所在波士顿汉考克大厦的透明反射玻璃（H. 科布设计，1972—1976年）的新奇感，都以基于增强抽象性的美感威胁了SOM事务所的地位。将一座高层建筑作为极简化抽象雕塑来处理，则是由约翰逊和伯奇（Burgee）设计的建于休斯敦潘索尔广场的一对方尖塔（1973—1975年），以及贝聿铭和科布（Cobb）设计的建于达拉斯的棱柱形喷泉广场大厦（1986年）来推进的。H. 扬（Helmut Jahn）在芝加哥的伊利诺伊中心的斜切式圆柱体形（1979—1985年）、C. 佩里（Cesar Pelli）的玻璃面纽约巴特利花园城市综合体（1982年），以及科恩、佩德森和福克斯事务所（Kohn，Pederson，Fox，简称KPF）的曲面的芝加哥瓦克大道333号（1981—1983年），也都在为企业雇主提供明显特征的竞争中追求抽象的结晶般的构成。

在加拿大，J. B. 帕金（John B. Parkin）事务所是密斯的“全国中心”设计的合作者，并且在改变多伦多的尺度方面，起了类似SOM事务所在芝加哥和纽约的作用。以十层的救世军总部（1956年）和13层铝贴面的太阳人寿保险大楼（1961年）开始，帕金事务所不断地为多伦多商业区和加拿大其他城市提供了精确的、细部分明的国际式方盒子。在温哥华，汤姆森、贝里克和普拉特事务所（Thompson，Berwick and Pratt）设计了最富有冒险精神的加拿大高层建筑，包括24层菱形的BC水塔（主要设计人R. 汤姆，1953年），它早于格罗皮乌斯和布鲁尔的纽约泛美大厦（1965年）和米兰的皮瑞里大楼（1959年）。莱班索尔德（Lebensold）、阿弗莱克（Affleck）、德巴拉兹（Desbarats）、迪米柯波罗斯（Dimikopoulos）、米肖和赛斯（Michaud and Sise）的蒙特利尔建筑事务所控制了该市最大企业委托的项目，如与贝聿铭合作的玛丽村广场（1963年）。德国移民E. 蔡德勒（Eberhard Zeidler）在20世纪70年代和80年代成了加拿大最突出的开业建筑师，创作了大量的学校、医院、购物中心和使用巨厦型处理的商用高层建筑。加拿大温哥华的设计师A. 埃里克森（Arthur Erikson）以更具雕塑性倾向而崭露头角，在加拿大建筑界中堪与贝聿铭的作用相比。

负担得起的住宅

在公司实力集团支持“二战”后美国现代主义的背景下，出现了对中产阶级负担得起的住宅的研究，通常以工厂预制和功能主义分析的观念来构想，并经常考虑到地方特性。在20世纪30年代，虽然重要的知识分子们曾游说议员拟定欧洲式的公共住宅计划，但只有极少数的美国住宅区是通过政府直接介入而建成的。住宅问题最可取的解决办法仍然是经济刺激和对中产阶级的住房补贴，并希望这样将会实现社会阶梯的所谓“滴入论”。美国社会福利住宅中少数著名的例子，如由O. 斯托诺洛夫（Oskar Stonorov）和A. 卡斯特纳（Alfred Kastner）设计的费城卡尔·麦克利住宅群（1933—1934年），W. 沃斯特（William Wurster）在加州瓦列霍的部分预制的防卫住宅区（1941—1942年），或是麦凯和卡姆拉斯在休斯敦的荷兰式公园大道村（1942年），都曾由于低收入者聚居区的恐怖新闻而蒙上了阴影，结果在大声疾呼中导致1972年普鲁伊特艾戈住宅区的拆除，该区是由赫尔穆特、山崎实和莱因韦伯（Leinweber）设计的（1950—1955年），还有芝加哥由卡布里尼-格林（Cabrini-Green）设计的住宅（1958—1962年）也遭到部分拆除。非常贫困的人们集中于没有适当服务的高层建筑里，必然导致公共住房的失败，并自然地会赞成从私人部分找到解决办法，这在90年代引起了拆除富裕区附近的公共住房。

M. 布鲁尔，在20世纪30年代为格罗皮乌斯和自己设计了住宅以后，就和新的合作者H. 贝克哈德（Herbert Beckhard）在以后30年中在守旧的新英格兰设计了几十座现代派住宅。虽然他想为朴素的中产阶级住宅树立一个样板，但是他的雇主一律都是有钱的艺术品收藏家。布鲁尔建在纽约现代艺术博物馆院子里的引起广泛注意的蝴蝶式屋顶住宅（1949年），原是D. 洛克菲勒作为其庄园里的一幢客房。格罗皮乌斯，虽然开始和C. 瓦斯曼（Conrad Wachsman）曾成立过预制金属住宅的公司，后来也变成与一群青年建筑师一起以私营办法来为中产阶级解决住宅问题了。他们的“建筑师协作组”（TAC）为马萨诸塞州列克星敦规划了“六月亮山”（1948年）和“五原野”（1952年）郊区居民点，展现出为中产阶级住宅选择的现代风格。

在洛杉矶，《艺术与建筑》的出版商J. 恩滕扎（John Entenza）在1937年曾委托H. H. 哈里斯（Harwell Hamilton Harris）设计了一座现代派住宅，并在1945年至1963年间又发起了“个案研究住宅”计划，为该地区创作了28种样板住宅（图37），在出图后一个月就可以完成。最有名的个案研究住宅当推在太平洋岩壁的埃姆斯住宅（1949年），为了它，C. 埃姆斯和R. 埃姆斯（Charles and Ray Eames）曾组装了从工业产品目录订购的一套部件。C. 埃尔伍德（Craig Ellwood）和P. 柯尼格（Pierre Koenig）以钢框架技术建造的极简式抽象住宅也令人印象深刻。C. 埃尔伍德，这一代中最密斯派的人物，设计过三幢异常轻巧的钢框架住宅，带有悬挂的磨砂玻璃嵌板和极少的隔断墙。其他个案研究的设计者有R. 纽特拉、Q. 琼斯（Quincy Jones）、R. 拉普森（Ralph Rapson）、R. 索里亚诺（Raphael Soriano）和W. 沃斯特等人，他们都使用了平屋顶、开敞平面、悬挂玻璃板和外骨架等一致的现代派手法，造成一种在房地产用语上名之为“当代”的风格，而到最后由于其缺乏想象力，结果与拥有自己住房的“美国梦”并不一致[33]。C. 梅（Clifford May）是牧场式住宅的最多产的设计者，由于

37 个案研究住宅18号

38 威契塔住宅，堪萨斯州，1946年

39 波普住宅，奥林达，1940年

他重新肯定了斜坡屋顶的价值，而使这种住宅变成20世纪50年代最流行的住宅类型，影响远出于加州之外。

“二战”后美国住宅短缺的最令人吃惊的解决办法仍然是B. 富勒的威契塔住宅（1946年，图38），它是为大量建造1927年“最大利用能源式住宅”光面铝板的先型。富勒以经济的逻辑构想出一架飞船挂在一条桅杆上，轻巧的组件可以在任何施工现场由六个工人在一天之内装配起来。由于管理不善，富勒的大量生产这种住宅的梦想从未实现。目前技术含量较少的“工厂制造的住宅”的变体，是从假日汽车拖屋和活动住宅演变而来的，它已经构成当前美国住宅产量的约25%了[34]。

W. 沃斯特在旧金山湾地区建造了一系列朴素的住宅，如奥林达的波普住宅（1940年，图39，毁于60年代），它发扬了美国西海岸的室内—室外生活传统。半封闭的院落，上面棚顶上有一个偏离轴线的圆洞，它正是在那30年后F. 盖里感兴趣的东西，即廉价的材料如混凝土块、链条栅栏和瓦楞铁等的审美价值。会动脑筋的开发商J. 艾克勒（Joseph Eichler）属于极少数的营造者之一，他坚持由“个案研究”和沃斯特等建筑师提供的现代设计原则。在20世纪50年代和60年代里，他在加州建成了一万幢以上的中产阶级住宅，其中有些自由地采用了钢框架结构、独立的火炉、磨砂玻璃隔断以及有凉棚的院子，而且是由安申和艾伦（Anshen and Allen）、Q. 琼斯、F. 埃蒙斯（Frederick Emmons）设计的[35]。

艾克勒在住宅开发商中是个特殊人物，他从莱维特父子承包公司最初的实例开始，一直建造带有守旧的“老乡”形象的住宅，尽管其大部构件都是工厂预制的。

莱维特父子公司多少有些像汽车工业中的福特，能合理化改革“开发区”住宅构造，并且以一半的市价出售。他们取得纽约和费城边缘的果树林，并将其变为迅速建成的莱维特镇，它们有2000个到15000个单元住宅布置在一系列死胡同旁边。他们总共建成的14万套住宅，在市场化的美国住宅梦里起了关键作用。在新泽西州的第一座莱维特镇于1947年建成，在曼哈顿东侧约30千米处。该镇有八万多居民，人口相当于一座小城市，但是由于其密度低，房屋从路边后退，以及因缺少市政或商业服务设施，使之缺乏城市的感觉。有汽车的空间，是“二战”后市郊开发区获得成功的基本因素，成为新方向的手段，并且邻近交通干线更吸引了不由自主的开发商[36]。

从美国区域规划协会之类的组织借鉴而来的，像分级道路组织和围绕着学校布置邻里单位等规划观念，已被编入美国联邦住宅行政部门的法规。多少有些像赖特反对城市集中化生长的运动那样，区域规划协会复兴了E.霍华德（Ebenezer Howard）的花园城市概念，在开发时就努力保护土地。部分完成的新泽西州拉德伯恩住宅小区，由C.斯坦（Clarence Stein）规划设计，可作为精心设计的主要范例（图40）。在一个禁止汽车通行的街区内，单幢住宅都沿着死胡同布置。住宅的主要门廊都在建筑物的后面，那里是连接到其他死胡同的集体公园。儿童可以步行穿过公园去上学或买东西而不会碰到汽车。

40 格林斯瓦德园区，新泽西州，拉德伯恩，1928年

这个模式在20世纪30年代曾在马里兰州的格林贝特新镇加以重复，并在洛杉矶以较小的规模再现（1941年），由C.斯坦与R.E.亚历山大（Robert E. Alexander）、

R. D. 约翰逊（Reginald D. Johnson）、威尔逊和梅里克（Wilson and Merrill）设计。斯坦实现拉德伯恩模式最成功的作品之一是在北不列颠哥伦比亚省基蒂马特的公司镇。它作为阿尔坎制铝公司的一个港镇，成功地将6000人的邻里单位集合在一起，镇中央是可以从草坪上直达的购物中心。斯坦规划在环境质量方面还影响了其他城镇，如安大略省的堂密尔斯（20世纪50年代）或弗吉尼亚州的雷斯通（20世纪60年代），仍然较典型开发区略胜一筹，主要的不同是保持公共的草坪。在大多数商业性的居民区里，开发商重复着阶梯式的死胡同道路组织，只是将土地细分为许多小块，但却切掉了基本的部分，即需要花钱维持的联系性公共花园[37]。

低密度住宅开发区的另一种明智的选择出现在加州临近门多西诺角海滨牧场的假日社区（1965年）。由M. L. 特恩布尔（Moore Lyndon Turnbull）和惠特克（Whitaker）设计的谷仓式十个成群组织的单位，由L. 哈尔普林（Lawrence Halprin）规划成邻近天然树林的集中建筑群，同时保持着周围的海滨景色。漂亮的单坡屋顶和垂直木板墙的混合体，也算是海湾地区风格的另一种变体，当它一出现就启发了许多搞单体住宅的模仿者，而成群组织建筑的概念却影响不大，它们没有周围绿色空间的保护。A. 普雷多克（Antoine Predock）的首批设计之一，新墨西哥州阿尔伯克基郊区的拉卢兹排屋（1967—1971年），追求成群组织，保存更多画境般的沙漠环境。普雷多克还恢复使用土坯墙和遮阴院子等民间手法。M. 萨夫迪（Moshe Safdie）在蒙特利尔博览会上展出的、用巨型建筑方式解决的“居住地”（1965—

1967年），它在P. 鲁道夫（Paul Rudolph）以前的建议里曾出现过，建议是像组合在一起的“砖块”般的单元，是不会被模仿的另一种成群组织住宅形式。20世纪70年代，P. 索莱瑞开始了阿科桑提试验方案，在索诺兰沙漠的一处悬崖上，离赖特的塔里埃森有一小时汽车行程距离，它是又一种意味着保护景色的成群组织住宅的变化形式。

绝大部分的美国住宅都是独立的单个家庭拥有的房子，住房还有汽车仍然是中产阶级的主要消费品。这些住宅里，由建筑师设计的还不足1%，取而代之的是强有力的承包商和开发商，他们根据市场预测情况，以标准样板每年生产成千上万套住宅。虽然建筑师们偶尔也帮助改进美国的住宅及其对城市的影响，而无论是上层注重艺术的雇主，还是需要福利性服务的贫困社区，对市场来讲都是次要的。

城市更新，高速公路和购物商场

第二次世界大战以后，美国经历了一个经济和城市快速扩展的时期。1949年的住宅法案与1956年公路法案的结合，给予前所未有的权威去进行“城市更新”和清除贫民窟，在许多商业区及其邻近的低收入街区为现代设计方案提供了空地。城市更新的想法是以1943年到1949年间匹兹堡金三角地区的成功恢复开始的，该区的设计是以在园林中的一套闪亮的十字形高楼代替了一处衰落的工业核心区，是由I. 克拉文（Irving Claven）设计的。在十年的城市更新期间（1956—1966年），整片的城市部分被拆平以利于接近公路，清除贫困的和少数

41 波士顿城市更新，20世纪60年代

民族居民点，并提供新的商业地段（图41），在环境上的结果像旧金山的码头中心、波士顿的政府中心、费城的社会山以及奥尔巴尼的帝国广场等。当有特色的老城街区被永远抹掉之时，由公司上层人物赞助的新的接替者，可能像洛克菲勒中心那样，却由于其笨重的尺度、目的单一与缺乏流畅的交通，而几乎总是与城市其他部分疏远和隔绝[38]。

为汽车提供新的设施变成城市更新的最有强制性的正当理由。依照奥姆斯泰德的公司大道榜样，第一批快速干道在20世纪20年代的纽约和底特律是作为园林设计而建成的。在30年代里，包括在马萨诸塞州和弗吉尼亚州之间由风景建筑师G. D. 克拉克（Gilmore D. Clarke）设计的一系列对环境敏感的公园大道在内，快速干道继续作为令人愉快的休闲路来加以规划。不过，在50年代，快速干道变成了所谓高速公路，交通设计开始盖过了美化设计。只有开明的风景建筑师像L. 哈尔普林才碰到难得的机遇，他在西雅图设计了高速公路公园（1976年，图42），曾说服高速公路以其巨型高架路和占地极大的互通式立交桥参加进来。

42 高速公路公园，西雅图，1976年

新的美国州际高速公路系统的扩展——对纳税人的解释为国家安全的需要——促进了新郊区居民点的发展。为以车代步的郊区居民服务的需要，在临近高速公路路口出现了地区性购物商场。J. 格雷厄姆的北门商场（西雅图，1950年）树立了榜样。这是从高速路上可以看见的一座巨型独立建筑物，周围是停车场、内部步行道以及地下供货站台[39]。奥地利移民V. 格伦是北区商场（底特律，1954年）的设计者，他将这种美国特有的建筑类型注入了欧洲现代派的感觉，造成有顶篷防护的室外步行花园，类似于鹿特丹的林巴恩（1950年）。多伦多郊外，J. B. 帕金事务所为堂米尔斯新镇设计了一种相对开敞的商场（1955年），具有密斯式美感，内部的步行空间用细钢顶篷来遮阳，并用平静的倒影水池加以调剂。就像大多数早期的室外商场那样，堂米尔斯便民中心最后也都盖上了顶子以增加营利空间，但今天已经难以认出它的昔日美丽环境了。

购物商场遍布整个城市是在20世纪70年代。HOK事务所设计的购物廊街（1969—1971年）在休斯敦郊外，显示了混合着旅馆、办公室、娱乐和运动以及购物功能在商业上的可行性，创造着新城区的经济基础，它现在比6千米以外的老商业区有着更多的零售店、旅馆和办公空间。虽然它获得了经济上的成功，但购物廊街地区的城市质量却从未受到过称赞。它的内向建筑物、大停车场，以及100米宽的道路，在尺度上比起商业区来更接近于机场。弗吉尼亚州的雷斯顿新镇，在华盛顿以南30英里（约48千米），是由RTKL联合事务所在20世纪80年代晚期设计的。它采用了开发商的购物廊街方式，并且创造出带有室外平台广场、喷泉和类似城市历史空间尺度的咖啡馆的交叉步行街，周围仍然有容易到达的宽阔停车场，试图用这种方法使其看上去更有城市感觉。

购物商场虽然开始是为城市周边居民区而设，但随着为旅游者而引进“节日市场”以后，在城市中心设置购物商场也变得具有商业上的可行性了。开始是在旧金山，由W. 伯纳迪和埃蒙斯（Wurster Bernardi

43 临河中心，圣安东尼奥，1987年

and Emmons）对吉尔德里巧克力厂的重新利用，在20世纪50年代末期将它改成了古玩店和餐馆。B. 汤普森（Benjamin Thompson）对波士顿昆西市场历史建筑的重新使用（1972年），以及他对于华盛顿伯纳姆设计的联合车站的抢救利用，给危旧的历史建筑以新的经济活力，并有助于扭转零售业离开市中心的倾向。在市中心最有前途的购物商场可能就是城市设计集团的得克萨斯州圣安东尼奥的“临河中心”了。为旅游区构想的“临河中心”展现了购物商场的形态，它面对的滨河步道景观令人赏心悦目。市民们拥有并维持着这公共空间，因此这个设计真正保留了像传统城市里的公共的和私人的综合体（图43）。

44 伊顿中心，多伦多，1973—1981年

在蒙特利尔商业区的集购物、办公和旅馆为一体的博纳旺蒂尔广场的巨型多层建筑（1963年），以及在多伦多中心的由蔡德勒事务所设计的大型四层伊顿中心购物廊街（1973—1981年，图44），以此证明了加拿大早就在商业区通过提供方便的地铁和足够的停车场，来保持零售业的正确性。加拿大在艾伯塔省盛产石油的西埃德蒙顿镇还建成了当时世界最大的城市边缘市场。西埃德蒙顿商场是20世纪80年代发展起来的，它包括许多吸引人的游乐场，如哥伦布市的圣玛利亚教堂和水下漂流、一座有波浪机械设备的冲浪运动厅、具有世界各美丽城市特色的食品院和旅馆，以及无数商店，全部面积达到180万平方米[40]。

直到20世纪末才有著名建筑师受聘给购物商场以更多的建筑艺术特色，这大概暗示着市场的一种衰退。J. 杰德（Jon Jerde）在圣迭戈商业区的霍顿广场（1893

年），创造了一种后现代形象的杂乱拼凑，该处的锡耶那条纹式砌法碰到了迈阿密的艺术装饰派粉画。F. 盖里的埃德玛中心（1987年，图45）是一个小购物商场结合着一座威尼斯的地方博物馆，其屋顶上有一堆突出的构成主义形象，那是开发商拒绝作为广告牌出租的地方。如果说在60年代末，对公共场所的想法还是必须移出市中心，成为只有坐汽车才能享用的内向场所，那么到了80年代末，通过公司管理的购物商场的控制机构，甚至先于市中心存在的结构都被“复兴”了。虽然在这个消费环境的领域里，是什么形成的“公共性”仍然不清楚，但明显的是，超过50%的零售额与中产阶级重要的一段自由时间都出现在私人维持的购物商场里。

45 埃德玛中心，威尼斯，1987 年

功能主义的表现主义和新野性主义

在20世纪40年代后期和50年代的军事工业集团的新企业文化期间，美国建筑中最有创造性的趋向来自密歇根州克兰布鲁克的沙里宁工作室以及哈佛和耶鲁建筑学院的工作室。老沙里宁在克兰布鲁克包豪斯式的工作室提倡一种基于工艺、依据经验的方法，和他的儿子一起设计出了激进的作品，如印第安纳州哥伦布市的第一基督教堂（1942年）和未建的华盛顿市史密森艺术馆扩建竞赛的中选方案（1939年）。这两个设计都是平面的极简抽象盒子的构图。该教堂显示如何以隐隐约约的透光而达到复杂的生气，并以无可挑剔的工艺水平而使之添彩。

埃罗·沙里宁（Eero Saarinen）在父亲于1950年去世以后，继承了经验方法，但范围却大为扩展，在每项

46 TWA 航站楼，纽约市，1962 年

47 杜勒斯机场，长梯里，1962 年

设计中都引进技术上和形式上的新意。在密歇根州沃伦的密斯式的通用汽车技术中心（1951—1956年）——第一座花园式工业园区——他将氯丁橡胶密封垫的技术从汽车转用于平板窗玻璃上。他为纽黑文的耶鲁大学设计的抽象的有中世纪意味的斯泰尔斯和莫尔斯宿舍区（1956—1962年），是以基于社会销售学调查结果的方案加以调整的。为了得到哥特式工艺的现代感，他特请雕塑家C. 尼沃拉（Costantino Nivola）将建筑物所用的混凝土，在原地刻成抽象雕塑。他的如抒情诗般的空港设计，即大鸟般的纽约肯尼迪机场TWA航站楼（1958—1962年，图46）和弗吉尼亚州长梯里的杜勒斯机场候机楼（1958—1962年，图47），似乎是自由地借自E. 门德尔松草图的表现派形式，每个都将混凝土的使用推向新的极限，前者在于其大鹏展翅的壳体，后者在于其吊挂的悬链式屋顶。埃罗·沙里宁有两项设计是由他的后继者K. 罗奇（Kevin Roche）和J. 丁克鲁（J. Dinkeloo）承担的，也都具有类似的创新精神，即奥克兰博物馆（1967—1969年）和福特基金会（1966—1967年）。两项设计都利用其结构要素作为巨型花园的基础，前者带有一整套平台，后者则有一座12层楼高的中庭。

埃罗·沙里宁对表现主义的摆弄，在与哈佛大学和耶鲁大学有关的某些建筑师的高度雕塑性构图中得到了回应[41]。从勒·柯布西耶的晚期的混凝土作品中引出的新野性主义风格，包括他在美国的唯一建筑，哈佛大学的卡彭特中心（1959—1963年），这种风格在哈佛大学与W. 格罗皮乌斯有关人士的作品中是显而易见的。例如，M. 布鲁尔在20世纪50年代所做的公共机构设计，如明尼苏达州大学城的圣约翰大学教堂（1951—1956年）、北达科他州俾斯麦的天使报喜节小修道院（1959—1963年），以及纽约的惠特尼博物馆（1963—1966年），都沉溺于对整体混凝土形式的塑性运用。塞特和杰克逊（Sert and Jackson）在哈佛大学的皮博迪排屋（1963—1965年），在美国住宅中引进了柯布西耶式大遮阳板的造型手法。J. 约翰森（John Johannsen）在印第安纳州印第安纳波利斯的克洛斯纪念堂（1962—1963年）以及马萨诸塞州克拉克大学的戈达德图书馆（1969年），集中了混凝土的高板造成史前巨石般的露出地表之物。他的俄克拉何马城哑剧院（1964—1970年），各种奇形怪状的分开的演出厅由伸出的走廊连在一起，是一种功能主义图解的如实转化。卡尔马、麦金奈尔和诺尔斯事务所（Kallman，Mckinnell & Knowles）在波士顿市政厅的竞赛中奖作品（图48），从勒·柯布西耶的拉土雷特修道院采来其混凝土翼片的构图手法。C. 塞文（Cambridge Seven）也是在波士顿的新英格兰水族馆（1962—1969年），将巨型带尖角的混凝土大块放在码头上，就像船身那样。U. 弗兰岑（Ulrich Franzen）在休斯敦的阿利剧院（1969年）和贝聿铭在科罗拉多州博尔德的国家大气研究中心（1965—1966年），共同具有对整体混凝土板的图腾式运用，顶部是深深的凹口，并以高开缝来清楚表达。贝聿铭的杰作华盛顿的国家美术馆东馆（1968—1978年），是这种美国表现主义趋向的顶峰作品之一。

48 波士顿市政厅，1968年

在新野性主义风格中，出现了两位与耶鲁大学有关的重要人物：路易斯·康和P. 鲁道夫。康是与20世纪

30年代和40年代公共住宅运动相关的建筑师，于1950年至1951年在罗马的美国研究院待了一年之后，他在建筑处理上经历了一次彻底的转变。他把自己的功能主义方法改进为“服务与被服务的”空间，将其想象力主要集中在混凝土的结构表现上，同时反复思考历史上拱顶和圆厅的可塑性。他设计的费城宾夕法尼亚大学的理查兹实验楼（1959—1963年），就显示出他对矛盾的兴趣，如想要一个房间的封闭同时又有开敞平面的自由。在罗切斯特的一位论派教堂（1962—1963年）和加州拉霍亚的索尔克研究所（1959—1965年），则表现了对于规划空间的划分和巧妙透光效果的关心。他的杰作、位于得克萨斯州沃思堡的金贝尔艺术博物馆（1968—1972年），像是由一系列顶部采光的平行拱顶、可划分成房间似的环境所组成的。康复活了对于对称、纪念性和参照历史形式的鉴赏趣味，而没有将结构作为建筑艺术决定因素的那种前述的现代派信仰。

49 朱伊特艺术中心，韦尔斯利学院，1955—1958年

P. 鲁道夫，他曾在哈佛大学学习并任教于耶鲁大学，以其在佛罗里达州萨拉索塔的有创造性的住宅设计而首次出名，它在20世纪50年代初以模数制木框架建成。鲁道夫和同事R. 特威切尔（Ralph Twitchell）与哈佛出身的V. 伦迪（Victor Lundy）一起，在萨拉索塔促成了表现主义建筑的一时繁荣。伦迪在该地区教堂结构上创新的混凝土和胶合板大梁构造，给人出乎意料的新颖感。鲁道夫在60年代以后的许多设计项目里，如达特茅斯的马萨诸塞大学（1965—1972年）、韦尔斯利学院的朱伊特艺术中心（1955—1958年，图49）、波士顿的马萨诸塞州政府中心（1968—1970年），以及纽约州

戈深的奥兰治县政府中心（1968—1970年），他追求一种环行与结构的复杂组织，提供透进的日光与暴露混凝土大量的接触两方面惊人的效果。他的耶鲁大学艺术与建筑系馆（1958—1963年），以其沉重的“灯芯绒”混凝土立面达到了新野性主义美学的充分体现，而且平面的奇怪环行线也标志着功能和环境上的限制。J. 波特曼（John Portman）的桃树中心（1966—1980年）和洛杉矶商业区的博纳旺蒂尔旅馆（1975年），环绕穿行20多层高的室内中庭，则体现出鲁道夫雕塑倾向的一种肥肿续篇。

在加拿大，与新野性主义有关的建筑师有J. 安德鲁斯（John Andrews），他是哈佛大学培养的，在安大略省设计了斯卡伯勒大学校园，在多伦多设计了加拿大国家电视塔。更重要的和有创造性的是A. 埃里克森，他在温哥华的西蒙·弗拉泽的现代大学校园设计里，采取了使校园统一在单座建筑物里的加拿大特有想法，并使其成为一座神秘的棱柱体从而支配了景观。他最着迷的整体统一屋面（这与多雨气候有关），在他两项最有名的设计中得到了最佳表现，即温哥华中心区的省法院大楼（1973—1979年）和不列颠哥伦比亚大学校园的人类学博物馆（1971—1976年，图50）。法院是从市中心广场通过一座绿化广场随着喷泉和花草顺坡道而上，再穿过街道，才能到达由巨型空间框架支撑的单坡屋顶建筑物。人类学博物馆的巨大屋顶逐步下降为更小的混凝土框架。这种表现主义时代的前所未有的自由形式是与探讨混凝土的结构潜能相关的，经常以牺牲舒适的室内质量或与城市的协调作为代价。

50 人类学博物馆，不列颠哥伦比亚大学，1976年

后现代主义和重新开始为城市而斗争

20世纪60年代的美国社会动乱，包括公民权利的斗争、学生的抗议和反越战运动，曾对建筑文化产生过重要影响。一方面，国际风格和城市更新，由于其麻木的尺度和对社区的无情破坏而受到谴责，同时新野性主义风格则由于其造成浪费的形式主义而遭到贬低。R. 文丘里（Robert Venturi），以他的著作《建筑中的复杂性与矛盾性》（1966年）发动了对功能主义建筑的批判，在他的续编《向拉斯维加斯学习》中更扩大了攻击［该书与D. 斯科特-维布朗（Danise Scott-Brown）和S. 艾泽努尔（Steven Izenour）合著］，其中新野性主义和功能主义耀武扬威的表现派倾向，被讥讽为建筑的“鸭子”，指的是像长岛上鸭子形状餐馆那样的得到含混意思的形式。他们偏爱“装饰的棚子”挂着招牌挤进来的建筑物，就像文丘里和劳赫（Rauch）设计的费城吉尔德住宅（1965年），以符合大众艺术的标准而出名，并激发了关于城市环境保护问题的争论。

在这个混乱的时期中，追随着历史学家和评论家英裔美国人C. 罗（Colin Rowe）的教导，出现了一个小组，当他们在纽约举办展览会并发表了住宅设计以后，遂以“五位建筑师”而知名。五位建筑师分别是C. 格瓦思梅（Charles Gwathmey）、R. 迈耶（Richard Meier）、J. 海杜克（John Hejduk）、M. 格雷夫斯和P. 艾森曼（Peter Eisenman），他们表现出一种明显的复古冲动，但不是古典式或中世纪的建筑，而是要复兴20世纪20年代被遗忘的先锋派运动，他们特别喜欢勒·柯布西耶纯净派时期的透明性和范·杜斯堡（van Doesburg）的风格派。

R. 迈耶，在美国达里恩的史密斯住宅（1967年）设计中最好地展现了这种复兴的纯净派方法，他在道格拉斯住宅（1972年）中继续发展了这种风格，并且在亚特兰大的海伊博物馆（1979年，图51）获得成功后，进而在欧洲设计了一系列重要建筑物，而且得到了20世纪末最重要的工程项目设计委托，即洛杉矶的格蒂中心的令人激动的卫城（1986—1997年）。P. 艾森曼，是建筑教育方面一位强有力的代言人，他过分迷恋于G. 泰拉戈尼（Guiseppe Terragni）的几何学置换并且追求几何学达到了混乱尺度，从他在佛蒙特州哈德维克二号住宅还不算过分的网格错位，直到俄亥俄州哥伦布市的韦克斯纳艺术中心（1983—1989年）发狂的格网堆垒。

51 海伊博物馆，亚特兰大，1979年

历史保护运动开始于1964年纽约宾夕法尼亚车站被极为遗憾地拆除以后。在70年代，它促成对于市中心的城市结构和历史建筑的装饰图案的新尊重。C. 摩尔在新奥尔良的意大利广场喷泉建筑群（1976—1979年，图52），打算作为在衰落地区重振城市传统空间计划的开始，但该设计并没有吸引其他的投资者，虽然它对古典建筑的滑稽模仿和讽刺性的象征手法曾引起了国际性的好奇，而十年过去，它已变成一处后现代的残次品。摩尔对巴洛克的喜爱，在他的贝弗利希尔斯市的市政中心（1989年）上表现得更为充分，它就像从《巴格达窃贼》借来的驱车而过的电影布景。

52 意大利广场，新奥尔良，1979年

M. 格雷夫斯变成了后现代历史主义典范的形式创造者，他放弃了他的纯净派风格，设计出如此令人惊叹的方案，如俄勒冈州波特兰的波特兰大厦（1980年）、肯塔基州路易斯维尔的休曼那大厦（1985年）以及加州

53 迪士尼总部，伯班克，1985年

54 现代艺术博物馆，旧金山，1995年

55 PPG广场，匹兹堡，1984年

伯班克的迪士尼总部（1989年，图53）。他考虑到人的尺度、对现有历史建筑物的参照，以及从过去帕拉第奥式和未建成的列杜（Ledoux）方案中采纳的手法，将其融于有魅力的柔和色调中，从而使他赢得广受欢迎的效果。迪士尼大厦山花里的七个小矮人的巨大形象提高了通俗作品的肖像，而掩盖了世界上最大的公司之一的实力。一种新平民主义的创始者文丘里和斯科特-布朗则有更出人意料的作品。他们的西雅图艺术博物馆（1990—1994年）模仿着周围建筑物的尺度和色彩，从而造成似曾相识的博物馆立面，奇异的是在石挡土墙上刻有不同间隔的柱子凹槽却没有壁柱。瑞士建筑师M.博塔在旧金山的现代艺术博物馆（1990—1995年，图54），虽然没有历史上的形象，却满足了后现代派对于权威性对称、鲜明色彩、与环境结合的尺度，以及显著体量的口味。其中央天眼的对角薄片解决了古典穹顶的推力问题。

多变的P.约翰逊，曾以其妙语"一个人不能不知道历史"而闻名，他与其新的合作者J.伯奇在复古的狂热中，于繁荣的20世纪80年代里至少设计了一打后现代摩天楼，开始是纽约的电话电报公司大楼（1978—1983年），顶上是切宾代尔家具式的断裂山墙。在匹兹堡繁华区的PPG广场（1984年，图55），约翰逊和伯奇给一座40层高的办公大楼用黑色镜面玻璃贴面，呈现出程式化哥特小尖塔的形式，周围是文艺复兴式广场带有反射玻璃的门廊。为休斯敦的得克萨斯银行建造了一座56层高的建筑复合体，带有从17世纪荷兰行会厅借用的阶梯式山墙。它后来在储蓄和信贷崩溃时期中倒闭了。

加拿大米希索加市中心最招人喜爱的建筑是后现代主义试图恢复前工业社会城市被遗忘的手法。它由琼斯和柯克兰赢得了设计竞赛并于1988年建成。新市政厅是为多伦多的一处郊区而建，该处有许多城市边区的百货公司、商业园区和购物商场。新市政厅试图建成在有围廊广场上的一处纪念核心，有神庙似的立面、一个巨型圆顶和一座钟塔。由于与停车场尺度以及周围的玻璃盒子式建筑的不协调，给予它一种可悲的特点，像是由一位莫名其妙的人文主义教皇所委托的处于困境的文艺复兴式乌托邦项目。P. 罗斯（Peter Rose）在蒙特利尔的加拿大建筑中心（1987年），灵巧地围绕着一座原有的已忠实修复的维多利亚式镇公所，而在保护文物姿态的同时，创造了一座古典式组合展厅建筑的复古主义构架，它位于花岗石基座上，却出乎意料地顶着不锈钢的檐口。在加拿大另一个后现代历史主义的晚期表现是M. 萨夫迪为温哥华公共图书馆（1992—1995年，图56）所做的追随罗马大角斗场的设计。占据着商业区的一整个街区的一座矩形玻璃贴面的建筑物，嵌进一座有柱列的椭圆形结构之中，并且在矩形和曲线形建筑间的空隙处加上了玻璃顶子，创造出一个四层高的中庭，作为咖啡馆和办公室的剩余空间。

56 温哥华公共图书馆，1992年

后现代主义对于传统城市规划的兴趣在海滨度假村上表现得最为充分，这个度假村由A. 杜安尼和E. 普拉特-齐贝克规划（佛罗里达，1982—1990年）。海滨度假村与R. 昂温（Raymond Unwin）在英国的第一批花园城市的设计精神颇为接近，它有放射形道路系统，有连续的篱笆限定的建筑后撤，有特色的街景，有为各类房屋所做的协调的设计，还有步行小道等，它显示了所谓“新城市规划”的保守设计原则，试图创造出一种小镇氛围，使之在郊区开发中能恢复社区的价值。“新城市规划”在佛罗里达州的迪士尼公司新庆典镇得到了更大规模的实现，它由R. 斯特恩规划（1994—1998年），主要建筑物则由A. 罗西（Aldo Rossi）、P. 约翰逊以及其他后现代主义的前辈们设计。虽然回归到小镇氛围的原意可能是作为返璞归真来加以兜售，但由于一方面缺乏社会的多样性，另一方面企业的威力控制着一度是公众的领域，这对于将庆典镇提升为样板却是不祥之兆。不管庆典镇看上去多么像一座小镇，而对汽车、电视机、电脑和其他后工业社会手段的依赖，都给它的前工业社会形象添上了一层讽刺意味。

可持续发展和混乱：走向新自然美之路

北美人对于自然的态度有个渐变过程，从20世纪60年代后建成的密闭的空调环境中普遍见到的不满意的拒绝，而到看见赖特铺在落水别墅起居室地面上的大石块感到由衷的快乐。不过，在消费主义的年代里，为了有利的开发而去征服自然，很少认真考虑到的地方是建筑师们承诺的对自然和历史遗产加以保护的良好意愿。而随着1973年石油禁运的出现，接着是1986年在南极上空发现臭氧洞，并加速了气候的异常变化，于是生态学变成了建筑论文中的一个不能避免的问题，而“可持续性”也作为新功能主义的格言出现了。曾有两种对待可持续性的处理办法，它们都深深扎根于北美地区的经验。一种是包括技术治国使命的物尽其用。另一种是低调的，或说是适当的技术策略，它专注于个人自觉逃避工业的无节制浪费，而与有限的自然资源和谐共处。技术治国论的趋向源于企业文化，它与E. 贝拉米（Edward Bellamy）在其小说《向后看》（1888年）所提倡的乌托邦运动是对立的。贝拉米对于重组城市成为生产和消费的有效社会主义单位的看法，曾引发了许多建筑上的幻想，其中包括K. K. 吉列特（King Kamp Gillette）在1894年想象的为了全部需求和生产的集体化，而在像人类蜂房似的六角形网格中安排巨大的30层高的中庭式公寓。还有E. 钱布利斯（Edgar Chambless）在1910年提出的"路边城镇"，建议将铁路与城镇联合成单一的线形建筑，从大西洋沿岸一直延伸到太平洋沿岸，它将留下不被触动的其余土地[42]。

技术治国论的乌托邦主义的最伟大的倡导者是B. 富勒，他在20世纪20年代就开始为先进的工业社会而奋斗终生，那种社会将通过有效的工程技术而消除对材料和能源的浪费。他的最大限度利用能源和材料的结构方案，即"达玛克欣"（Dymaxion），是工厂预制的轻型住宅单元，可以用飞机运至现场，并且像帐篷那样易于组装，而直到第二次世界大战里美国军队将其实验以前，却没有得到赞助者。虽然他的由企业大量生产"达玛克欣"住宅的想法在1947年失败了，但他在抗拉强度的未开发潜能上的探索以及对于不限尺寸的多面体结构的发展，导致建成数以千计属于他专利的网格穹顶，其中有些创造了跨度纪录。最著名的富勒穹顶是1967年蒙特利尔世界博览会留下的美国馆，其巨大的尺度使人想到这种无限扩展的穹顶可以覆盖整个城市，正像他1962

57 “阿柯桑蒂”，亚利桑那州，1970—1999年

年曾建议把曼哈顿全包起来那样。富勒的口号“宇宙飞船式地球”已经成为环境运动中的持久的比喻之一[43]。

意大利移民P. 索莱瑞，曾在亚利桑那州赖特处工作，后来在附近建立了自己的基地，在20世纪60年代晚期开始了“阿柯桑蒂”（Arcosanti）的足尺乌托邦实验项目（图57），作为一种模式将城市压缩到一座巨型单栋建筑物中，从而消除土地的浪费[44]。索莱瑞利用学生劳动和销售陶制风铃的收益，建成了一座伟大的混凝土拱券核心和插入式住宅群，它已经雄伟地升起在沙漠峭壁之上，而30多年来却对邻近的菲尼克斯没有产生许多影响，那里依然蔓延占地逾500平方千米，有许多分散的住宅和浪费资源的小块地。富勒和索莱瑞对保护世界资源的看法之所以引起怀疑，是因为在其组织中具有内在的专制政治含意，而它会对美国的自由放任做法构成深刻威胁。

随着梭罗（Thoreau）提议的通过“依靠自己”而个别挽救，另一种“乡村地区的”可持续传统开始于19世纪40年代。这种理想在工艺运动中曾被反复讲述，并在梅贝克于伯克利山区的红木住宅中表现得最明显，那是由第一个献身于促进环境保护的组织“塞拉俱乐部”的早期会员们委托设计的。当前可持续性设计的最有影响力的来源之一也是从伯克利发展的，即由C. 亚历山大等人写的《建筑模式语言》一书。亚历山大从地区到房子提出253条规则，就像一本烹饪手册。他对如何选地，如何建造和组织一座可持续的、敏感的住宅，从全世界的民居里举出了详细的例子。亚历山大想形成一套类似自然过程的建筑程序的尝试，其中每件事物都与其他每件事物有关联，是一种概念上的突破，它对于建筑著作的作用是严峻的挑战，同时又是建筑生产的惯用方法[45]。由J. 卡特勒在20世纪90年代中期为电脑经理B. 盖茨设计的建筑群，位于西雅图郊区远眺湖水的一处零乱的木构房屋，大概就是这种没个性的、保护环境的“友善”学说的最伟大的运用了。

在有效利用能源的建筑前辈中，就有变化多端的F. L. 赖特，他在20世纪40年代建造了一幢效果最佳的模范太阳能住宅，即在威斯康星州麦迪逊的第二雅各布斯住宅（1943—1948年），一座两层玻璃的朝南的半圆体，其保温体则由北面包着住宅的土堆所形成[46]。生态学过去没有被收进建筑上的用语，直到50年代，R. 纽特拉在他题为《生物的现实》的建筑论文中才把这个词当作中心焦点。纽特拉在南加州地区设计了好几座沙漠住宅，利用建筑上的和地貌上的特点以被动地调节气候[47]。

20世纪70年代里，利用太阳能的设计要求，在加州由于节省能源的立法而得到鼓励。S. 范德赖恩作为州的建筑师开发了一系列的项目，以普及自觉的生态学建筑的实施。在他任期内的六座有效利用能源的州办公大楼，就是建成以显示直接利用太阳能系统在舒适和维持费用方面的好处。位于萨克拉门托的贝特森大楼在恢复诸如凉棚和院落这样的民间解决办法方面，提供着最好的实例，依靠创新地利用太阳能手段，如扩散屏幕以提高光线的分布。不过朴素的外观并没有引起许多评论的兴趣。在保护环境运动中的成功之作是D. 凯尔鲍的罗斯福太阳能镇（新泽西，1981—1983年）和P. 卡尔索普的围绕着“步行小块地”的概念而设计的各式各样郊区社区。P. 菲斯克在得克萨斯州拉雷多附近的拉雷多蓝图示范农场（1987—1994年），对地方材料的导热性和风塔的被动气候控制进行了实验。S. 莫克比（Sam Mockbee）在亚拉巴马的设计，如在海贝尔住宅（1993—1994年）和扬西礼拜堂（1995年）中，曾复兴了“废物利用运动”。此运动开始于60年代末，S. 贝尔（Steve Baer）在科罗拉多州德罗普市用废汽车发动机罩建成的一个网格式穹顶，还有M. 雷诺（Michael Reynold）用到处都有的废汽车轮胎建成的“地球形态”。

民间建筑固有的环境上的优点以及其表现文化多样性的能力，在要求持续性中，得到了新的实用意义。新墨西哥州的建筑师A. 普雷道克曾重新使用西南部土坯建筑的软性表面，以一种正式的手法用在坦佩的亚利桑那艺术中心大学（1989年）、菲尼克斯科学中心（1996年）和拉斯维加斯中心图书馆（1990年），使人想到地方性的特征。艾伯塔有美洲土著人血统的建筑师D. 卡迪那尔曾试图创造一种设计方法以反对源于欧洲的正统做法，他在像奥塔瓦的加拿大文明博物馆（1982—1989年）等建筑中使用了波形地貌状的图案。非洲裔美国建筑师M. 邦德（Max Bond）在他的主要的两座纪念性建筑，即亚拉巴马州伯明翰的市民权利研究所（1986年）和佐治亚州亚特兰大为反暴力社会改革组织设计的马丁·路德·金中心（1976—1981年），曾将拱形顶篷和穹顶随意地布置在绿化庭院周围，以追求非纪念性构图而作为对欧洲先例的一种替换。

路易斯·康的建筑绝对不要混同于生态学运动或民间建筑。虽然它表现出一种文化回归，像是在功能主义的道德标准内，批判地重新使用历史形式。康对于将土地形式与建筑形式联系而成为整体景色的兴趣，像他在索尔克研究所（1959—1965年）达到的如此惊人成就，其实是现代遗产的一部分，它促使英裔美国评论家K. 弗兰姆普敦（Kenneth Frampton）将康的学说归为批判性地方主义（1981年）。弗兰姆普敦在反抗后现代历史主义的舞台布景态度和消费主义价值观的企图下，提出植根于构造而非形象的一种建筑，它拒绝"'世界文明'趋势，去极度发展空调的使用……"，同时也回避直接卷入环境论之中，弗兰姆普敦宣布一种支持可持续性的办法，即以提倡微量的胜过全体的、小的胜过大的、触觉的胜过视觉的、封闭的胜过独立的设计。与地方复古主义的风格不同，弗兰姆普敦的主张通过其对现代建筑语言的推荐和欣赏技术创新表达出来，仍然是"批判的"。

像克拉克和梅尼菲（Clark and Menefee）在南卡罗来纳州查尔斯顿的米德尔顿旅店（1978—1985年），以及得克萨斯州休斯敦的由R. 皮亚诺（Renzo Piano）设计的门尼尔时装展厅（1980—1987年），两个作品都是具有地方感的建筑最佳实例，它们重新使用适合南方炎热气候的典型形式，并汇集了早先的技术。其阴凉的过道、软木材板镶面、通过建筑物间接视野的慎重布局，都给予这两个设计与当地气候和传统的清新交往，同时在其联系性上，也提供着更大范围景色的一种结构意识。汤普森和罗斯（Thompson and Rose）设计的佛罗里达州的大西洋艺术中心（1989—1997年），威廉斯和秦（Williams and Tsien）设计的加州拉霍亚的神经科学研究

58 会议中心，俄亥俄州，哥伦布

所（1995年），甚至更富有技巧地融入其景色中。前者为了最大限度的通风，而在松林中创造出表达极为明确的屋顶集合，后者则以结构构件组合着穿过、越过建筑物或在其下面通过的路线，而清楚表达着各个途径[48]。不过，要达到批判性地方主义，在业主方面要求有异常的、高尚的思想动力，而建筑师则要超脱于目前支配文化取向的消费主义领域之外。

59 韦克斯纳艺术中心，俄亥俄州，哥伦布

在20世纪80年代中，一般称为“解构主义”的文学理论浪潮曾在美国建筑学校中产生过重要影响。同时，随着对自然的相应理解，出现了混沌学说的新科学范式，对形而上学的中心并非有固定的解释，文化界和自然界两者都经历了彻底的重新解释，其中意义是服从的，起因是侧面的。譬如说，板块构造的地质学理论，就提出在空间中不再有固定点趋向的例证（图58）。P. 艾森曼在俄亥俄州哥伦布的俄亥俄州立大学韦克斯纳艺术中心（1983—1988年，图59）的设计中，试图体现经常转移的坐标和解构的离心。艾森曼配置了一个网格式棚架，斜塞进两座现有建筑之间，看上去像是重建19世纪兵工厂的碎片。但是建筑物地面下的展览面积的网格坐标却莫名其妙地搞乱，还带有一根公然蔑视结构逻辑的吊挂柱子。1988年在纽约现代艺术博物馆的解构主义展览发出了表现主义复兴的信号，尤其在F. 盖里的作品中最为明显。在像R. 欧文（Robert Irwin）这样极简抽象派雕塑家和像C. 奥尔登伯格（Claes Oldenberg）这种大众艺术家的影响下，盖里在洛杉矶的商业建筑中，将在周围环境里随手摆弄的、用链条连接的围栏、胶合板和瓦楞铁等碎片加以拼凑，发展

到使建筑成为有着丰富贴面的碰撞体（图60）。他在圣莫尼卡的自宅加建中（1978年），将平面和材料的随意堆砌，启发了霍杰茨和冯（Hodgetts and Fung）、莫弗西斯（Morphosis）以及E. O. 莫斯（Eric Owen Moss）在南加州地区的精心制作的断层作品，还有斯科金、埃尔姆和布雷（Scogin，Elam & Bray）在亚特兰大的爆破式构图。这种将要素解体的趋向甚至表现在最近南加州地区的低收入者住宅的作品中，设计者是R. W. 奎格利（Rob Wellington Quigley）、库宁－艾森伯格（Koning-Eizenberg）和A. N. 桑托斯（Adele Naudé Santos）。

60 恰特－戴办公楼，洛杉矶，1982—1995年

盖里的最近作品，诸如在洛杉矶商业区未建的迪士尼音乐厅（1987—1994年），它有波浪式体形，或在明尼阿波利斯的明尼苏达大学校园的韦斯曼博物馆（1990—1994年），它在河边安排了曲折的镀锌体小瀑布，这些作品与少数新表现主义的其他作品，如A. 普雷多克为美国遗产中心（拉勒米，怀俄明州，1992年）所设计的印第安式圆锥顶子，以及帕特考事务所（Patkau）在温哥华地区设计的斜顶学校等（图61），全可以归类为仿效自然的形式和不规则性作品。在“冷战”过后的北美地区，如此众多的最佳设计展现出想和景色打成一片的愿望，来作为“新自然美”的基础，它造成一种假象——似乎被污染的大城市已经不复存在了。“新自然美”的建筑以构架和以自然特色为本的手法，在模仿自然中，在与自然结合中，处处与城市的方格网做斗争，造成通过空间的每个走动都有不同的自然特色，就像中国人所说的“步移景异”。

61 海鸟岛学校，温哥华，1989年

历史学家E. 霍布斯鲍姆（Eric Hobsbawm）认为：

20世纪的政治历史是“短命”的，它以第一次世界大战为开始而终结于1989年柏林墙的倒塌，这是不言而喻的。北美地区的建筑历史也能套用类似的年表，即以1913年伍尔沃思摩天楼出现致使城市结构发生惊人变化为开始，而终结于解构风格建筑物的解体。如果存在着走向“新自然美”的趋势，则值得庆贺，所谓利用自然，必须到某个时刻，那时人们将意识到：在所有丧失的东西里，丧失天然资源是每天发生的事件。

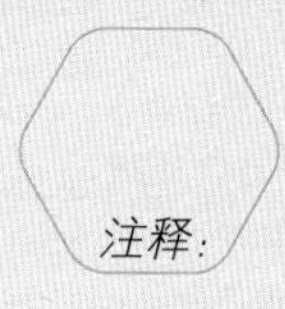

注释:

1. Alexis de Tocqueville, *Democracy in America*.
2. James J. Flink, *The Car Culture*, 剑桥: MIT 出版社, 1975 年。及 Winfried Wolf, *Car Mania. A Critical History of Transport*, 芝加哥: Pluto 出版社, 1996 年。
3. Eric Hobsbawn, *The Age of Extremes: A History of the World, 1914–1991*, 纽约: Vintage Books, 1994 年。
4. James Howard Kunstler, *The Geography of Nowhere. The Rise and Decline of America's Man-made Landscape*, 纽约: Touchstone books, 1993 年。
5. David Harvey, *The Condition of Postmodernity, An Enquiry into the Origins of Cultural Change*, 牛津: Basil Blackwell, 1989 年。
6. Robert W. Rydell, *All the World's a Fair Visions of Empire at American International Expositions, 1876–1916*, 芝加哥, 1984 年。Christine Boyer, *Dreaming the Rationalist City: The Myth of American City Planning*, 剑桥: MIT 出版社, 1983 年。
7. William H. Wilson, *The City Beautiful Movement*, Baltimore: *Johns Hopkins* University 出版社, 1989 年。
   "城市美化"(City Beautiful)的名词最初产生于 1899 年 R. M. 亨特(Richard Morris Hunt)主持的市立艺术协会(Municipal Art Society)在纽约召开的会议上。并且在 19 世纪 90 年代得到了与美国公园和户外艺术协会(the American Park and Outdoor Art Association)联合的各种城市改良社团的拥护。
   有关城市美化运动的重要文献有:
   Charles Mulford Robinson, *The Improvement of Towns and Cities, or the Practical Basis of Civic Aesthetics*, 1901 年, *Modern Civic Art, or the City Made Beautiful*, 1903 年。
8. Thomas S. Hines, *Burnham of Chicago*, 纽约: Oxford University 出版社, 1974 年。
9. Leland Roth, *Mckim Mead White, Architects*, 伦敦: Thames and Hudson 出版社, 1983 年。
10. Pamela Scott and Antoinette Lee, *The Buildings of the District of Columbia*, 纽约: Oxford University 出版社, 1993 年。
11. Harold Kalman, *A History of Canadian Architecture*, 第 2 卷, 纽约: Oxford University 出版社, 1994 年。
12. Paul Venable Turner, *Campus, An American Planning Tradition*, 剑桥: MIT 出版社, 1984 年。或 Werner Hegemann and Elbert Peets. *The American Vitruvius, An Architect's Handbook of Civic Art*, 纽约: Priceton Architectural 出版社, 1988 年。
13. William Worley, *J. C. Nichols and the Shaping of Kansas City, Innovation in Planned Residential Communities*, 哥伦比亚: University of Missouri 出版社, 1990 年。
    关于购物中心的部分 Richard Longstreth, *City Center to Regional Mall: Architecture, the Automobile, and Retailing in Los Angeles*, 剑桥: MIT 出版社, 1997 年。
14. Margaret Crawford, Building the Workingman's Paradise, *The Design of American Company Towns*, 纽约: Verso, 1995 年, 第 129—151 页。
15. Carrol Willis, *Form Follows Finance. Skyscrapers and Skylines in New York and Chicago*, 纽约: Princeton Architectural 出版社, 1996 年。
16. Winston Weiss, "A New View of Skyscraper History", in Edgar Kaufman, Jr., ed., *The Rise of an American Architecture*, 纽约: Praeger, 1970 年。
    在商业建筑中, 这种传统的更近的复苏包括 SOM 事务所设计的高达100层的约翰·汉考克中心（1965—1970年），它建于芝加哥市区北部的黄金海岸地区，是一栋逐渐退进的方尖碑式的建筑。另外还有伯奇与约翰逊（Burgee and Johnson）设计的66层的特兰斯科大厦（Transco Tower，1984年），它反映了对装饰艺术风格时期的钟楼的怀旧与回归，而其功能也的确是作为位于休斯敦市区西部5英里（约8千米）的波斯特奥克－加力里亚（Post Oak-Galleria）地区的标志。

17. Robert A. M. Stern，*Gregory Gilmartin, John Montague Massengale*, New York, 1930，纽约：Rizzoli，1986年。

18. Carol Wills，*Form Follows Function. Skyscrapers and Skylines in New York and Chicago*，纽约：Princeton Architectural 出版社，1995年，第90—100页。

19. Rem Koolhaas，*Delirious New York*，纽约：Oxford University 出版社，1978年。

20. Vincent Scully，*The Shingle Style*，Henry Russell-Hitchcock，*Architecture: Nineteenth and Twentieth Centuries*，纽约：Penguin，1977年，第311—380页。

21. Richard Oliver，*Bertram Goodhue*，剑桥：MIT 出版社，1992年。

22. Aaron Betsky，*James Gamble Rogers*，剑桥：MIT 出版社，1992年。

23. Marsha Miro and Mark Coir，"Il Sogno di Cranbrook" in *Casabella 664*，1997年4月，第2—20页。

24. Randell L. Makinson，*Greene and Greene, Architecture as a Tine Art*，盐湖城，Peregrine Smith，1977年。

25. Richard Longstrech, *On the Edge of the World. Four Architects in San Francisco at the Turn of the Century*, Berkeley: University of California Press, 1983年。Kenneth H. Cardwell, *Bernard Maybeck: Artisan, Architect, Artist*, 盐湖城：Peregrine 出版社，1977年。

26. Sara Holmes Boutelle, *Julia Morgan, Architect*，纽约：Abbeville 出版社，1988年。

27. Mario Manieri Elia，*Louis Henri Sullivan 1856–1924*，纽约：Princeton Architectural 出版社，1996年。

28. Jack Quinnan，*Frank Lloyd Wright's Larkin Building: Myth and Fact*，纽约，1987年。John Seargent，*Frank Lloyd Wright's Usonian Houses: The Case for Organic Architecture*，纽约：Whitney Library of Design，1976年。

29. Herbert Muschamp，*Man About Town, Frank Lloyd Wright in Manhattan*，剑桥：MIT 出版社，1983年。

30. Reyner Banham，*A Concrete Atlantis, U. S. Industrial Building and European Modern Architecture, 1900–1925*，剑桥：MIT 出版社，1986年。

31. Folke Kihstedt，"The Futurama"，in *Yesterday's Tomorrows: Past Visions of the American Future*，ed. Joseph J. Corn and Brian Horrigan，纽约，1984年。

32. Victoria Newhouse，*Wallace K. Harrison*，纽约：Rizzoli，1984年。

33. Elizabeth A. T. Smith, ed., *Blueprints for Modern Living: History and Legacy of the Case Study Houses*，剑桥：MIT 出版社，1989年。

34. Martin Pawley，*Buckminster Fuller*，伦敦：Trefoil，1995年。

35. Jerry Ditto and Lanning Stern，*Design for Living. Eichler Homes*，旧金山：Chronicle Books，1995年。

36. Kenneth T. Jackson，*Crabgrass Frontier. The Suburbanization of the United States*，纽约：Oxford University 出版社，1985年。

37. Albert Pope，*Ladders*，纽约：Princeton Architectural 出版社，1996年。

38. Jane Jacobs, *The Death and Life of Great American Cities*, 纽约：Random House, 1961年。

39. Meredith Clausen，"Northgate Regional Mall and Shopping Center—Paradigm from the Provinces"，*Journal of the Society of Architectural Historians*，第63期，1984年5月，第144—161页。

40. Margaret Crawford, "The World in a Shopping Mall", in *Variations on a Theme Park*, Michael Sorkin, ed., 纽约：Verso，1991年。

41. Klaus Herdeg, *The Decorated Diagram, Harvard Architecture and the Failure of the Bauhaus Legacy*, 剑桥：MIT出版社，1985年。

42. Howard P. Segal, *Technological Utopianism in American Culture*, 芝加哥：University of Chicago出版社，1985年。

43. Martin Pawley, *Buckminster Fuller*, 伦敦：Trefoil，1995年。

44. Paolo Soleri, *Arcology, The City in the Image of Man*, 剑桥：MIT出版社，1969年。

45. Christopher Alexander, et al. *A Pattern Language*, 纽约：Oxford University出版社，1977年。

46. Donald W. Aitkin, "The Solar Hemicycle Revisited: Its Still Showing the Way", *Wisconsin Academic Review*, 第39卷，第1期，第33页，1992年冬至1993年。

47. Thomas Hines, *Richard Neutra and the Search for Modern Architecture*, 纽约：Oxford University出版社，1982年。

48. Kenneth Frampton, "Critical Regionalism", in *The Anti-Aesthetic*, ed. Hal Foster, 纽约，1983年。"批判性地方主义"一词最初是由A.佐尼斯（Alexander Tzonis）和L.勒费弗尔（Liane Lefaivre）在1981年提出的，参阅他们的文章："Why Critical Regionalism Today？" in Kate Nesbitt, ed. *Theorizing a New Agenda for Architecture*, 纽约：Princeton Architecture出版社，1996年。

评选过程、准则及评论员简介与评语

P. 兰伯特
J. 奥克曼
S. 福克斯
S. B. 伍德布里奇

本卷收录内容的评选过程采取的是一种双向交流的方法。本卷的评论员希望能在更大的范围内选取代表作，并且想收录那些迄今为止被忽略了的作品。然而，如果这个名单没有包括那些已经得到公认的是具有代表性的作品，则是不可想象的，例如F. L. 赖特的落水别墅，路德维希·密斯·凡·德·罗的西格拉姆大厦，或者路易斯·康的金贝尔艺术博物馆。但如果给提名者一定的自主权，要求他们选取的建筑每一个都互不相似，那么就有可能实现这一目标了。

评选的过程分三轮进行。首先，评论员要求提名者提交一份包括100栋建筑的名单，并且按照每20年为一段的顺序分别排列。然后将五份名单进行比较，并且把被三份或更多的名单中提到的建筑汇编成一个总表。在第二轮，为了补充那些通常很少被权威的建筑史提到的鲜为人知的地方性建筑，例如由于缺乏了解，四名美国提名者在他们的名单里就只包括了极少的加拿大建筑，评论员要求每个提名者准备一份个人最喜欢的十栋建筑的名单，并且询问他们是否要对每一个可能被删出名单的作品提出异议。第二份总表中60%的作品通过提名者的投票产生，而另外40%的作品则来自提名者的个人喜好名单。最后的名单则是在经过对内部讨论的仲裁后，由评论员进行判断和调整而得出的。20世纪最后20年是意见最难得到一致的时间段（只有三个作品获得了三次或更多的提名，而且其中的一个后来被认为并不像开始想的那么有趣），这一时间段内的许多作品的选择是留给评论员去决定的。

作为本卷无表决权的主编，我鼓励委员会在评选中，追求地方性的趋向，以获得那些并不总列在权威性目录中的不太著名的作品。我更进一步强调了下列标准：

1. 延伸性：一座得益于城市延伸的建筑物，同时对小城镇联系做出贡献者；

2. E大调：从效能上说，一座在环境和经济方面运行良好的建筑物；

3. 和谐性：一座建筑物，由于其比例的协调、构造方式的结合，以及对环境的相称所决定而展现出得体感觉的；

4. 基因性：一座建筑物的创造性技术和风格特点，使人想到它在别处可以复制，像是建筑文化链中的一环；

5. 发光度：建筑物对艺术的最大要求，就在于其塑造光线的能力，并据此创造出不平凡的空间效果。

（R. 英格索尔）

建筑师P. 兰伯特对当代建筑及其在公共领域的作用上，曾做出重要贡献。她作为蒙特利尔的“加拿大建筑中心”的奠基人和指导者，创立了一处重要的博物馆和研究中心，以授权在全国和国际上的活动，而使建筑成为公众关注的事业。

P. 兰伯特
（Phyllis Lambert）
［摄影：M. 博列特（Michel Boulet）］

作为美国纽约西格拉姆大厦（1954—1958年）的规划指导，兰伯特获得了美国建筑师学会（AIA）的“25年奖”。她因设计蒙特利尔的赛迪·布朗夫曼中心（1964—1968年），而被授予加拿大最高的建筑奖——马西奖章；并且作为“加拿大建筑中心”的顾问建筑师与委托人，而同时获得AIA荣誉奖和AIA机构荣誉奖。兰伯特由于保护国际文化遗产，而成为1991年加拿大皇家建筑协会的金质奖章和1997年世界纪念物基金会的哈德良奖的获得者。兰伯特曾大量进行演讲和著述，并且是北美地区和欧洲各大学的许多荣誉学位的获得者。她是加拿大勋位的受勋者、魁北克国家勋位的勋爵、“七星社勋位”的勋爵以及法兰西文学和艺术勋位的受勋者。

评语

1. 有较大影响的建筑物：新的或有重要意义的建筑类型和有影响力的形式处理；

2. 成为人们的议论内容和当时偶像性的非凡建筑物（如赖特的古根海姆博物馆，密斯的范斯沃思住宅）；

3. 对19世纪建筑物的规模化加建工程，而使其整体具有重要意义者（如温莎火车站和弗隆特纳克堡扩建）；

4. 改善城市环境的建筑物（如密斯的西格拉姆大厦，科米尔的蒙特利尔大学）；

5. 改变实质的建筑物（如密斯的西格拉姆大厦、宾宁住宅，路易斯·康的索尔克研究所）。

J. 奥克曼
（Joan Ockman）

在哥伦比亚大学的建筑、规划和保护研究生院讲授建筑历史和理论，在那里她领导研究美国建筑的“坦普尔·霍因·比尔中心”。她也在宾夕法尼亚大学、耶鲁大学和纽约城市大学的研究生中心授课。她的论文选集《建筑文化1943年至1968年》（与E. 艾金合作，Rizzoli出版社，1993年），由美国建筑师协会的国际建筑书籍奖项评为年度杰出著作。她的文章和评论见于《建筑历史学会会刊》《美丽的住宅》《哈佛设计杂志》《设计书刊评论》《装配艺术》及*ANY*等期刊和许多文集里。她现任《美丽的住宅》的美国通讯员，并曾任《反对派》杂志以及其他纽约建筑和城市研究机构出版物的编辑。她是哈佛大学和库珀联合建筑学院的毕业生。

评语

除了形式优良、内容和环境适合的基本要求以外，我认为考虑下面各点是重要的：建筑物后来的影响和获得的反响；其在类型和技术创新方面的示范作用；其同时作为建造实际和一项开明的或重大的观念上的社会价值。并非所有提名的建筑都符合这些标准中的每一项。我也同意主编的拓宽渠道的希望，包括较不出名的被认可的作品（有时要做出牺牲，删去著名大师的许多例子），而提供建筑作品的广泛并且平衡的范围。

现任教于得克萨斯州休斯敦赖斯大学建筑系，是得克萨斯州安克雷奇基金会的成员。是《休斯敦建筑手册》的编者，并与A. 比斯利合编《加尔维斯顿建筑指南》。曾为《城市》《得克萨斯建筑师》《建筑万岁》等杂志撰稿。

S. 福克斯
（*Stephen Fox*）

评语

1. 建筑设计杰出的建筑物和广场；

2. 在北美地区的社会历史和城市发展中代表重要趋势的建筑物和广场；

3. 在北美地区的独特建筑中作为典范被广泛传播的建筑物和广场。

S. B. 伍德布里奇
（*Sally B. Woodbridge*）

是一位建筑历史家和著作家，从1957年以后曾住在旧金山海湾地区。在这一时期，她曾撰述过有关加利福尼亚州和美国西部的历史性和当代建筑的文章和书籍。1974年到1994年她曾担任《进步建筑》的通讯员，并且为其他杂志撰文，其中包括：《风景建筑》《建筑文摘》《现场》等。她出版的著作有：《旧金山建筑》《加利福尼亚建筑》《海湾地区住宅》《细部，一个建筑师的艺术》《B. 梅贝克，有预见的建筑师》。在历史文物保护方面，她曾为加州的历史性建筑物撰写过25份以上的调查报告，并且从1979年到1984年在加州历史资源委员会任职。她是《好邻居：负担得起的家庭住宅》一书的编辑（作者是T. 琼斯、W. 佩特斯和M. 派托克，1995年），这是一本带有个案研究的有关住宅理论与实践的书，范围包括美国全国的各种住宅类型。她为“城市生态学”的“为可持续发展的海湾地区规划”撰写论文。她曾在加州大学伯克利分校和西雅图的华盛顿大学授课，并且就加州和美国西海岸的不同方面，在许多大学里作过报告，如麻省理工学院、普林斯顿大学、得克萨斯大学奥斯汀分校，以及新墨西哥州、俄勒冈州和犹他州的各大学。1976年，曾主持在旧金山扬格博物馆举办的“海湾地区建筑展览”，1983年在哥伦比亚大学举办的“美国建筑：创新与传统”展览中负责西海岸部分，以及1985年与C. W. 摩尔合作在奥克兰博物馆展出“海滩小屋、庙堂与拖车式活动房展览”。1990年，她担任旧金山现代艺术博物馆的“梦想的旧金山”展览的副主任。

评语

稳固：结构、材料与设计的一致；

合用：舒适、方便、满足要求；

愉快：提供高级乐趣，甚至狂喜。

项…目…评…介

第Ⅰ卷

北美

1900—1919

1. 富勒（*熨斗*）大厦

地点：纽约市，纽约州，美国
建筑师：D. H. 伯纳姆事务所
设计/建造年代：1901—1903

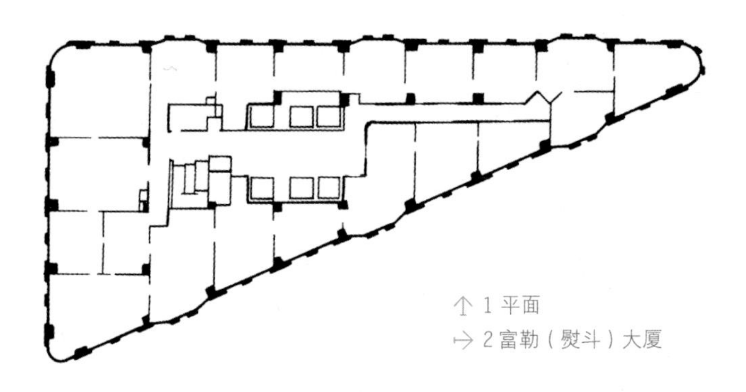

↑ 1 平面
→ 2 富勒（熨斗）大厦

作为令人怀念的、薄雾笼罩的照片的主题，这座大楼是伟大现代都市浪漫想法的主要形象之一，它像是还家美梦而不是噩梦一场。它一般以“熨斗大厦”著称，它是为富勒施工公司而建并因而得名，该公司是纽约当时重要的承包商之一。大厦高达285英尺（约87米），是纽约早期一系列摩天楼之一，它促成了将高层建筑作为一座独立雕塑体的想法。建筑物的三角熨斗形式使人想到一艘大船正从下曼哈顿驶向住宅区，它位于第五大道、百老汇大道和23街的交会处，临近麦迪逊广场的西南角，该建筑物标志着纽约高层建筑从华尔街金融区向北扩展的开始。

根据L. 沙利文提倡的将高层建筑明确分为三段的公式，伯纳姆和同事们创造出一种构图：它以其粗石基座、以沿长墙微微波动的开间而使之活跃的高耸楼身，以及用非常突出的檐口作为结束，从而有效地控制了街景。虽然在这三个主要部分之间的过渡，较之沙利文所提倡的更为彻底，总的效果却是一个令人印象深刻的体量，是一种对场地最大限度充分利用的垂直上升，它促使H. 伯拉格把它形容为“美国野性主义”的佳例！不过，当近看时，其组件无可挑剔的古典式细部，却具有有礼的和博学的全然不同印象。伯纳姆小组也造成集中三角形

场地可能规范的一种结构体系，表明着给结构贴上白瓷砖可能是一种高度经济的手法。如此一来，重复的贴面既达到规则的外观，给予如此巨型建筑以伟大的仪表，同时又使近距离的观看者能得到由外墙组件的丰富细部造成的复杂光影图案之趣。*（K. 哈林顿）*

参考文献

Robert A. M. Stern, Gregory Gilmartin, John Mantague Massengale, *New York 1900, Metropolitan Architecture and Urbanism, 1890–1915*, New York: Rizzoli, 1983.

2. 老忠诚旅店

地点：黄石国家公园，怀俄明州，美国
建筑师：R. 雷默
设计/建造年代：1903—1904，1913，1928

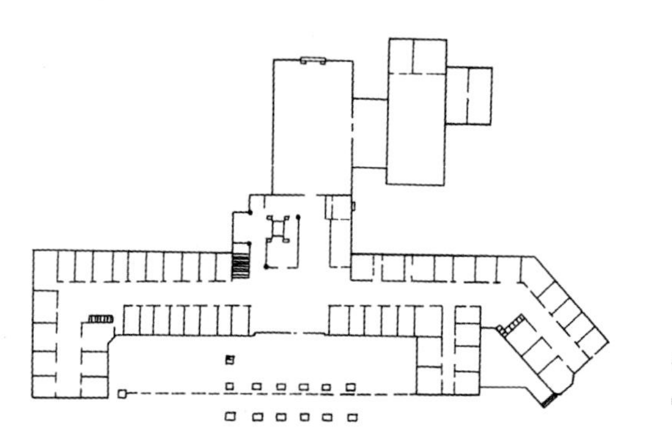

← 1 平面
→ 2 前庭

在黄石国家公园的大森林里，为服务游客参观老忠诚间歇泉而建的老忠诚旅店巧妙地综合了两种美国建筑原型：即原木小屋和摩天大楼。R. 雷默是为北太平洋铁路公司设计该旅馆的建筑师，该公司曾出资建造了一系列的旅游旅馆，堪与加拿大太平洋铁路公司在同期建造的伟大“城堡旅店”相提并论。老忠诚旅店至目前为止仍然是所有乡土风格国家公园旅店中最伟大的，这些旅店包括M. 科尔特在亚利桑那州大峡谷里的本地风格旅馆组群（1913—1935年），B. 梅贝克在加州塔霍湖附近的格伦高山泉（1921年），G. S. 安德伍德（国家公园系统主任建筑师）在加州约塞米蒂的旅店和在俄勒冈州胡德山的林木线旅店（1936年）。

美国自然保护区运动，始于19世纪中叶H. D. 梭罗的“野营”经历。梭罗为自己在瓦尔登湖上盖了一个棚屋，并离开陆地在其中生活了一年，将其作为“自力更生”的一次练习。在美国西海岸也曾经历过一次运动，最后由J. 缪尔组织了对红杉大森林自然状态的保护，并建立了国家公园系统。建农村式小屋在建筑上来自不同的先例：H. H. 理查森的瑞士农舍、F. L. 奥姆斯特德的造景、工艺美术运动和19世纪90年代在阿迪朗达克群山中建的野营地。

老忠诚旅店建造在

↑ 3 老忠诚旅店外观

巨型石块的基座上，全部原木既用作承重墙，又用作桁架拉杆。室内中庭升至八层楼高，围绕着一个用粗石块垒起的不规则的金字塔状烟囱。在环绕着火炉的分层阳台上，粗制的圆木杆被装配起来，模仿铸铁的网状托架。旅店的建造分成几个阶段，其最早的部分尚有当年的几分壮丽，当时度假还是特殊享受，而在几乎无人居住地区的旅店，则有一种唯我独尊的建筑性格。尽管外观是质朴的，而铅条窗的菱形图案和别致的亮铜装置都在荒野中提供着出人意料的豪华气派。后来，老忠诚建筑综合体发展成带有伸展长翼的园区，接待能力超过1000人。粗犷的建筑细部与中庭高耸的大都市摩天楼的对比，给予该旅馆一种具有纪念性家居感觉的独一无二的品质。它体现着荒野的神话，同时提供着大旅馆的如宫殿气氛的享受。（*R. 英格索尔*）

参考文献

McClelland, Linda, *Building the National Parks: Historic Landscape Design and Construction*, Baltimore: Johns Hopkins University. Press, 1998.

3. 卡森·皮里·斯科特百货公司

地点：芝加哥，伊利诺伊州，美国
建筑师：L. H. 沙利文
设计/建造年代：1899，1903—1904，1906

沙利文（1856—1924年）对于高层建筑的理论，是与他的合作者D. 阿德勒在19世纪80年代发展的，后运用到这座百货公司项目上。它原叫施莱辛格与迈耶公司，但现在以卡森·皮里·斯科特百货公司而知名。从形式上分析，这座建筑是分三段的，但这里的两层高浮雕式铸铁基部，则是为商店两层楼进货而提供的构架，但它又能吸引顾客的注意。重复的中段横向窗户和白瓷砖贴面，有力地表现着芝加哥框架构件的受力均等性，即柱子和梁都必须各自单独并有效受

↑ 1 入口

力。沙利文以细部处理来表现这点，同时出现在窗间墙和窗下墙上，更有效果的是，在大芝加哥式窗四周的侧帮上统一加以修饰。百货公司建筑原来顶上是突出的檐口，投下强烈的水平阴影线，更由于顶层退进敞廊而加强效果。敞廊原是餐厅，于1947年关闭。建筑顶部和基部的黑色表面和阴影，衬托出整体有强烈吸引力的白色框架。

现有建筑是分成四个明显部位建造的。第一部分是麦迪逊大街上的三跨九层部分，完成于1899年；第二部分是政府街和麦迪逊街转角处的半圆部分与12层高度部分，这一令人难忘和最著名的部分于1904年完成。这两部分都是沙利文及其助手G. 埃尔姆斯利设计的。1906年，D. H. 伯纳姆事务所沿政府街将该建筑延伸出五跨间。1961年霍拉伯特和鲁特又增添了三跨间。1979年J. 文奇又重修圆形转角和铸铁装饰使其恢复原貌。结构的规则柱网给售货层和承重空间提供了灵活性。原来楼梯和电梯等垂直交通安放在后墙边，使平面具有灵活性，同时无论进入或离开商店，都迫使人们要经过尽可能长的展示商品的路线。

富有特色的植物形装饰贯穿整个百货公司，极具变化，从立面上的铸铁件和陶质贴面到柱头以及室内楼梯栏板。贯穿整体的几何形和植物形元素显然有助于习俗化和成为装饰法则，那正是沙利文1924年在《建筑装饰的一种体系》一书中所写到的和如此有力地加以图示的。*（K. 哈林顿）*

← 2 卡森·皮里·斯科特百货公司外观
↑ 3 细部

参考文献

Mario Manieri Elia, *Louis Henri Sullivan 1856-1924*, New York: Princeton Architectural Press, 1996.

4. 拉金大厦

地点：布法罗，纽约州，美国
建筑师：F. L. 赖特
设计/建造年代：1902—1904（毁于 1950 年）

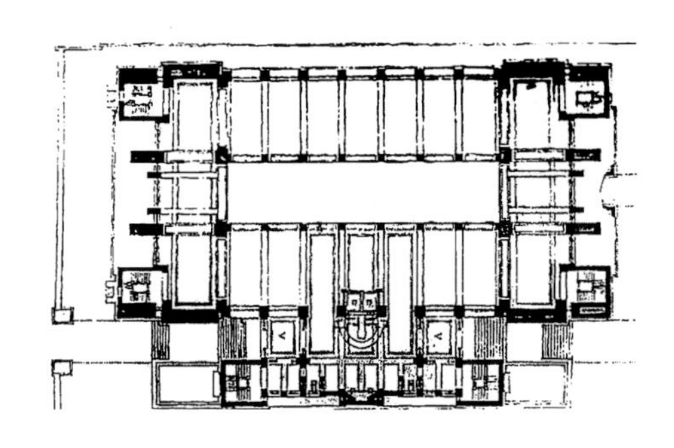

← 1 平面
→ 2 走廊

F. L. 赖特（1867—1959年）设计的拉金大厦，虽然是一座办公楼，但却被处理成类似一座教堂综合体。拉金大厦建于赖特以草原住宅获得成功后不久，刚好在设计“统一教堂”之前，它显示出赖特已经把为住宅综合的特殊形式和想法转化成现代社会的普遍观念，这也正是赖特的天才的表露。设想为邮购肥皂制造商的1800名职员用来办公，这座六层高、钢框架砖面的结构需要为职员工作的复杂内容服务，包括接待和答复由远程销售造成的大批信件。中央的中庭是芝加哥中庭型的一种变体，如伯纳姆和鲁特在1885年设计的芝加哥鲁克瑞大厦。赖特在设计拉金大厦的同时，使其恢复了活力。开敞的空间伸展六层直到天顶窗，并且为表达通过工作的社团理想，建立了与之相匹配的环境。与中庭相连的附属社会场所有：正式餐厅，一个奇花异草的暖房，一间图书室、教室和休息室。这样的设计在白领阶层的环境历史上呈现出非常丰富的内容，体现着拉金公司的进步理想。设计使用的是线条、面和体的正式词汇，它们几乎全是立方的和直角的，而交错的与重叠的空间和体积，由顶窗或高窗照明，创造出一种相连几何形体的封闭系列，其复杂性竟如博罗米尼的设计。灯具、管道和诸如文件柜等许多设备都

INTELLIGENCE
ENTHUSIASM
CONTROL
CO-OPERATION
ECONOMY
INDUSTRY
FEELING
ACTION

↑ 3 拉金大厦外观
↓ 4 六层中庭

结合到建筑结构里。

拉金大厦的外观，呈现出古代埃及石室坟墓的独块巨石性质，但它前面空白的塔墩却也与布法罗这里的巨型工业筒仓和谐一致。前立面上由R. 博克创作的人体举球雕塑、室内抽象花卉图案的装饰檐壁以及醒目的题词，如“诚实的劳动不需要主人，完全的公正不需要奴隶”，都接近于维也纳分离派的装饰和道德的抱负，并且表达了拉金公司领导层赞美劳动高尚的理念。一架巨型风琴出现在中庭的上面，在用餐时演奏，使大厦里弥漫着教堂似的正义气氛。赖特对材料的选择和陈设的设计，如折放在桌子下面的打字用椅，以及从浴室墙上挑出来的马桶，都是对便于清洁和防火这个总原则的部分考虑。为全年都能提供清新的和适当温和的空气而开发的空气控制系统，是没有降温功能的空调设备的先型。平面和断面的连锁形成四个服务性柱墩，围绕着顶部采光的巨型中庭，中庭还服务于实际目的，即使工作人员专心和忙于工作，而没有被监督的感觉。拉金公司在大萧条时期走向破产，它在40年代曾短期作为百货公司，赖特对新教徒职业道德的神圣性的理想纪念物，在1950年终于被粗暴地拆除了。*（K. 哈林顿）*

参考文献

Jack Quinan, *Frank Lloyd Wright's Larkin Building, Myth and Fact*, Cambridge: MIT Press, 1987.

5. 马丁住宅

地点：布法罗，纽约州，美国
建筑师：F. L. 赖特
设计/建造年代：1905—1906

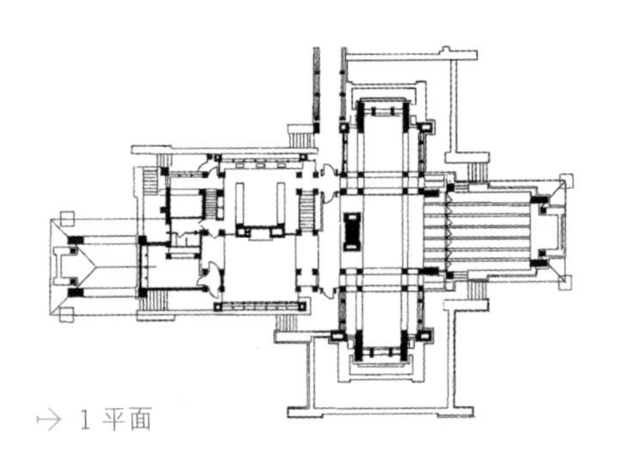

→ 1 平面

F. L. 赖特为D. 马丁设计了这所居住综合体，以及稍后的一所夏日住宅，都是赖特在布法罗获得拉金大厦和其他建筑委托的关键。1903年，赖特就在这块地上曾为D. 马丁的妹夫W. 巴顿设计过一所住宅。D. 马丁与赖特一直保持着真诚的友情，甚至在他并不同意赖特的行为以后，还提供物质帮助。马丁住宅是广阔景色中的一部分，包括带有棚架、暖房和车库（后被毁）的主要住宅，一所园丁住宅，以及马丁妹妹一家的住宅。马丁住宅中的园林设计既使主要住宅成为焦点，同时也使两所次要住宅具有联系和私密性。整个总体布置是赖特掌握学院派规划技巧的最有力的证明，他主要通过参考L. 沙利文的实例和对H. H. 理查森的研究而学到的。

和其他草原住宅相似，马丁住宅的基本构思也是深檐子屋顶像一个飘

↑ 2 室内一
↑ 3 室内二

↑ 4 马丁住宅外观

浮的体量，给住宅中极不相同的空间提供一个统一的顶盖。屋顶是由放在四个柱墩上的钢梁支承的，这比罗比住宅还早。这个飘浮屋顶的概念，在室内是通过不寻常的半墙和柱墩的结合而表达的，暗示着在人们活动的区域与上面屋顶平面之间的缓冲空间。使用一串柱子而不用实墙，给予连续的室内空间一种运动的透明感。家具是由赖特设计的，包括许多嵌入式长凳和壁橱。艺术玻璃是W. B. 格里芬设计的，从主要生活区一直伸到温室的棚架。同时提供了联系两区间的通路和一个具有标志性的空间，人们走过时，通过其光影的交替而打破了这个联系。在草原住宅时期，赖特向住户展示着景色，但要到花园去，就像一下找到住宅的入口那样复杂。对于住宅与其环境的联系，全部暗示在平面里，断面则表现赖特希望住户停留在景色层的基座上。最终，赖特运用恬静、舒适和一种单纯性，取代了当时将中产阶级住宅作为炫耀工具的典型趋向。（*K. 哈林顿*）

参考文献

Robert McCarter, *Frank Lloyd Wright*, London: Phaidon Press, 1997.

6. 温莎火车站扩建

地点：蒙特利尔，魁北克省，加拿大
建筑师：E. 马克斯韦尔，W. S. 佩因特
设计/建造年代：1900—1906，1909—1913

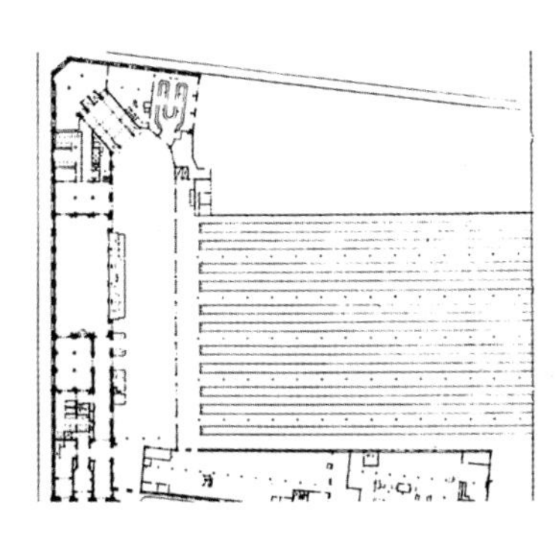

1 底层平面

加拿大太平洋铁路公司的高速发展，要求扩大其蒙特利尔总部，包括增加新铁道、新办公室和大的公共空间。温莎车站在20世纪初的两次扩建，第一次是由E. 马克斯韦尔（1867—1923年）设计，第二次是由W. S. 佩因特（1877—1957年）设计，两次扩建提高了这种城市新建筑类型的影响和风采。虽然两位建筑师都使用了新式的钢框架结构，而加建部分的石灰石贴面仍延续着原来1889年由纽约建筑师B. 普赖斯设计的新罗马风车站砌体承重墙的材质表现。

E. 马克斯韦尔在波士顿的谢普列、拉坦和库里奇事务所（H. H. 理查森业务的继承者）得到的经验，使他轻而易举地以罗马风的手法设计了主要进站口的向西扩建工程（1900—1906年）。在11间运输入口前的纪念性连续拱廊尽端，重复着普赖斯在入口大厅的立面手法，他成功地建立起一种全新的尺度和构图。

W. S. 佩因特的巨型268英尺（约82米）长的加建工程（1909—1913年），随着坡地向南下斜，建筑也从六层增至九层，使普赖斯的原建筑天衣无缝地得以延伸并占满整个街区。坚固的办公塔楼（顶上装有30万加仑水）从坡地底部上升到15层楼高，给整个建筑物提供着焦点和均衡性。在最南端的角部，一个步行入

↑ 2 外观

↑ 3 对 B. 普赖斯设计的原车站进行的再次扩建，分别由马克斯韦尔于 1906 年、佩因特于 1913 年设计

口通向整修过的铁道层，该处有大候车厅、新的站台以及连接1906年和1913年加建部分的一座大厅。该大厅暴露的轻型工业钢和玻璃顶子长达333英尺（约102米），与沉重的砌筑外观形成惊人的对比。完成以后，温莎火车站建起了一处重要的室内空间和巨大的城市项目。火车站隔着“全国广场”（蒙特利尔市迅速发展的新区中心的主要公共场所），面对着1894年完成的蒙特利尔的罗马天主教堂，它积极地宣告了将在20世纪实现的新的商业（工业）价值。（*P. 兰伯特*）

参考文献

Friends of Windsor Station, *Windsor Station*, Montreal: Friends of Windsor Station, 1973.

Harold D. Kalman, *A History of Canadian Architecture*, Toronto: Oxford University Press, 1994, 654-657, 488-490.

Leslie Maitland, *Railway Station Report, Public Meetings, Windsor Station: A Report Submitted for the consideration of the Honourable Jean J. Charest, Minister of the Environment*, Ottawa: Historic Sites and Monuments Board of Canada, 1992, 1-17.

7. 统一教堂

地点：橡树公园，芝加哥，伊利诺伊州，美国
建筑师：F. L. 赖特
设计／建造年代：1906—1908

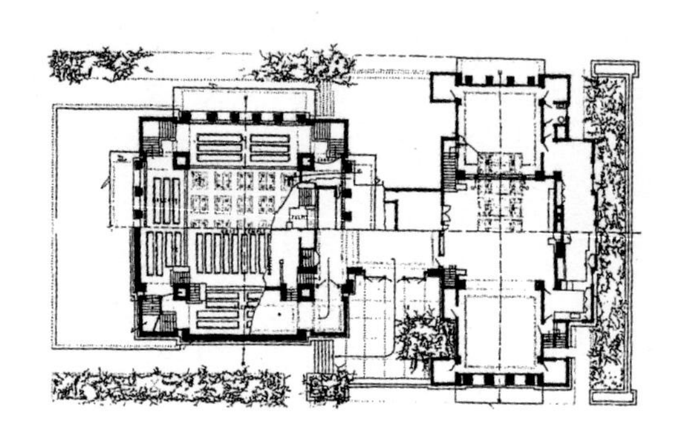

赖特在他最重要的并且是草原风格时期唯一的宗教建筑“统一教堂”中，显示着个人与美国新教信仰和礼拜的主要团体之间的紧张情况。其建筑材料的单一，通向建筑物的双通道，入口门厅的喜庆风格，进入圣坛的复杂道路，形式上的统一立方体，楼梯间和阳台的不同特点，高窗的力度使得屋顶好像飘浮在光垫之上而与实际支承它的体量无关；出口的出乎意料和直接通路，从圣坛进入教友厅的单独空间，所有这一切都诉说着、显示着和沉思着美国文化中的不同品质。

建筑物的分块设定为圣坛、入口区和教徒大厅三个主要部分的立方体联合。虽然在宗教建筑中集中建造是一般做法，而赖特连接这些立方体成分，却能做到圣坛应该庄严，教徒大厅应该是公共性的，以及入口厅应该又开敞又成为焦点。当从街上看到教堂的时候，尽管最初的印象是个立方的统一体，其体量却是由某些明确的组成部分——圣坛、楼梯间、挑出的屋面板以及一个方鼓形座所合成的。虽然比例是纪念性的，但规模还是教区性的。

在过去的1000年里，大部分西方教堂的传统，都是追求将来访者的注意力首先集中于明显的入口，然后直接走向祭台。这种模式在后来许多建筑

← 1 平面
↑ 2 细部
→ 3 外观

← 4 室内一
↓ 5 室内二

中留传下来，不论是将公众礼拜的焦点集中于祭台的仪式上，或者是讲道和诵经上。当公众从祭台左侧非直接地进入赖特的教堂时，会强烈感受到空间的开敞，它正是基督教一位论派信仰所特有的。它的复杂的环形路线，是学院派方式的一种变体，基于有多重拐弯，使教友们从一处到另一处不致迷失方向。*（K. 哈林顿）*

参考文献

Robert McCarter, *Frank Lloyd Wright*, London: Phaidon Press, 1997.

8. 国家农民银行

地点：奥瓦通纳，明尼苏达州，美国
建筑师：L. H. 沙利文
设计/建造年代：1907—1908

↑ 1 外观

L. 沙利文事业上的悲剧，就是在完成卡森·皮里·斯科特百货公司以后，就没有接到大的城市项目。那时，他才40多岁，想法和技巧都在旺盛时期。在20世纪的头十年间，沙利文为中西部小市镇设计的一系列银行（多在县里）显示出他在构图和装饰上的精湛手笔。明尼苏达州奥瓦通纳的国家农民银行通常被认为是他最好的作品。

奥瓦通纳银行体现着沙利文的民主建筑的抱负，农民和镇上居民发现来自他们经验中的形式被象征化并表现在装饰系统

↑ 2 室内一
↓ 3 室内二

的主题和要素中。该建筑位于镇上主要商业街和法院广场交会处，是带有两个主要券式立面的一座大立方体。作为节俭、正义和坦率的形象，它肯定了农村和小镇生活的优点并为之树碑。简言之，奥瓦通纳银行是一个装饰丰富的坚实盒子，以陶制花饰精细装饰带沿方形轮廓，直到上角的花式窗格。银行的砖外墙和瓷砖贴面反映着生长季节的色彩——绿、蓝和黄褐色。两个立面上的巨大半圆拱窗表达着建筑的开放，同时屋角的重量、檐壁的高浮雕和入口的深门套，则加强着银行的安全与实在的观念。基座上的粗斫石是唯一暗示着室内可能和室外有不同的标志。位于入口轴线尽端的银行拱顶下精心装饰的门，展现着该处保存贵重物品，而且安全。翱翔在头顶上的那鲜艳的、由真实的拱券构成的球形空间，是农业生活的劳动与美德培育并汇集在民主梦中的地方。*（K. 哈林顿）*

参考文献

Mario Manieri Elia, *Louis Henri Sullivan 1856-1924*, New York: Princeton Architectural Press, 1996.

9. 甘布尔住宅

> *地点：帕萨迪纳，加利福尼亚州，美国*
> *建筑师：C. S. 格林，H. M. 格林*
> *设计/建造年代：1907—1908*

甘布尔住宅是C. S. 格林（1868—1957年）和H. M. 格林（1870—1954年）兄弟二人为普罗克特和甘布尔肥皂公司的财产继承人之一D. B. 甘布尔建造的。它是美国的孟加拉式住宅中最精心处理细部的实例。作为20世纪最初十年由格林兄弟在帕萨迪纳和长滩设计的一系列30多幢极好的住宅之一，甘布尔住宅展示出欧洲新艺术运动的装饰倾向、工艺美术运动的忠实细木作为朴实道德准则，以及当时把加州的生活与自然结为一体的理想。该住宅体现着G. 斯蒂克利的《手工艺》杂

↑ 1 入口及起居室

← 2 壁炉
↓ 3 外观

志（1901—1919年）中所宣传的一种反纪念性——以手工艺为基础的建筑理想。该杂志经常发表格林兄弟关于住宅和家具的设计，并普及J. 拉斯金和W. 莫里斯的理想、“传教团”风格的家具的民间传统和日本的细木工手艺。

轻轻升起于琉缸砖基座上的甘布尔住宅，以突出于屋面以外的日本神道教风格的、露明椽子支撑的伸展屋面为特点。红木檩子的深棕色、木瓦的绿色油饰以及首层阴凉的游廊和从二层突出的板条睡廊，使得甘布尔住宅与缓坡的场地和繁茂的绿化景色融为一体。前面平台的凉棚和以中国式鱼池作为纳凉处所的更大的后面平台，使凉气流入住宅的缝隙，调和着室内和室外空间。

像F. L. 赖特一样，格林兄弟也曾到1893年芝加哥的世界博览会，参观日本重建神庙的展品。在他们参观1904年圣路易斯国际展销会上的日本帝国花园和金亭上，从其使用复杂的斗栱、叠梁、起翘的屋面风格，得到了进一步的启发。同赖特的罗比住宅（芝加哥，1908年）等当代住宅布局一样，甘布尔住宅的平面组织像是一种可分可合的空间序列，就受日本影响，这种影响也表现于室内从深檐子下面向室外的延伸。

虽然格林兄弟在麻省理工学院受的是学院派教育，但他们早期在圣路易斯的手工训练学校受训的背景，却明显表现在他们过分注意定做的陈设、铅框的采光装置、镶嵌的细木工以及复杂的手艺上。起居室里的壁炉墙角是细部处理的极好实例。该处由桁架梁隔开，从梁上用帆布带吊挂着铅条玻璃灯具，在梁后面是对着窗扇的长椅以及彩色玻璃陈列柜框着艺术瓷砖装饰的壁炉架。格林兄弟以亲自培训工人的办法才完成如此漂亮的细部。他们模仿传统的日本细木工艺，试图不用钉子（虽然有时在暗处也允许用木螺丝），特别偏爱高度抛光的榫接头、突出的定位销子，偶尔也用铸铁箍扣紧连接木件。前门上装饰的绚丽“蒂法尼”彩色玻璃构图确立了室内其余部分精致细部的闪亮和怡人的华美格调。每个次要的节点都被精心定制，并变成了工艺珍品，将朴素的、大众的孟加拉式住宅提高成异常丰富的贵族别墅。*（R. 英格索尔）*

参考文献

Randell L. Makinson, *Greene and Greene, Architecture as a Fine Art*, Salt Lake City, 1977.

William Jordy, *American Buildings and Their Architects,* vol.3, Garden City, 1976.

10. 宾夕法尼亚火车站

地点：纽约市，纽约州，美国
建筑师：麦金、米德和怀特事务所
设计/建造年代：1910（毁于1964年）

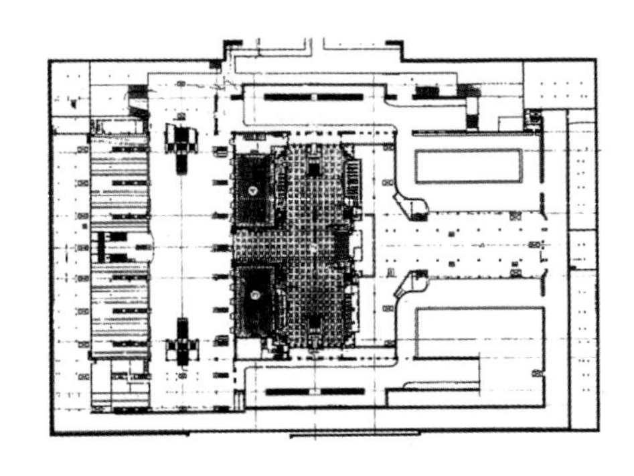

← 1 平面
→ 2 外观

作为宾夕法尼亚铁路公司曼哈顿站的宾夕法尼亚站，反映了在“进步年代”里，美国建筑师们为在美国城市中心创建纪念性公共空间的热情，它也表现出在世纪之交的美国城市里，由商业性公司承担的改进基础设施的综合性和非凡的规模。宾夕法尼亚车站作为一个公司财产而非公共财产的地位，是导致其在1963年至1966年间被拆除的一个主要因素。该车站建筑曾被看作财政的负担，而非增加税收的资产。

宾夕法尼亚车站建于跨两个街区的场地上，横跨一条5英里（约8千米）长的隧道，那是宾夕法尼亚铁路公司在曼哈顿、东河和哈德逊河下边挖掘的，以连接从曼哈顿到长岛和新泽西。C. F. 麦金（1847—1909年）和他的助手W. S. 理查森（1873—1931年）为此车站创作了一座规模巨大但构想简单的建筑物。外檐是用粉红色米尔福德花岗石建造的，多立克柱式的立面，中间是有顶楼的入口跨间，尽端是有山墙顶的跨间，面向着第七大道。步行者从第七大道穿过门面，就来到一座高大的顶部采光的连续拱廊，带有成排的商店。接近车站的中点，顺轴线下楼梯就来到候车室，它从31街延伸到33街，上面是直升至147英尺（约45米）以安放散热巨型窗的花格拱顶。继续顺着轴线，行人

↑ 3 室内

再走下一段楼梯才来到大厅。该处，用于其他公共空间的罗马石灰石贴面不见了，而显露着车站的钢结构，它支承着玻璃拱顶网架在敞开的铁道上边。从第七大道端跨的山墙处有坡道，车辆可直接下到候车室。

麦金以古代罗马的建筑艺术、材料和比例为基础，而使纽约变得高贵的愿望，得到业主宾夕法尼亚铁路公司总裁A. J. 卡萨特的赞成。卡萨特同时还委托了D. H. 伯纳姆事务所设计华盛顿的联合车站（1908年），并动用技术现代化的力量以加强华盛顿的朗方规划的古典场景。体现在宾夕法尼亚车站中的壮丽古典式建筑、纪念性的公共空间与巨型基础设施改善的结合，在纽约中央铁路在曼哈顿建的“中央大车站”（1913年）上得到了呼应。由沃伦和韦特莫尔与里德和斯泰姆设计的中央大车站，在其公共空间的协调方面和城市设计的观念方面更为复杂，它延伸到相邻的城市街区和公园大道。由于拆除宾夕法尼亚车站被质疑，而使中央大车站的保护得到了保证。1978年，在一项涉及中央大车站的案件中，美国高等法院确认纽约的里程碑保护法规是符合宪法的，公众对拆除宾夕法尼亚车站的做法强烈反感。*（S. 福克斯）*

参考文献

Nathan Silver, *Lost New York*, New York: Schocken Books, 1975（first published 1967）.

Fred Westing, *Penn Station, Its Tunnels and Side Rodders*, Seattle, 1978.

Lorraine B. Diehl, *The Late, Great Pennsylvania Station*, New York.

11. 基督教科学派第一教堂

地点：伯克利，加利福尼亚州，美国
建筑师：B. 梅贝克
设计/建造年代：1909—1911

B. 梅贝克（1862—1957年）设计的基督教科学派第一教堂展现了丰富的魔法似的变化，它结合着民间手工艺的典范、历史的联想与现代的工业技术，这是20世纪早期加州的一批进步人士的理想。教堂位于加州大学伯克利分校校园以南，它原来藏在暗色木瓦住宅和茂密森林之中，但今天已展露在人民公园的西边、多层宿舍楼的东边。对于一座宗教建筑来说这是处于少见的默忍状态，巨大的建筑主体隐藏在日本式多重托架的花架、成形的绿篱和葡萄藤的后面。花架是非对称

↑ 1 内景

↑ 2外观

布置的，在西面形成了敞廊，而在东面却升高，像是在柱顶上的细长冠顶。虽然某些柱上的圣像和花式窗格是从法国中世纪建筑得到的灵感，但很难将该建筑解释为复古主义作品，因为它是亚洲参照物、工业钢窗和石棉壁板以及地方木工传统的异常结合。这种混合传统的唯一地方性先例就是A. C. 施瓦因弗思设计的第一座一位论派教堂，它有日本风格的突出椽子、工业钢窗以及由原色红木柱子支撑的宽大门廊，它在1898年建于梅贝克设计的教堂的南边，隔着几个街区。

梅贝克的学院派训练表现于平面的合理布局。底层的圣堂几乎是完美的方形，但是其上面的楼座却安排成希腊十字形平面。低矮的入口门厅形成一条纵轴指向祭台，还有一条与之垂直的绕行路通向主日学校房间。令人惊叹的室内跨度，是通过新的工程技术处理而完成的，来自维奥莱特-勒-迪克的理性结构主义灵感：用暗铁拉杆加固的木构架大梁，像桥梁结构中的空腹桁架设计，从四个空心混凝土柱墩上的木挑层以对角线安放，形成弧形X状的中央大厅屋顶。

像F. L. 赖特的橡树公园统一教堂那样，管道设备都在结构柱墩里，柱墩同时在空间上限定着中央和周围的关系。火焰纹式的哥特式花窗，多彩又闪亮，被配置在结构的空隙处。平缓的斜坡地面，以及在中央大厅上部弯着的神秘支架椽子，全有助于对世俗情欲的约束。梅贝克的杰作使室内外空间融为一体的海湾地区特点增加了光彩，同时提供着非凡折中趣味的个人风格。

（R. 英格索尔）

参考文献

William Jordy, *American Buildings and Their Architects,* vol. 3, New York, 1972.

12. 卡尔·舒尔茨中学

地点：芝加哥，伊利诺伊州，美国
建筑师：D. H. 珀金斯
设计/建造年代：1907—1910

以一位伟大的社会改革者命名的卡尔·舒尔茨中学给D. 珀金斯（1867—1941年）提供了在一项大型公共任务中实现改革草原学校理想的机会。除教室外，建筑物还包括图书馆、实验室、健身房和礼堂。

学校构图重复着草原学校的一种通常做法，即外形是由立方的和连锁的体积组成，上面通常交搭着有山墙的似乎飘浮着的屋顶。珀金斯在最暗处使用彩饰法（只是在最近清洗墙面和屋顶时才显露出来），即在屋面橘红瓦与基座的金橙色砖和陶片之间，使用紫棕色砖。这种使用暗色调夹在屋面与墙基的突出色彩之间的做法，加强着整体的连锁性，作为强调立面的深度。建筑极少具象的装饰。作为替代，在墙面和体积中砖的精美细部处理，则给它一种简单、有力和协调的表现。基本的装饰设计是一系列突出的矩形体积，它构成陶柱和柱头。这些母题创造的体积再次加强着建筑组成部分的造型。

这座很大的建筑物由于与其不规则的现场吻合，而变成一处城市纪念物。其现场在东西向的爱

↑ 1 鸟瞰

↑ 2 外观
← 3 入口

迪生路与东南和西北向的密尔沃基大道的斜交处，它以一套交叉的体积从与街道的关系里创造并限定学校用地，以使用建筑物构图的方法来表现平衡个人和社区利益的美国理想。*（K. 哈林顿）*

13. 赖斯大学行政楼

地点：休斯敦，得克萨斯州，美国
建筑师：克拉姆、古德休和弗格森事务所
设计/建造年代：1912

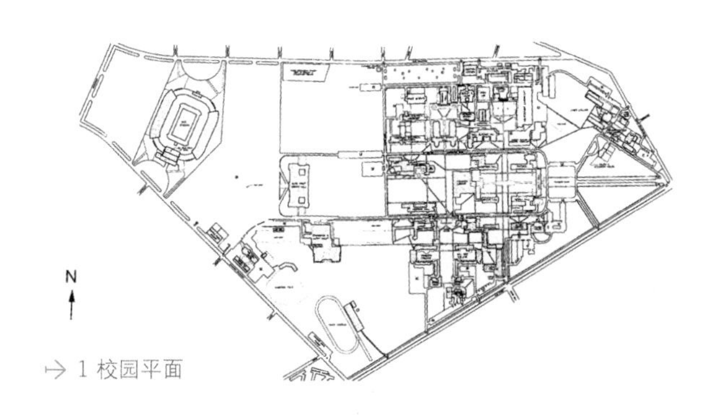

→ 1 校园平面

赖斯大学的行政大楼（现称洛维特厅）表现着20世纪上半叶历史折中主义对美国建筑实践的影响，它以严谨性而显得重要。它的建筑师——来自波士顿的R. A. 克拉姆（1863—1942年）正是以这种严谨性来为新的赖斯大学（原为赖斯学院）寻求一种建设的统一性，他利用一幅协调了建筑设计、场地规划和风景园林的空间组织总图来实现他的意图。

克拉姆事务所在1909年受第一任校长E. 洛维特的委托，来做赖斯学院校园设计。克拉姆和他的合作者B. G. 古德休（1869—1924年）为休斯敦郊外这所大学的280英亩（约113公顷）场地准备了参赛的总图。克拉姆事务所在1910年大学的总平面图里综合了每种要素，并且设计了四座最早的建筑，包括1912年完成的行政大楼。在行政大楼的设计中，克拉姆结合了中古希腊拜占庭的建筑成分，论据是这种淡红色砖、大理石、石灰石和装饰花砖以及大理石嵌板的拜占庭式结合，适用于在炎热、潮湿的南方地带的高等学府。在以后的赖斯学府建筑中，克拉姆事务所继续用这种建筑艺术上的解释。像行政大楼一样，校园其他建筑的平面也是水平延伸的，但断面较薄，以利于通风。虽然克拉姆有利用历史形象来表现现代建筑的成见，但

↑ 2 外观局部
← 3 入口
→ 4 细部

行政大楼内部却设计得灵活可分。

克拉姆对综合建筑风格的创造，使他得以将一所新大学建成统一体。他的外来的新拜占庭式建筑物体现着：在休斯敦，历史性建筑，用达尔文的话来说，应该“进化”了。克拉姆的折中主义是想在一种特定的文化方式中，限定这个空间场所。对称、向心性和轴线是用来形成整体空间秩序的工具，并在得克萨斯州沿海平原的平坦、开敞地带，来固定一种场所意识。生气勃勃的橡树和灌木花坛装点的林荫路，突出了在校园景色中建筑物所固有的运动路线和视线。

行政大楼在保守的外表下，表现出了美国的时代进步。它强调着等级体系、公共机构的权威以及历史正统的重要，这恰恰在它对历史和传统采取特别自由态度的时候。它体现着一种建筑设计类型——总体规划的大学校园——它使20世纪初的美国最杰出的建筑师开扩了想象力。（S. 福克斯）

参考文献

Franz Winkler, “The Administration Building of the Rice Institute, Houston, Texas”, *The Brickbuilder* 21 (December 1912), pp. 321–324.

Ralph Adams Cram, *My Life in Architecture*, Boston: Little, Brown & Company, 1936.

Stephen Fox, *The General Plan of the William M. Rice Institute and Its Architectural Development*, Architecture at Rice 29, Houston: School of Architecture, Rice University, 1980.

14. 车站广场和绿街

地点：森林山花园，昆斯，纽约市，纽约州，美国
建筑师：G. 阿特伯里和奥姆斯特德兄弟
设计 / 建造年代：1912

↑ 1 外观
↦ 2 森林山花园中心

森林山花园是一处规划的郊区花园，由R. 塞奇基金会于1909年至1913年间在纽约昆斯区开发，它占地200英亩（约81公顷），从曼哈顿的宾夕法尼亚车站经长岛铁路可以到达。R. 塞奇基金会想使森林山花园成为以英国花园城市先型为基础的模范居住社区。纽约建筑师G. 阿特伯里（1869—1956年）和马萨诸塞州布鲁克莱恩的风景建筑师与规划师小F. L. 奥姆斯特德（1870—1957年），以弯曲的街道和美化细部的住宅来设计该社区。社区象征性的中心是长岛铁路线旁的车站广场和绿街。这处纪念性核心区是包括居住建筑和商业建筑的一种混合体，布置在有形空间的创作序列之中。阿特伯里将车站广场上一座八层高的森林山旅馆当成它的摩天楼缩影，加上绿街，都归类于“城市”，与森林山花园公园般的居住区形成对比，并将“家居气氛”与宾夕法尼亚车站体现的大都市壮丽进行对比。

车站广场和绿街代表着建筑想象力极为巧妙的运用，以形成体验和确定的特色。解决在城市设计上的疑难情况（如在铁路

PRIVATE PARK
RESIDENTS ONLY
NO DOGS

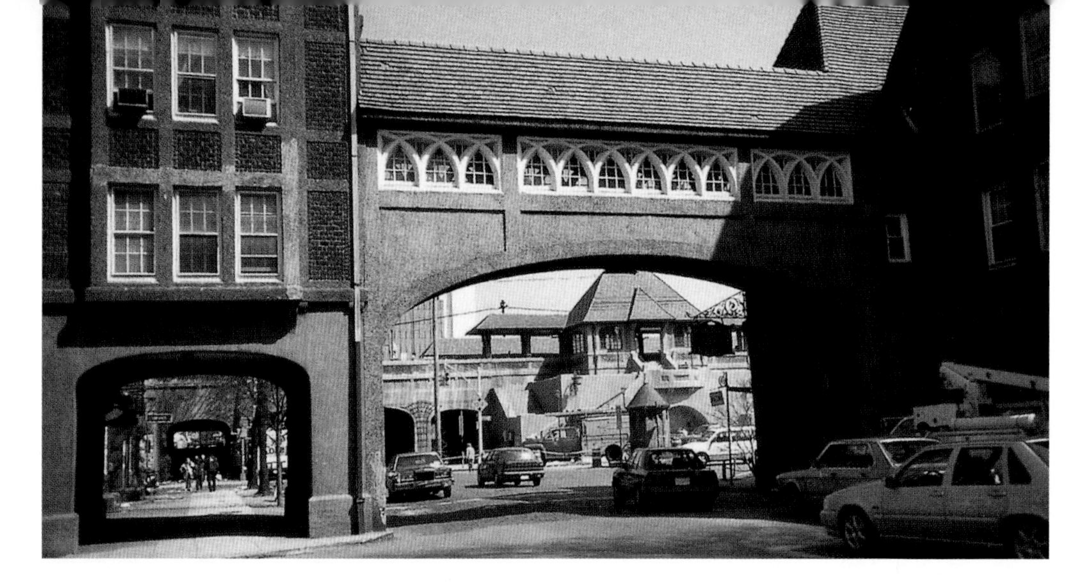

↑ 3车站广场

高架桥和广场之间的竖向高程变化）、使用功能的多样性，以及建筑物与景色的协调，都是阿特伯里和奥姆斯特德成熟的建筑和规划手法的证明。车站广场和绿街表现出“进步年代”里的美国建筑师和风景建筑师在创作市民空间和社区空间上所达到的高度技巧。

作为“进步年代”规划典型的良好意图被中断了，R. 塞奇基金会在森林山花园并没按原计划去建造针对低收入者的住宅区，由于地价高昂，在市场经济的环境下那样做是不合算的。核心建筑的复古主义风格，表现出20世纪早期的许多美国建筑师除了回想过去的形象外，对于设想新的社区空间是无能为力的。画境般的历史形象和亲切的城市空间性质，符合19世纪欧洲论著中对良好社区的理想描述，即由和谐与统一所组成，而不存在冲突。20世纪头20多年里，类似的公式也用于一些规划的购物区，如1917年由H. V. 肖设计的伊利诺伊州福雷湖市场广场，1923年至1925年由A. 米兹纳设计的佛罗里达州棕榈滩的米兹纳路和帕瑞基路，以及1923年E. B. 德尔克设计的密苏里州堪萨斯市的乡村俱乐部广场。（S. 福克斯）

参考文献

“Forest Hills Gardens, Long Island: An Example of Collective Planning, Development and Control”, and W. F. Anderson, “Forest Hills Gardens-Building Construction”, *The Brickbuilder* 21 (December 1912), pp. 317–320 and plates 155–163.

Robert A. M. Stern with John Montague Massengale, *The Anglo-American Suburb,* London: AD Architectural Design Profile, 1981, pp. 32–34.

Daniel S. Levy, “Miniature Metropolis”, *Metropolis,* September 1988, pp. 100–103.

15. 伍尔沃思大楼

地点：纽约市，纽约州，美国
建筑师：C. 吉尔伯特
设计/建造年代：1911—1913

在20世纪的头30年里，伍尔沃思大楼比任何建筑都更能够表现美国消费社会的抱负、力量和实利主义。作为一种广告手段，它被特意设计成当时世界上最高的建筑物，使用哥特式垂直风格的贴面有助于突出高耸形象，并成为卡德曼所说而被普遍接受的著名比喻——“商业大教堂”。它以55层共241米的高度，保持着世界建筑的高度纪录直到1930年。该建筑也深入地下30米，有28座电梯服务，在它极盛时期每天有35000人使用，相当于一座小城市的规模。

↑ 1 伍尔沃思大楼

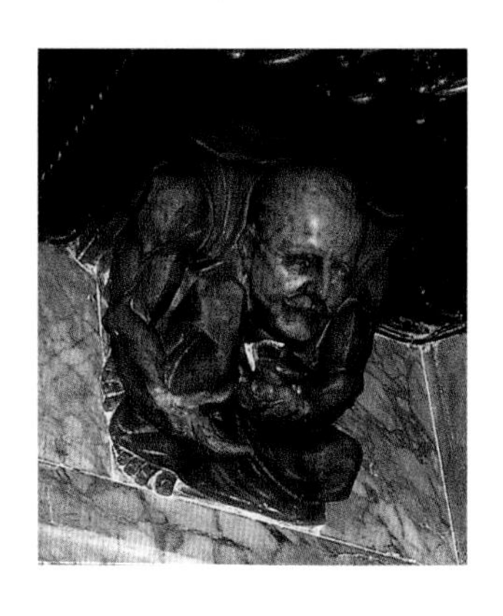

← 2 伍尔沃思雕像
← 3 吉尔伯特雕像

建筑师C. 吉尔伯特，是美国学院派建筑师主要代表人之一，并且是伍尔沃思的城堡式府邸的建筑师。他原建议把伍尔沃思大楼设计成一座类似于伯纳姆的富勒大厦那样的古典式贴面建筑。业主F. W. 伍尔沃思是一位白手起家的百万富翁，并是“廉价百货店”的创始人，这类商店已经变成每个美国商业区的基本组成部分，他更喜欢伦敦国会大厦的风格。汇聚了商业利益、宗教和政府理想的哥特风格终于实现，当美国总统W. 威尔逊在建筑落成典礼上按动电钮之时，8万盏电灯大放光明，使大楼顿时变成了世界的灯塔。

伍尔沃思大楼的体量，升至28层后就以阶梯式退进成较小的楼身；再升高27层，顶上冠以高而尖的尖塔，这给1916年纽约分区法案提供了一个体量退进的典范。吉尔伯特给一群垂直壁柱以陶砖贴面，使得塔楼看起来像是一座具有城市钟楼权威性的独立体形。它的位置对着市政厅，加上几年后投入使用的麦金、米德和怀特事务所设计的新市政大楼，使它有了一点政治意味。伍尔沃思大楼的室内设计特别豪华，它有两层高的饰以锡耶那大理石的大厅，金光闪闪的马赛克顶棚，以及在牛腿上业主与建筑师的有趣雕像。伍尔沃思大楼和几乎所有的公司摩天楼一样，也是一项供出租的商业建筑，为获利而将著名大楼的大部分出租，伍尔沃思公司只使用其中的两层。*（R. 英格索尔）*

参考文献

Carol Willis, *Form Follows Finance.Skyscrapers and Skylines in New York and Chicago,* New York: Princeton Architectural Press, 1995.

Merril Schleier, *The Skyscraper in American Art,* 1890–1931, Ann Arbor, 1986.

R. A. M. Stern, G. Gilmartin, and J. M. Massengale, *New York 1900*, New York: Rizzoli, 1983.

16. 里格利球场

地点：芝加哥，伊利诺伊州，美国
建筑师：Z. T. 戴维斯
设计/建造年代：1914

里格利球场是美国最美丽的棒球场，它给球员和球迷提供这样一种场所：能集中注意力于赛事的优美，公正地考验所有球员的技巧，以及奉献给球迷们一种极好的状态。它位于城乡接合部，旁边有公共交通和高架快速铁路，该地区的居民一直都很容易来到球场。从街上进入球场会经历一次与建筑艺术等同的顿悟之感，正如一个人从大城市的熙熙攘攘走进一个绿色的完全田园风光的环境之中。先从紧凑的球场入口看，然后再完全领略运动场完美的绿化，这空间的序列伴着刚进来的成千人的喃喃细语，造成一种不同于剧场之类的其他娱乐场所的复杂感觉。看台似乎是轻型构造的，一旦比赛开始，球迷们就变成其展开动作的构架。运动场地由石灰石压顶的红砖墙圈起，在外场贴着墙种植了常春藤，以减缓外场手接远飞球时的冲击力。这就增强了球迷们已成为所看比赛的背景的感觉。当大部分观众都在边线外就座的时候，有些廉价露天看台的观众却在运动场空间内，他们有身临赛中的幻觉，更提高了欣赏性。

↑ 1 外观

球场距密歇根湖约

↑ 2 航摄景观

1千米，可以感受到从湖上来的东北凉风，或是从草原来的西南暖风。前者投手喜欢，而后者有利于击球手。戴维斯因而将场地布置成右边线为东西向，左边线为南北向。这意味着在午后比赛时只有右场及其露天看台是有阳光的。场地以规则允许的355英尺（约108米）和358英尺（约109米）的边线而近于对称。场地中心直线距为400英尺（约122米），也是规则允许的。完成全垒打和安打——从击球点到左中心和右中心——的约分距离是375英尺（约114米），这是击球手喜欢的距离，因为更有把握跑到本垒得分。由于座位离比赛场地如此之近，许多人曾提到球场的亲切性。球迷们可以有效地称赞、批评或诘难运动员，眼神的接触或一个小小的动作也都看得清楚，而不像在许多露天体育场那样需要大喊大叫和狂摆乱舞！（K. 哈林顿）

17. 第一警察所和消防站

地点：蒙特利尔，魁北克省，加拿大
建筑师：M. 迪弗雷纳
设计/建造年代：1915

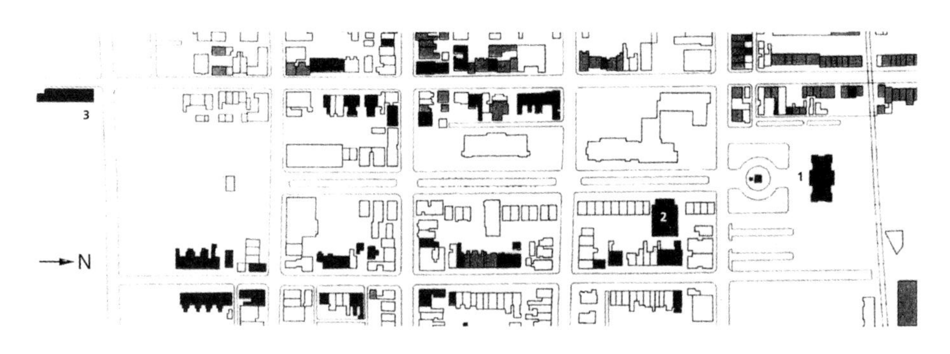

↑ 1 迈索讷沃镇地图（*1. 市场；2. 公共浴室和健身房；3. 第一警察所和消防站*）

M. 迪弗雷纳（1883—1945年）的消防站必须作为迈索讷沃镇总体方案的一部分来理解，该镇是既作为城市美化运动的一分子，又作为"加拿大的匹兹堡"而促成的新镇。在1893年芝加哥世界博览会的启发下，并作为一项宏伟开发计划的一部分，市政府建造了一条宽阔的林荫大道，排列着纪念性公共建筑和雕像——几乎与博览会通向荣誉区的大道一样布局。这样，迪弗雷纳作为镇的工程师，将镇中心向北延伸，在道路的起点安放了他设计的市场建筑——一座综合了古典式、巴洛克式和拿破仑三世风格的小城堡。它前面是一座喷泉，两边应是成排的建筑物，但只有新希腊式浴室和健身房盖了起来。这些建筑物和1912年由C. 杜弗设计的学院派罗马神庙式的市政厅一起，以及以小特里阿农宫为蓝本的巨型双府邸，它是迪弗雷纳为自己和他作为镇政务委员的兄弟奥斯卡在1918年设计的，这些建筑都反映着想表明每座建筑都参照了一种传统风格和原型的意愿。

在工业滨水区旁的迈索讷沃警察所和消防站，为了满足新发明的机动消防车的需要而取代了老消防站，对比之下，它绝对是20世纪的建筑。在没有古典式先例和要求比较现代的表现的情况下，它将相邻的新工厂联系于其他新的巨型公共建筑。迪弗

50

← 2 外观
↑ 3 警察所和消防站

雷纳又一次在芝加哥找到了解决办法，那就是师法F. L. 赖特的“统一教堂”。利用赖特的圣堂当作模式，迪弗雷纳将其变为两座：一座是车库，另一座是审判厅。两座大厅间以一座“赖特式”塔相隔，它是消防站的中心组成部分，有使消防水管干燥的成套设备。

在细节上，迪弗雷纳的建筑非常像赖特的设计：突出的平屋面、沉重的角柱墩以及在高窗层上的装饰。比起“材料的天然性”来，迪弗雷纳更关心纪念性，他用当地石灰石代替混凝土做砖贴面。消防站，配上它的审判厅、警察办公室和看守所，出乎意料地竟变成美国司法机关建筑的样板了。*（P. 兰伯特）*

参考文献

Paul Andre Linteau, *The Promoters' City: Building the Industrial Town of Maisonneuve,* 1883–1918(tr. Robert Chodos), Toronto: Lorimer, 1985.
Francois Rémillard and Brian Merrett, *Montreal Architecture: A Guide to Styles and Buildings* (tr. Pierre Miville-Deschines), Montreal: Meridian Press in Association with the Canadian Centre for Architecture, 1990.

18. 贺拉斯西院公寓

地点：圣莫尼卡，加利福尼亚州，美国
建筑师：I. 吉尔
设计/建造年代：1919

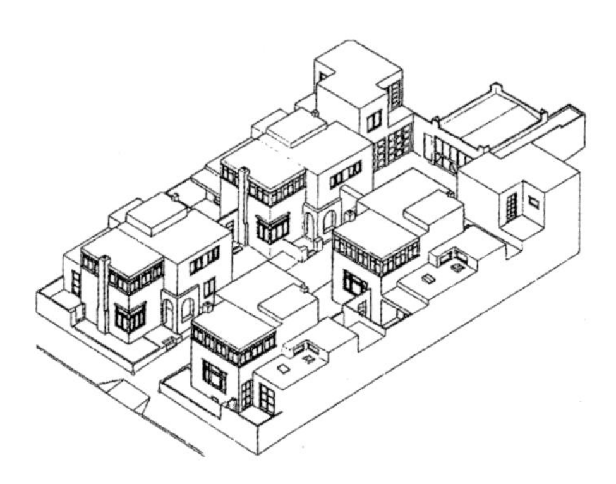

← 1 轴测图
→ 2 贺拉斯西院公寓

贺拉斯西院公寓，六座两层的楼房围绕着一座公共院落而布置，是加州孟加拉式住房院落的极好范例。建筑师I. 吉尔（1870—1936年）像F. L. 赖特一样，也曾在L. 沙利文事务所当学徒，个人赞成工艺美术运动，在20世纪最初20年，他建成一些风格上和技术上都最有创造性的建筑。他在西好莱坞设计的道奇住宅（建于1915年至1916年，毁于1965年），既是西班牙“传教团”传统的真正地区性的先例，同时在精神上又真正接近于欧洲现代运动的无装饰平面手法，而事实上还早了十年。道奇住宅的室内，被经常与A. 卢斯的不事雕琢的雅致相提并论，使用了高级材料，而没有线脚或繁琐装饰细部。吉尔的许多设计都以新的结构方法来进行实验——如拉卓拉妇女俱乐部（1914年），就是第一个用倾斜的混凝土墙建成的非工业建筑。这个手法又被L. 欣德勒为其在道奇住宅马路对面的欣德勒-蔡斯住宅（1922年）所借用。

离海滩两个街区的西贺拉斯建筑群是用钢筋混凝土墙建造的，那是为了抵御附近海洋的潮湿空气而设的阻湿屏障。虽然拱形入口门厅看上去并非现代式，而整个的窗户排列，包括角窗和楼上环绕的连续窗带，都适当地表现出现代混凝土构造的结构自由性。孟加拉式的住

← 3 公寓另一面景观
→ 4 公共庭院

房院落，近来被重新评价为代替多单元在单幢大楼里的可取方式。每个住户都有从雅致的美化院子进去的单独入口以及私人小院。吉尔设计的阶梯式体量，类似于墨西哥印第安人村镇住屋的那种熟悉的地方传统，而对几乎一致的单元设计稍作移动，则得到适当的方位以观海景和面对阳光。L. 欣德勒在拉卓拉妇女俱乐部的风格上更前进的是普韦布罗·里伯拉大院（1923年），这显然得益于吉尔的混凝土技术和规划策略。对于一个变成如此依赖汽车交通的地区来说，孟加拉式院落在有轨电车时代显得合用，而到现在，单是没有合适的停车场这个缺点就足够麻烦了。（*R. 英格索尔*）

参考文献

Bruce Kamerling, *Irving J. Gill, Architect*, San Diego: San Diego Historical Society, 1993.

第 I 卷

北美

1920—1939

19. 一号飞船库

地点：莱克赫斯特，新泽西州，美国
建筑师：美国海军航空处
设计 / 建造年代：1921

↑ 1 飞船库另一面景观
→ 2 莱克赫斯特的美国海军飞船库

美国海军航空处为存放氦气飞艇设计的巨型钢框架抛物线拱顶库，是少见的建筑物之一，是由形式适应功能目的而建成的如此纯粹的形象，它保持一种强烈的联想性质。现在，作为美国第一代商业性飞船事业的遗迹，一号飞船库在公众心目中留下的最强烈的印象，就是它曾是兴登堡飞船空难的地点。从那次事件以后，该地点就变成了在恢复其天然状态的环境中矗立着一座光秃秃工业庞然大物的特殊景观了。被废弃的飞船库像躺着的笨重东西静卧在新泽西州松林泥炭地

的草原中，其抛物线的外壳，与除此以外似乎没有经过人类改造的环境，达到出奇的和谐。

这类飞船库是为新生飞船的停放、保管和维修而建。一号飞船库的抛物线形式是以金属桁架的肋造成的，不像1916年E. 弗雷西纳在巴黎的奥利所建类似尺度的飞船库那样，是用混凝土折板建成的。在桁架腹内见到的空间和光线，加强着飞船库的明亮性质，并造成一种印象——似乎拱顶不是与基础相连的，一阵风就可以将其吹跑，就像其所服务的飞船那样。现在缺乏这种尺度的飞船和服务设施，加强着一种感觉，即飞船库是自然尺度的一个创造物。飞船库是工业文化的难得产品，它不自觉地达到了几分超前的美学表现，那正是欧洲第一代功能主义建筑师的追求。

（K. 哈林顿）

20. 弗隆特纳克堡扩建

地点：魁北克市，魁北克省，加拿大
建筑师：E. 马克斯韦尔，W. S. 马克斯韦尔
设计/建造年代：1920—1924

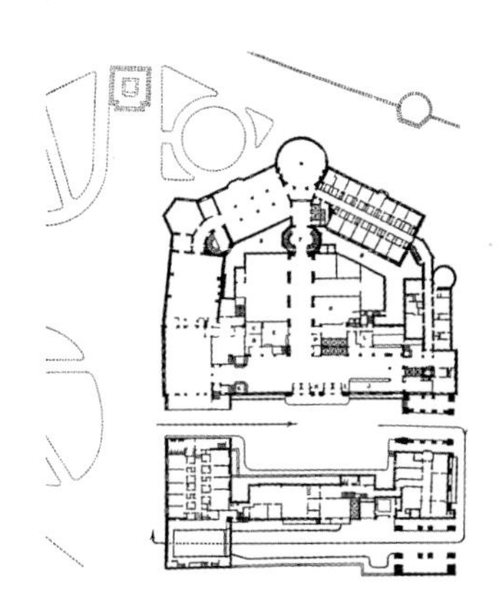

1 平面

该工程由加拿大太平洋铁路公司委托，拟将其位于最富戏剧性位置的旅馆的接待能力增加一倍，它位于魁北克市圣劳伦斯河上方高高的岩石峭壁上。在为1892年至1893年B. 普赖斯的浪漫构成的旅馆加建工程中，马克斯韦尔兄弟展示了他们在学院派规划和美化方面的驾驭能力。钢框架以砖和石灰石贴面的建筑被认为适合于“法国早期城堡……到现代的要求”。普赖斯的意图是强调魁北克市的法国特色，并回想17世纪时在该处的圣路易斯城堡——它直到1834年才毁于大火。其后由普赖斯（在1897年至1899年）和W. S. 佩因特（在1908年至1909年）所做的加建，曾使该建筑呈现为一种倒置的J形。

E. 马克斯韦尔和他的兄弟W. S. 马克斯韦尔（曾在巴黎美术学院学习），在新加的翼上使用了与普赖斯相同的材料，使得倒置的J形变成了封闭的马蹄形。在剩下的开敞空间里他们造了一座巨大的四方塔，升高17层直到有角楼的四坡高屋顶结束，留下一大块院子作为通向大门厅的入口。门厅变成重新安排的和进入室内的焦点。

从巨大岩石升起的蔚为壮观的塔楼，加强了作为魁北克市标志与加拿大大门的旅馆那已经相当重要的地位，并且强调了将城堡风格作为铁路、政府

↑ 2 弗隆特纳克堡
↓ 3 分期建设示意
［1—2. 设计人：B. 普赖斯（1893—1899年）3. 设计人：W. S. 佩因特（1909年）；4—7. 设计人：E. 马克斯韦尔和W. S. 马克斯韦尔（1920—1924年）］

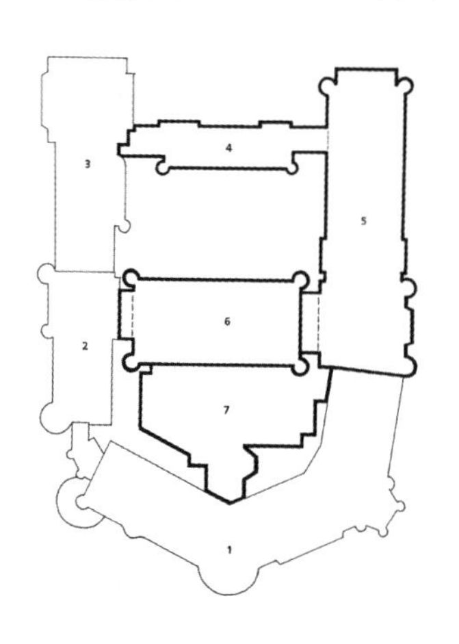

办公楼和豪华多层居住建筑所优先选用的加拿大特色。这一特色一直延续到20世纪后期。（P. 兰伯特）

参考文献

Harold D. Kalman，*A History of Canadian Architecture,* Toronto: Oxford University Press, 1994, 495-497.

Harold D. Kalman, *The Railway Hotels and the Development of the Chateau Style in Canada,* Victoria, B.C.: University of Victoria Maltwood Museum, 1968.

The Architecture of Edward and W. S. Maxwell, Exhibition catalogue, Montreal: Montreal Museum of Fine Arts, 1991, 97-98.

21. 福特汽车公司玻璃厂房

地点：迪尔伯恩，密歇根州，美国
建筑师：A. 卡恩公司
设计/建造年代：1920—1922

A. 卡恩（Albert Kahn，1869—1942年）颇像他的著名老业主H. 福特，也是位自学成才的人，他运用从经济规模到生产的企业家观念来开展业务。他的口号是“建筑是九分商业和一分艺术”。从底特律的帕卡德厂房（1905—1910年）和福特第一个工厂——底特律附近高地公园的“老厂”（1909—1918年）——开始，A. 卡恩和他的主要设计师E. 威尔比（Ernest Wilby）就设计了几十座大型的、采光良好的工厂，使用了由他的兄弟朱利叶斯发展的钢筋混凝土卡恩体系。正是在这些四层结构里，促成了生产变化，包括福特的装配线。1917年，一条通向密歇根湖的运河已被开发，福特以此为中心建成了新的5平方千米工业园区，卡恩1922年设计的玻璃厂房是其中的一部分。新场所是依据有效的水平生产流水线来设计的，建成一系列分隔的长方形单层建筑物，由顶部高窗采光，并且比多层建筑用较少的柱子支承。中心设备是高速线，1千米长的建筑物由五条铁道服务，它将从运河运来的各类原材料分送到各个特定生产部门。像鲁奇河的大部分福特厂房一样，玻璃厂房为了挡风而用蝴蝶形屋顶，同时可以得到天然的顶部采光和通风。它的四座暖气炉排风烟囱搬到了主体建筑以外，创造出一种柱列的示意。连续的钢窗玻璃环绕于室外，给予玻璃厂房一种极妙的棱镜品质，它符合欧洲先锋派的功能主义建筑理想。

像W. 格罗皮乌斯这样的欧洲现代主义者欣赏“福特工厂的建筑师”。他在1913年发文称赞了高地公园的福特工厂，并在1920年又由勒·柯布西耶重新发表。而A. 卡恩却坚定地反对现代主义，他

↑ 1 玻璃厂房鸟瞰

← 2 厂房外观

严厉批判工厂建筑的过分美化处理，也强烈反对将工程师的美学用于民用或市政建筑上。他设计的沉重的通用汽车公司总部大楼，与福特的玻璃厂房同年设计，就是一座典型风格化的墨守成规的建筑。它以爱奥尼柱式作为柱廊式基座，并用科林斯柱子围住上面两层巨大的观景楼。卡恩的事务所，到20世纪30年代已约有 400人，采用了工厂的严格劳动分工管理制度，分解为管理、设计、现场监督、工程设计书和技术服务等部门。美国当时最大的卡恩建筑事务所不过是一个家族的企业，靠他的四个兄弟来经营，其中一位负责公司的海外业务部，该部在20世纪30年代曾帮助苏联设计过500座工厂。尽管玻璃厂房结晶般的美丽也被设计于后来的少数建筑里，如在密歇根州沃伦的克莱斯勒半吨车出口厂房，但卡恩从不认为这些建筑物按照工业生产中灵活性的逻辑而来的美学自由需要改变。事实上，几乎所有他的早期工厂不是被拆除，就是因不便于生产而被改建了。*（R. 英格索尔）*

参考文献

Federico Bucci, *Albert Kahn, Architect of Ford*, New York: Princeton Architectural Press, 1993.

22. 洛弗尔海滨住宅

地点：纽波特比奇，加利福尼亚州，美国
建筑师：R. M. 欣德勒
设计/建造年代：1925—1926

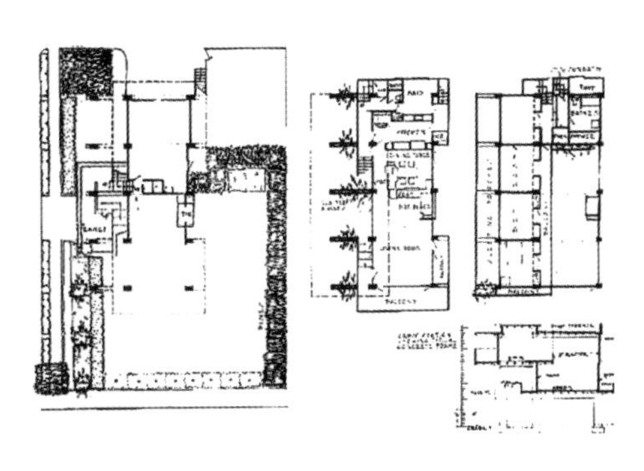

↑ 1 平面
↓ 2 双层高起居室

R. M. 欣德勒（1887年生于维也纳，1953年殁于洛杉矶）设计的洛弗尔海滨住宅，至今仍然是美学上、技术上和规划上具有非凡创造性的作品。在沿海柱墩式结构的启发下，结构体系重复着五根贯穿的混凝土柱墩。虽然欣德勒在洛杉矶曾有好几年为F. L. 赖特的一些作品当监理工程师，如巴恩斯代尔住宅（1919年）和弗里曼住宅（1923年，H. 弗里曼是L. 洛弗尔的妹妹），

↑ 3 洛弗尔海滨住宅

但这个设计却表现出他独立的美学和工程上的天才，更接近于荷兰风格派的新造型主义。建筑物底层大部分敞开，作为车库、游戏空间和烤肉坑，等等；分叉的入口楼梯袒露在一处双层高的拱顶下，二层和三层处理成单独的统楼面空间，带有两层高的起居室，由一个阳台与上面四间卧室相连，上面的卧室都敞向一条长长的半封闭的睡廊。

洛弗尔海滨住宅规划的新颖，可以归入文化激进主义的乌托邦网络之中，包括洛弗尔博士的“自然”愈合法及其夫人在实验性教育方面的工作，还有欣德勒朋友圈子里的波希米亚人和集体主义的生活方式。虽然混凝土框架、钢网上的薄水泥墙和钢窗，都用坦率的工业方法制造，但是海滨住宅却几乎着迷似的以习惯的木装修和嵌入式的陈设来填满各处。居住建筑中前所未有的宽大窗户，以凸出窗棂和交错的不透明嵌板来调整透过的日光。像赖特的作品那样，该住宅大部分家具或是嵌入作为隔断，或由建筑师来设计。书架、灯具、扶手椅和壁橱全都具有两端凸缘的水平条带式统一装饰手法，一种接近于风格派变换平面的美学主题，它反过来还主要归功于赖特。

（R. 英格索尔）

参考文献

David Gebhard, *Schindler*, New York: Viking, 1972.

23. 埃塞立克住宅和工作室

地点：佩奥利，宾夕法尼亚州，美国
建筑师：W. 埃塞立克
设计/建造年代：1926—1966

坐落在费城以西20英里（约32千米）的树木茂盛的山坡上，艺术家W. 埃塞立克前后花费超过40年为自己建造的多层住宅和工作室，乃是一处完整的环境，融艺术、设计和建筑为一体。1887年生于费城的埃塞立克，曾被培养成学院派的油画家，但当他20多岁的时候，其兴趣又转到雕塑和家具设计方面。他早期的作品是美国工艺美术传统的一种综合，其所受的影响包括新艺术运动、艺术装饰派和德国的表现主义。它反映的“有机的”态度颇近于F. L. 赖特与R. 斯坦纳的精神，虽然更古怪一些。他后来创作的有质感的和“自由形式”的木制作品，使人想到创造者就像斯堪的纳维亚现代主义和意大利设计家C. 莫里诺那样是全然不同一般的。

1926年，埃塞立克开始为自己建造一个质朴的工作室，俯瞰着他生活过的一座18世纪的农舍。工作室用石块和雪松板盖成，并受到传统的宾州谷仓的功能性简洁的启发，该房屋立即呈现出一种比较有机和特殊的风格，再加上向上渐小的基础墙，使得建筑就像“天然地”冒出地面一样。室内由艺术家手制了每件东西，从青铜铸的壁炉薪架、红木门闩，到奇特镶嵌的地板和紫铜洗涤槽等，他将装饰幻想与造船者对空间紧凑性的敏感结合起来。埃塞立克是废物利用的大师，他用苹果木与核桃木碎片拼成了饭厅的地板。房子中心是一座用红橡木雕的Y形盘旋楼梯。粗砍成的踏步板从一根中心柱上挑出，从首层通到卧室层，并在中间又有第二个楼梯通到夹层，那是1941年为饭厅、客房和平台而加建的。该楼梯是重新装配起来的，原是1939年纽约世界博览会上由埃塞立

↑ 1 外观

克和G. 豪为室内模型而设计的。

在1956年，埃塞立克和路易斯·康合作又在旁边盖了一座新工作室，是用天蓝色混凝土块砌成的六角形平面，将他早先的工作空间转变成陈列室、休息室和书房。十年以后，他又以一座筒仓似的塔完成了构图。该塔也是混凝土块砌的，面层为有色抹灰，它包括一个新的厨房、浴室和更衣室。埃塞立克住宅既是汉塞尔、格利泰尔和卡利加里博士的陈列室，同时也是B. 戈夫和F. 盖里设计的预

← 2 室内
↑ 3 盘旋梯
↑ 4 厨房

告，它是精巧手工和艺术想象的独一无二的合成。今天，被路易斯·康称之为“以偏爱造成的建筑的辉煌范例”的这座建筑，已作为埃塞立克作品的博物馆而受到保护。*（J. 奥克曼）*

参考文献

K. Porter Aichele, “Wharton Esherick: An American Artist Craftsman”, *The Wharton Esherick Museum Studio and Collection*, Paoli, 1984. Jeremy Jones, “Sculpting like Esherick”, *Art Matters,* Fall/Winter 1997, pp. 40-49.

24. 基督王天主教堂

地点：塔尔萨，俄克拉何马州，美国
建筑师：F. B. 伯恩
设计 / 建造年代：1927

↑ 1 内景

由芝加哥培养的B. 伯恩（1883—1968年）设计的塔尔萨基督王天主教堂是一座有丰富细部的示范作品，它表现着伯恩对于改革天主教堂礼拜仪式，从而改进神职人员与教徒间基本关系的想法。伯恩的基本方案回到早期基督教空间规划的简单大厅式，追求使拜神者接近弥撒的圣事。主要的行动是将祭台从半圆室墙前移走，放到中央交叉部，更接近教堂长椅，祭台仅比中厅地面稍稍提高，在祭台后面安排神职人员座位，这样，弥撒仪式特别是圣餐仪式的举扬圣体，将在全

↑ 2 基督王天主教堂

体教徒全神贯注的目光中进行。这种在教士与教徒间围绕着圣事更为亲密的基本看法，重复贯穿在整个教堂设计中。教堂可以从三个大致相等的入口进去。主要的西面入口面向马路，要上几步宽阔台阶到达。第二个入口在东南角邻近教堂的学校。第三个入口则沿着北墙穿过小花园到达教堂。不论来人如何到达这座简单的方形建筑，入口总是显而易见和可进入的。外观的简单形式导致室内形成一个统一空间。虽然光线被A. 伊涅里的艺术彩色玻璃加以调整了，处理简单又材料有限（主要是砖墙）的平面风格，则使教徒们能立即见到并了解教堂的组织结构。室内的主要体验是属于信徒们的一个社团，全体聚在一起像一个开放社团的成员那样，目睹其信仰。室内细部的象征手法，加强着在信仰性质与其建筑表现之间直接相关的观念。伯恩与伊涅里合作的成功，大概要追溯到他们第一次相识在F. L. 赖特的橡树园工作室。在这里，两位艺术家协同合作的能力，使他们在天主教堂的设计中达到了共同目标。（K. 哈林顿）

25. 基督教女青年会大都会总部大楼

地点：檀香山，夏威夷，美国
建筑师：J. 摩根
设计 / 建造年代：1927

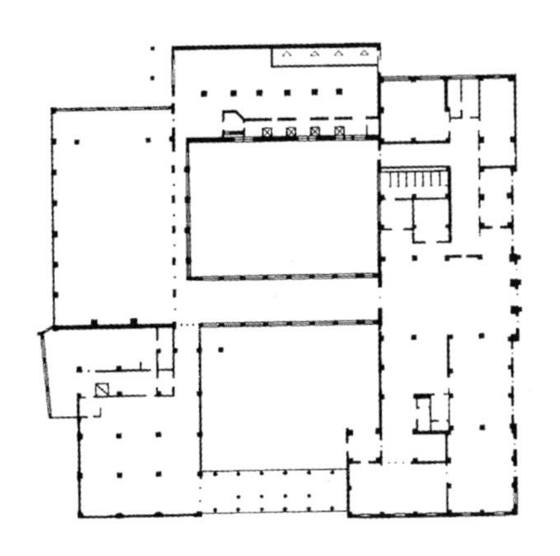

1 平面

基督教女青年会大都会总部大楼是城市规划院落现象的典型作品，它是20世纪20年代现代美国建筑设计成复兴历史风格的一个特点。室内外互相贯穿的空间，在办公建筑、旅馆和商业建筑中种植花草树木，以创造出丰富的公共场所，暗含着批评在美国城市的中心缺少公共场所。

在第一次世界大战后的十年里，夏威夷州的首府檀香山以一系列纪念性的低层建筑，加上热带行道树、连拱廊和内院等建设而被重新塑造了。檀香山的迪基和伍德，美国本土的L. C. 马尔加特、古德休事务所以及约克、索耶和L. 罗杰斯，为现代英裔美国人的檀香山建成了一种有新特点的建筑。它不是以摩天大楼，而是以意大利府邸式公共建筑类型作为基础，对托斯卡纳文艺复兴式和中国式折中主义的采纳，促成城市空间的舞台布景式构图。这是为了使檀香山（和它的商业公司以及公共机构）的布局模式有别于美国商业区组织的较为典型的模式，并且象征性地承认该市民族文化的异国情调。

来自旧金山的建筑师J. 摩根将女青年会大楼设计成一座城市别墅。她使用了托斯卡纳别墅形式，这是在20世纪头20年里郊区住宅的一种流行样式，以创造家居气氛的感觉，而非一座办公建筑，不过从空间上仍强调了其面对檀香山主要公共场所爱奥兰尼宫的优越位置。她利用敞廊、凉棚和一对院子（其中一个有游泳池），以使基督教女青年会充满一座胜地旅馆般丰富多彩的空间。根据她的传记作者S. H. 鲍特尔说，摩根女士强调建筑物在现场浇铸的混凝土框架的构造精确，并且她也避免仅仅是装饰贴花式的风格部件。

尽管具有保守的类型和装饰，基督教女青年会大楼表现着在进步时代里，独立的中产阶级美国妇女作为一种政治力量出现了。它表现着中产阶级妇女参加了工作，而像J. 摩根和风景建筑师C. 汤普森这样的人物已经从事美国以男性主宰的设计行业。该建筑物表明20世纪20年代美国折中主义建筑师们的倾向：他们更喜欢浪漫的“较小”风格的美丽，而不是“城市美化”的纪念性古典主义，不理会古典主义的基本城市教条。它体现着使用历史类型和变化的公共场所序列，以从空间上改变城市空间的商业组织。在20年代美国城市中的一种特别明显的趋势，就是求助于非英美文化本体的异国建筑形象来彻底改变自己。

（S. 福克斯）

参考文献

Frances Jackson, Agnes Conrad and Nancy Bannick, editors, *Old Honolulu: A Guide to Oahu's Historic Buildings*, Honolulu: Historic Buildings Task Force, 1970.

Robert Jay, *The Architecture of Charles W. Dickey, Hawaii and California*, Honolulu: University of Hawaii Press, 1992.

Sara Holmes Boutelle, *Julia Morgan, Architect*, New York: Abbeville Press, 1995.

↑ 2 基督教女青年会大都会总部大楼入口

↑ 3 庭院内景

26. 蒙特利尔大学主楼

地点：蒙特利尔，魁北克省，加拿大
建筑师：E. 科米尔
设计 / 建造年代：1924—1944

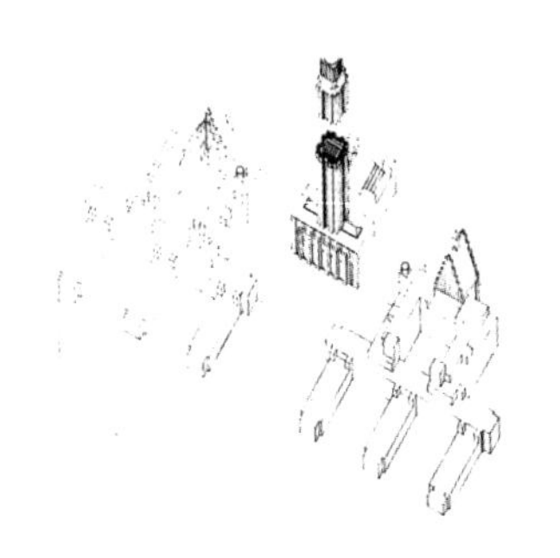

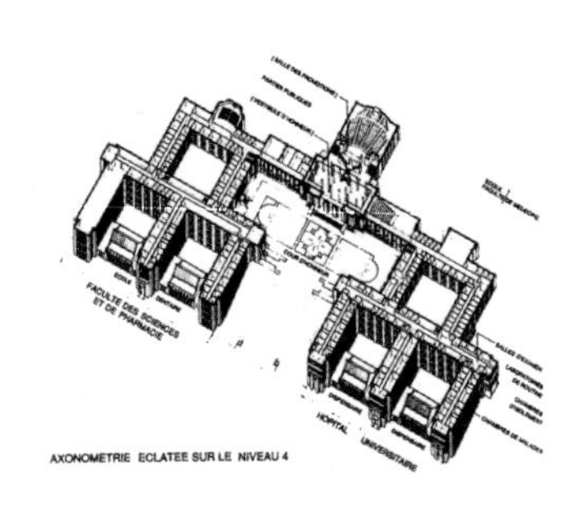

← 1 分解轴测图

一位初开业的有高度造诣的建筑师和工程师E. 科米尔（1885—1980年）与有雄心想改革高等教育的法裔加拿大上层人物的一次偶然会合，结果创作出蒙特利尔大学的主楼（1924—1944年）。天主教大主教希望在这座加拿大的大都市里，创建一座“于社会渴求科学知识之际的高等教育的基督教中心”。科米尔在欧洲待了十年，其中五年在巴黎美术学院，回国后他成为动人的而又传统式的蒙特利尔地方刑事法庭的设计者，这次被委托为野心勃勃的大学新建筑的建筑师。

面对各种财政、管理、政治和技术的困难，这座完整巨型建筑的质量和尺度，都是关于科米尔的建筑和组织技巧以及坚忍不拔精神的证明。后来，他从建筑教育中心离开，尽管只配两个或三个助手，却处于建筑技术的领先地位，他所依靠的只是对学院派传统的深刻理解。

建于罗亚尔峰西北坡上的277米长的巨型主楼，将所有的大学功能设施全包含在一座建筑物里。该建筑分为两个对称的部分（原来计划为医学系和科学系所用），从平面看，像是一个因果关系图解的套叠圆锥，由许多包含教室和实验室的“条楼”形成。这两部分形成的一座中心大院子即由其间的空间所限定，而由“脊状楼”将其连接。在“脊状

↑ 2 蒙特利尔大学主楼

楼”上有一座高达90米的中心塔楼，其中是入口厅及主要公共空间。原想作为图书馆的塔楼高高耸立，寓意为“高等教育之灯塔”，使城市沐浴在其光芒下。这座塔楼，连同对称于条楼与脊楼会合处的两座较小的垂直体量（阶梯教室和礼拜堂），共同建立起对建筑物的一种可理解的阐释。建筑师还塑造出次级的突出体量（机械排风装置和屋顶水箱等），以打破长长的屋顶线的单调，并且增加“建筑综合体的整个轮廓之美化成分”。

深窗洞间的壁柱与连绵的楼层和屋顶水平线形成的对比，混凝土结构上暗黄砖贴面的垂直韵律，令人想起F. L. 赖特和荷兰现代派的造型。在室内，通过巧妙处理的细部和丰富的材料，可以看到纪念性比例和各部分的有机性。科米尔对学院派做法的熟练运用，强化着体积和光线的戏剧性对比效果，像一位在室内走动的人，从环绕着深色大理石贴面柱子的几乎是阴森森的大厅，通过曲折楼梯间的压抑，而来到开放的、充满光明的讲堂那样。这种明暗的极端对立效果，曾由科米尔于1931年反向地运用在他自己的住宅中，但是仅存留在他为渥太华的加拿大最高法院（1928—1950年）的设计中了。*（P. 兰伯特）*

参考文献

Isabelle Gournay, ed., *Ernest Cormier and the Universite de Montréal* (exhibition catalogue), Montreal: Canadian Centre for Architecture, 1990.

Phyllis Lambert, “Cormier, Ernest”, *Macmillan Encyclopedia of Architects,* ed. Adolf K. Placzek. New York: Free Press, 1982, I, 452-453.

27. 北密歇根大道 333 号大楼

> *地点：芝加哥，伊利诺伊州，美国*
> *建筑师：霍拉伯德，鲁特*
> *设计/建造年代：1926—1928*

← 1 立面局部

北密歇根大道333号大楼是一座经过深思熟虑而建的商业办公建筑，它遵循着一系列的设计准则，在如此完整的和有吸引力的风格中，变平凡为神奇。这些准则有四个组成部分。首先，20世纪20年代的平滑现代派，表现在石灰石贴面处理的平面性以及简洁装饰的浅浮雕，浮雕是雕刻家F. M. 托里设计的，将美洲土人与欧洲探险者和殖民者的关系作为主题，包括涉及迪尔伯恩城堡的遗迹，其中有些就在建筑物的脚下。第二，从1923年芝加哥的分区法规中引来的体量规定，它只允许在建筑立方体的一小部分上建塔。第三，从19世纪芝加哥学派形成的窗户与墙的总构图，其中霍拉伯德和罗奇（即后来的霍拉伯德和鲁特）起过重要作用。最后，以巴黎学院派城市设计将前面这些构图和体量要素结合到一起。

建筑师利用相对狭长的南北向场地，创造出一座板式而非块状的大楼，在北端有一座塔俯视着密歇根大桥。由于在桥的交接处有一急转弯，该塔变成了一个焦点。在该处，南密歇根主要大道与北密歇根大道相会。正如里格利大楼利用相互偏移，从北密歇根大道333号处垂直穿越桥梁，霍拉伯德和鲁特认识到，他们的薄楼从北边看去也会产生一种塔和楼的统一效果。作为北密歇根大道桥头楼群的最后一员，北密歇根大道333号大楼使用贝德福德石灰石贴面以与早先建造的两座楼相呼应，但与使用高层建筑的基座、楼身和顶部的模式不同，霍拉伯德和鲁特主要在立面处理上与之协调。更进一步，这种使用平的石灰石和简单细部的窗户，产生了有力的流线型的现代品质。虽然大楼立面是以水平和垂直因素的平衡来设计的，但塔楼部分的垂直性却明显地超过压抑的水平性，作为一个单独的统一因素，表现着塔楼及其顶部的精巧退进。*（K. 哈林顿）*

参考文献

Robert Bruegmann, *Holabird & Roche/Holabird & Root: an Illustrated Catalog of Works, 1880-1940*, 3 volumes, New York: Garland, 1991. Werner Blaser, *Chicago Architecture: Holabird & Root, 1880-1992*, Cambridge, MA: Birkhauser, 1992.

↑ 2 北密歇根大道 333 号大楼

28. 洛弗尔“健康”住宅

地点：洛杉矶，加利福尼亚州，美国
建筑师：R. 纽特拉
设计/建造年代：1927—1929

↑ 1 洛弗尔“健康”住宅

R. 纽特拉（1892—1969年）为欣德勒的海滨住宅的业主菲利普和L. 洛弗尔设计的“健康”住宅，可能在结构和美学方面更为激进。它是美国第一座钢框架住宅，大概也是第一个使用钢网上喷涂混凝土来做隔断的，它比当时任何的欧洲建筑都更能满足勒·柯布西耶的“现代建筑的五个要点”。纽特拉，像欣德勒一样，也在维也纳当过卢斯的学生，与欣德勒和赖特的关系密切，主要是为他们工作过，但是给予他实际工作经验的则是德国最成功的现代建筑师E. 门德

↑ 2 室内

尔松。“健康”住宅的平屋顶、底层上面的宽广平台、带形钢窗、平墙面的多彩处理以及没有装饰细部，全是门德尔松在柏林的斯滕菲尔德别墅（1923年）的特点，纽特拉可能参加过该设计。

洛弗尔住宅位于一处陡峭的沟壑上，远眺着好莱坞。底层是带有游泳池的平台，由柱墩支承。水池的一部分被悬挑的起居室遮住，起居室则由袒露的钢柱支承。住宅由第三层进入，它在南面和西面凸出来遮住下面起居室的睡廊。楼梯间是全玻璃的，像是在楼梯底部的双层高的起居室的一部分。室内装修清爽，并用机械平整，没有线脚和装饰。纽特拉似乎是想强调机械美的效果，他竟用福特T形车的前灯作为墙上灯具。大部分房间里的钢管家具，正好配上室外工厂化的轻巧。钢框架运到现场，并在40小时内完工，钢窗和起居室的钢墙板也毫不费力地装配起来，这比另一座由查尔斯和R. 埃姆斯设计的著名钢框架住宅早了20年。山坡上的台阶和树种选用也是由纽特拉设计的。他像赖特一样，把住宅作为一项风景设计来处理。在极好地适应了现场条件之时，“健康”住宅充满了业主和建筑师双方的传教士般的热情，以促成为了更好生活的设计原则。纽特拉追随着洛弗尔博士的理想主义倾向，是第一位提倡并完成“生态”建筑的建筑师。在他以后的作品里，如在奥扎的考夫曼住宅，继续追求着以进步的技术和构造以及交叉平面美学为基础的生物气候学建筑。*（R. 英格索尔）*

参考文献

Thomas Hines, *Richard Neutra and the Search for Modern Architecture*, Berkeley: University of California Press, 1982.

29. 麦格劳－希尔大楼

地点：纽约市，纽约州，美国
建筑师：R. 胡德、戈德利和富霍克斯事务所
设计／建造年代：1930—1931

为一位工程期刊和手册的出版商于美国最严重衰退时期所建的35层麦格劳－希尔大楼，崛起于不讨人喜欢的曼哈顿西面一个布满低矮房子的街区。它不像前一年由胡德设计完成的每日新闻大楼那样位于42街较为有利的曼哈顿东面。当它建成揭幕时，曾被描绘成一座垂直工厂。其楼层面积和退进的体形是从图解上符合1916年分区法规和实践上经济考量的。麦格劳－希尔大楼的大部分空间都由公司的业务部门所占据：沿场地三面边线建起的基座里面是印刷厂；上面退进部分是书刊发行的楼层；板式塔楼装进的是管理部门和供出租的办公室。建筑物的水平条形是为了努力增加生产楼层的光线。上下推拉窗的横带只被结构格栅所阻断，在立面上明显的金属分隔物被漆成深绿色，以保持连续窗带的感觉。窗带从桌面高度一直垂直延伸到顶棚，这是防火法规所允许的高度。能够减轻建筑物的工厂形象的仅有几个因素是其入口和门厅、屋顶建筑的总效果以及鲜明的色彩和标志。

胡德将这样具有纪念性功能主义的大楼插进曼

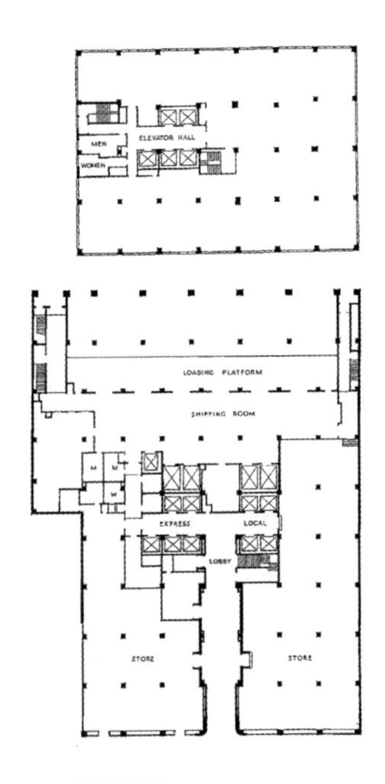

↑ 1 楼层平面

哈顿的折中主义摩天楼的天际线之中，不能不引起轰动效果，至少受到了公众的注意。该设计的水平处理，可能受到K. 伦巴德-霍尔姆 1921年《芝加哥论坛报》参赛作品的启发（该方案比胡德自己的获奖方案更有创造性，胡德的方案是与J. M. 豪厄尔斯合作的哥特式作品），却遭到许多批评。正像一位当时的评论家所看到的，从那些贬低它的人看来，只不过是从每日新闻大楼的垂直“变成了水平条带”，直到在现代艺术博物馆 1932年举行的“国际式”展览中，P. 约翰逊和H. R. 希契科克才将其列入“美国四大建筑”之一。他们在配合展览的书中写道：“轻巧、简洁和没有使用垂直手法，标志着这座摩天楼是对纽约其他摩天楼的一种超越，并导致它列入国际风格之中。”这并不奇怪，约翰逊和希契科克从北方选取该建筑予以公布，强调其板式的特点，而非该地区更明显的金字塔式的退进体形。他们也批评了其火焰纹式冠顶，凸出来的11英尺（约3.4米）高的艺术装饰派字体的该公司名称。该建筑物的青绿色陶砖贴面和豪华的入口大厅，包着深绿色和黑色的搪瓷钢板，上面还有金、银水平线，使它似乎比先锋派更有流线型摩登效果。胡德自己形容该建筑的丰富多彩，像是“闪亮的绸缎花饰”，使人想到“小汽车的车身”。*（J. 奥克曼）*

← 2 麦格劳－希尔大楼
↑ 3 入口休息室

参考文献

R.A.M. Stern, G. Gilmartin and T. Mertins, *New York 1930: Architecture and Urbanism between the Two World Wars*, New York: Rizzoli, 1987.

Henry-Russell Hitchcock, Jr. and Philip Johnson, *The International Style: Architecture since 1922*, New York: W.W. Norton Co., 1932.

30. 金斯伍德女子学校

地点：匡溪教育社区，密歇根州，美国
建筑师：伊莱尔·沙里宁
设计/建造年代：1929—1931

↑ 1 校园鸟瞰
→ 2 室内

伊莱尔·沙里宁（1873—1950年）确信：在一个分享价值的社区里，一定可以找到精神上的满足。这是过去他在芬兰赫尔辛基附近的维特拉斯特参加艺术群体时的坚定信念，当时他和A. 林德格兰、H. 格塞留斯一起从事设计。1925年，G. 布思和E. 布思给沙里宁提供了类似环境的工作机会，那是在美国密歇根州的匡溪，是底特律的一处上层人物居住的郊区，沙里宁乃将其信念大加扩展。匡溪后发展成为一个扩大的社区，包括沙里宁设计的一所男校、一所女校、一所美术学院、

一座博物馆和一处科学中心。G. 布思是美国工艺美术运动活跃的支持者，他在自己的315英亩（约127公顷）的地产上，建起了工场、学校和一座新哥特式教堂。作为一位艺术赞助人，他具有非凡的建筑业务知识，并和他的儿子一起设计了匡溪的第一所学校。父亲曾是凯尔克比的路德派牧师的沙里宁，给合作体带来位于隔绝农村地点的乡村暑期教堂社团的这一北欧经验。沙里宁与德国达姆施塔特的青年风格派艺术家们熟悉，并且作为芬兰民族浪漫运动的提倡者，曾有过成功业绩，最佳表现是在他的赫尔辛基火车站设计上。在沙里宁的指导下，匡溪变成了设计家的一个社区，他们具有强烈的个人天赋的独立性，但又乐意为共同目标与他人合作。

G. 布思在沙里宁于匡溪的第一项任务，即男校的设计（1925—1927年）里，表现得相当专横，他强行要求此设计以英国寄宿学校为蓝本的修道院式组织和中世纪化的装饰。对于金斯伍德女子学校的设计，则是由埃伦掌管的，她给予沙里宁及其设计团体以更大的自由。沙里宁的妻子洛佳、孩子皮普森和埃罗也参加了装饰和陈设的设计，如地毯、帘幕、彩色玻璃窗以及铜灯具等。金斯伍德女校从草原住宅借来了深檐子、水平体量和纸风车式平面，并且综合青年风

↑ 3 餐厅
← 4 楼梯井

格派与艺术装饰派的手法来精心设计细部。该学校的特色是不寻常的雕刻柱——由四条张开的植物切片制成的茎干。院子里植物茂密，并敞向更大的景色——一大片湖水。建筑物比例良好而且开敞的构图以及其与场地的细心联系，结合室内细部的最佳协调，地毯图案、灯具、壁橱和高窗都密切配合，给予金斯伍德女校一种既精致又低调、抽象却有手艺的感觉。当时F. L. 赖特的塔里埃森展现的是单独的有力个性，密斯·凡·德·罗的伊利诺伊理工学院校园追求的是单独的控制观念，而沙里宁在金斯伍德女校的成功却来自他鼓励独立以及协调同事们合作的意愿。这个经验的丰富内容，从总图规划到墙上烛台的设计，突出了一个建筑观点，即成为整体而不变成强权主义。*（K. 哈林顿）*

参考文献

Albert Christ-Janer, *Eliel Saarinen: Finnish-American Architect and Educator,* Chicago: University of Chicago Press, 1948, revised edition 1979.

Marsha Miro and Mark Coir, "Il Sogno di Cranbrook", in *Casabella* 644, April, 1997.

31. 内布拉斯加州议会大厦

地点：林肯市，内布拉斯加州，美国
建筑师：B. G. 古德休事务所
设计/建造年代：1924—1932

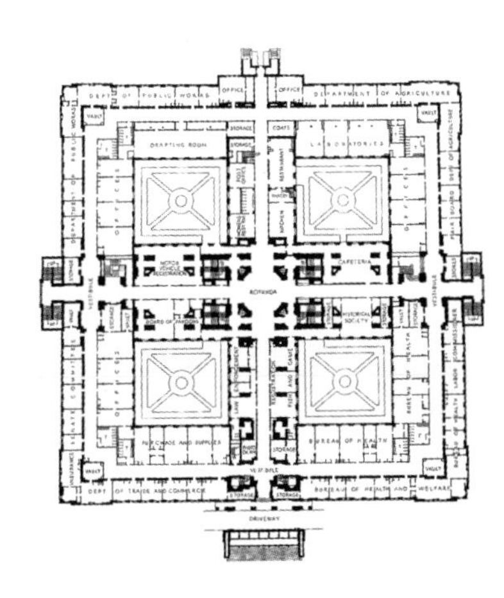

1 平面

在1920年获得设计竞赛奖的内布拉斯加州议会大厦的设计中，纽约建筑师B. G. 古德休将浪漫的20世纪20年代摩天楼神话，作为美国现代文化的专有象征，与州的立法机构、秘书处和司法总部等项目融合在一起。在古典式装饰的部位，他肯定了北欧工艺美术现代主义的潜力，为机关的身份和政府的权威创造出新的象征物。内布拉斯加州议会大厦表现着20年代美国当代形象的保守主义，然而它也显示着20年代保守的建筑想象力能达到何等的创造性，尤其是在从外国的和当地的来源里寻求堪与古典范例相比的形象方面。

议会大厦高耸的、金字塔式的构图，双轴的对称以及独立的位置，使其在林肯市平展的方格网景色中独树一帜。古德休虽然同意对400英尺（约122米）高的塔楼用钢框架结构，而议会大厦的低层部分仍是砌筑的承重墙结构。L. 劳瑞的建筑雕塑嵌在墙板里或在建筑垂直表面上，从浮雕到图案的变形，强调着限定的轮廓、平面的静止和石灰石墙的压缩厚度。议会大厦的仪典性空间（包括塔楼14层上的穹顶纪念厅），各个面上全是由艺术家H. 米埃尔用《圣经》的、神话的和美国本土的故事为主题做的丰富表面装饰。内布拉斯加大学的哲学教授H. B. 亚历山大策划了图像内容。

古德休的现代建筑具

↑ 2 内布拉斯加州议会大厦

有一种神秘的古风成分，就像议会大厦的建筑与铭刻中所表现的，令人想到对于权威形象与历史正统的迷恋，那是美国进步运动的保守人士中所流行的。内布拉斯加州议会大厦企图以改进美国商业文化的剩余并将其奉献于更高贵的理想而挽救摩天楼。对古德休而言，这些理想归于权威形象。他的建筑的现代化进程以重新接受文化权威的象征性为前提。他的内布拉斯加州议会大厦的概念是兼有空间人造物与象征形象的一座纪念性里程碑。*（S. 福克斯）*

参考文献

"The Nebraska State Capitol", *The American Architect*, 145, October 1934.

Eric Scott McCready, "The Nebraska State Capitol: Its Design, Background, and Influence", *Nebraska History*, 55, Fall 1974, pp. 324-461.

Henry-Russell Hitchcock and William Seale, *Temples of Democracy: The State Capitols of the U.S.A.*, New York: Harcourt Brace Jovanovich, 1976.

32. 费城保险基金会（PSFS）大楼

地点：费城，宾夕法尼亚州，美国
建筑师：G. 豪，W. 莱斯卡兹
设计/建造年代：1929—1932

摩天楼是美国对建筑类型历史的主要贡献，并且显示出对于先进构造技术和机械设备的实用主义运用。在G. 豪和W. 莱斯卡兹设计的费城保险基金会大楼建成以前，虽然摩天楼是现代产物，却没有真正的现代风格摩天楼。当时，R. 胡德在纽约的作品，诸如每日新闻大楼（1929—1930年）和麦格劳-希尔大楼（1930—1931年）等，还可以与其相提并论，但是一般的摩天楼却有折中主义的贴面，范围从哥特式到艺术装饰派。32层高的PSFS大楼从它的内容和结构的图解式表达中，创造出其功能主义的风格。首层的商店和上面三层高的银行业务大厅，装入六层高的基座部分，它在街道转角处呈圆弧形。在基座上升起两部分板楼的T状体形，宽的板楼是业务活动和电梯间，与其垂直相连的窄的板楼是办公室。在板楼的宽面上是直通到顶的垂直壁柱，显示着柱子结构体系，同时在对着市场街的窄面则从基座上挑出，并在每层上都有带形连续窗，它在转角处还包过来以展示结构的轻巧。内部墙面都特意不加装饰，而以像黑大理石、不锈钢贴脸等华美材料来产生高贵气派。板楼顶部是一块不对称安放的招牌，它斜穿屋顶，挡住后面的机械设备，同时在前面让出空间成为餐厅的平台。对这样的机构用首字母拼成简称是个大创举，而且凸出的字体也增加了建筑构图的抽象性。

PSFS的总裁J. 威尔科克斯，以独裁的方式来管理公司，虽然此管理方式具有保守味道，但在“大萧条”的困难时期里，能采用风格如此激进的设计，他也算得上是最能明辨是非的人物。大楼外面的壁柱就是在他的坚持下

↑ 1 费城保险基金会大楼

加上去的，有助于立面上必要的垂直挺拔。威尔科克斯也做出重新设计建筑物以成为全空调的决定，使它成为继圣安东尼奥的米兰大楼（1928—1930年）之后第二个使用这种设备的。他对G. 豪极为信任，豪曾为他设计过其他较小的银行建筑，属于他在费城圈子里的上层人物。W. 莱斯卡兹是一位瑞士移民，帮助豪做初步设计，这个设计方案一开始就是现代主义的，具有E. 门德尔松在德国商业大楼的动态曲面和W. 格罗皮乌斯在德绍包豪斯校舍的构成主义透明性。不难理解，为什么PSFS大楼被选为1932年在纽约现代艺术博物馆举办的国际式展览中的“美国四大建筑”之一。尽管PSFS大楼在风格上和技术上都富有创新精神，并作为费城繁华区最高的建筑物，这却产生了始料未及的后果，在以后的50年里，费城竟不允许盖高层建筑。它单独的电梯井和外部的壁柱，被SOM事务所重新运用在芝加哥的内地钢铁大厦（1955年）上。*（R. 英格索尔）*

参考文献

William Jordy, “PSFS: Its Development and Its Significance in Modern Architecture”, *JSAH*, 21, May 1962, pp. 42–83.

R.A.M. Stern, *George Howe: Toward a Modern American Architecture*, New Haven: Yale University Press, 1975.

33. 洛克菲勒中心

地点：纽约市，纽约州，美国
建筑师：联合建筑师事务所
设计 / 建造年代：1929—1939

洛克菲勒中心原计划为大都会歌剧院的场地，后来赞助人又换成了广播城音乐厅，它逐渐发展成为最受赞赏的私人资助公共场所的实例之一。由纽约最有钱的富家子弟、一系列公司的委托人J. D. 洛克菲勒开发的这座“城中之城”，是由三个事务所合作设计的。初步方案是由技术建筑师雷恩哈德和霍夫迈斯特制订的，他们在1929年又与纽约最进步的建筑师H. W. 科比特和R. 胡德联合设计。与科比特一起工作的是他的年轻合伙人W. K. 哈里森。作为集公共场所、交通枢

↑ 1 冬天设有冰场的下沉式广场
↑ 2 夏日的下沉式广场

↑ 3 洛克菲勒中心鸟瞰

组、购物广场、公司办公场所等于一体的综合项目，为适应其在曼哈顿拥挤的方格路网中的布局，将该处重划分成三个城市街区并插入两条内部穿行路。城市空间在此得到进一步的丰富，是由于在49街和50街之间的街区里又开辟了一条步行林荫道，它俯视一座下沉式广场。这种布局类似于科比特为“塔楼城市”早先提出的乌托邦式规划建议，以及由H. 费里斯为金字塔式摩天楼城市所做的某些草图。最高的建筑物是由薄片形体积组成的，近似于胡德设计的每日新闻大楼，它有助于减轻笨重感并使室内有更多的光线，所有办公位置距窗户都不远于9米。

在一座以尺度和风格粗暴对立为特点的城市中，洛克菲勒中心则是特别统一和尺度宜人的。虽然由九座不同规模的建筑物组成，从中心的70层高的GE大楼（通用电气大楼）到第五大道上六层高的不列颠帝国大厦和法兰西大厦，建筑物注重以改变垂直墩柱的宽度来达到一致的开间系统，全部用同样的棕黄色砂岩贴面，并且顶上以雉堞式边缘结束。

作为城市空间的惯例（一定要联合地铁之类的地下设施，还应带有娱乐场所、商店和写字间等），洛克菲勒中心经常被引用，但从未达到完美地步——C. 佩里的巴特利公园城是在纽约最近的做法，同时R. 皮亚诺在柏林的波茨坦莫尔广场则是另一种做法。有意的和无意识运动的联合、高级文化和群众文化的综合、市民自尊与投机热情的混合，才有助于形成满怀激情的美的设计。*（R. 英格索尔）*

参考文献

William Jordy, *American Buildings and Their Architects,* vol.5, New York: Oxford University Press, 1972.

34. 辛辛那提联合车站

地点：辛辛那提，俄亥俄州，美国
建筑师：A. 费尔海默和 S. 瓦格纳建筑事务所
设计 / 建造年代：1929—1933

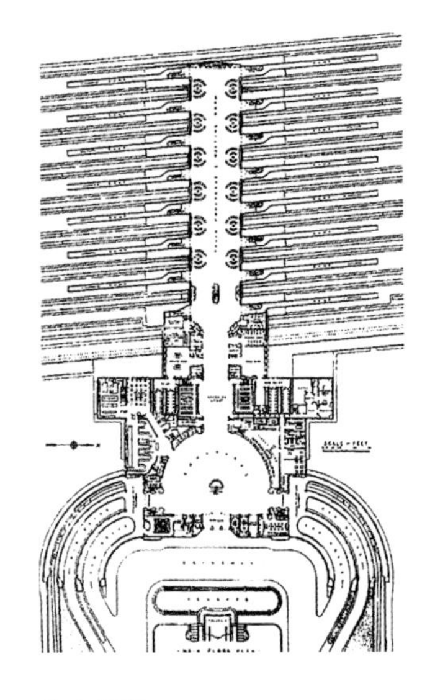

↑ 1 平面

当辛辛那提联合车站根据纽约建筑师A. 费尔海默（1875—1959年）和S. 瓦格纳（1886—1958年）的设计完成之时，它代表了美国城市基础设施改善的发展水平。他们是设计火车站的专家，还有他们的设计师R. A. 旺克（1898—1970年）和工程师H. M. 韦特。联合车站结合了七个铁道公司的线路，并与载重车、有轨电车、公共汽车和小汽车的运输线同时建造，是为旅客和货物的最有效活动而提供的一项看上去像城市里程碑式的纪念性建筑设计。费尔海默、瓦格纳和旺克依据活动流程的分析来塑造火车站建筑。在P. P. 克雷特的建议下，他们放弃了古典样式而使用了有表现力的现代主义，追求将这个运输的集会点表现为一座城市大门。他们的对称、向心和顺轴线运动以及视觉形象的空间设计，体现于车站壮观的钢框架、石灰石贴面的入口圆厅、巨型的排热采光窗以及将室内升高到106英尺（约32米）的阶梯状半穹顶。由W. 赖斯和P. 布代尔创作的标题壁画，补足了火车站公共场所的丰富装修。由地面通道可以进入车站底层

↑ 2 辛辛那提联合车站

的圆形大厅，面对一条从辛辛那提市中心穿过的大道，而将287英亩（约116公顷）的火车站综合体与中心商业区连接起来。停车场和地方穿行路藏在坡形入口广场的下面。

当开始规划和建造该综合体的时候，联合车站的纪念性和尺度反映了20世纪20年代美国企业界上层人物的乐观主义。而到火车站启用的时候，正如历史家C. W. 康迪特所说的："大萧条"引起了火车交通的急速衰落。在1942年到1945年间，当它在使用高峰时，车站运输量也只达到设计运力的一半。铁路运输部门在1972年停止使用该站，并将其450英尺（约137米）长的大厅拆掉。历史保护主义者为阻止拆掉车站的其余部分而进行了成功的斗争。在1979年至1980年，它被改造成商场，但在商业上失败了。1986年至1990年，该火车站又第二次被改造成辛辛那提联合车站的博物馆中心，包括辛辛那提自然史与科学博物馆和辛辛那提历史博物馆。车站的一部分成为辛辛那提铁路的旅客站。

辛辛那提联合车站，迎合了20世纪20年代中主张在景观尺度上显示力量的神话，那是当时美国建筑中所流行的。不过，尽管其具有城市纪念性的夸张特征，而火车站仍是经济的工具。正因为如此，在完工后的40年里，它像一个累赘而被丢在一边。它作为一座纪念性、空间结合工程作品的现代城市幻象，现在则作为历史文物而加以保护了。

（S. 福克斯）

参考文献

"Union Terminal, Cincinnati, Ohio, Alfred Fellheimer & Steward Wagner, Architects", *Architectural Forum*, 58 (June 1933) , pp. 453-478.

Carrol L. V. Meeks, *The Railroad Station: An Architectural History*, New Haven: Yale University Press, 1956.

Carl W. Condit, *The Railroad and the City: A Technological and Urbanistic History of Cincinnati*, Columbus: Ohio State University Press, 1977.

35. 诺里斯坝

地点：诺里斯，田纳西州，美国
建筑师：R. 旺克；田纳西河流域管理局
设计/建造年代：1933—1936

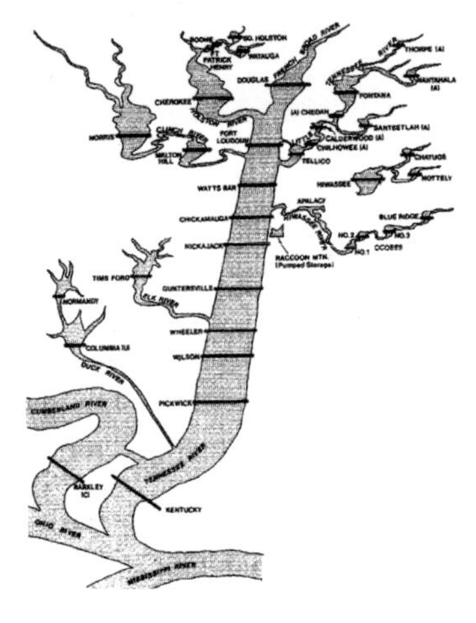

← 1 田纳西河和水坝地图

诺里斯坝是一系列地貌改造中的关键设计，意图是激活美国南方各州欠发达的经济。新政策中的第一个行动是成立田纳西河流域管理局（TVA），它是由政府资助的行政部门，负责管理从田纳西州到亚拉巴马州横跨南方七州的田纳西河流域67000平方千米土地的重新开发。该方案也是工业和城市疏散计划的一部分，H. 福特建议与田纳西州马斯尔肖尔斯军队大坝（1917—1922年）连接起来。沿田纳西河设计的七座大坝将提供水电动力、控制洪水、再造林项目、新的村镇和高速公路。后来又确认了湖水的娱乐作用。这片国家控制地区也包括田纳西州的橡树岭，它在20世纪40年代初是发展原子能的主要基地之一。

田纳西河流域管理局的领导人是A. 摩根，他挑选设计过奇科匹、乔治亚等公司的E. S. 德雷珀为总规划师。德雷珀保证为建设诺里斯坝的临时工人规划的村镇，将被设计成以花园城市原则而建造的永久居民点。他选定R. 旺克（1898—1970年）为其主要建筑师。这是一位匈牙利移民（辛辛那提联合车站的主要设计人之一），精通维也纳分离派风格，他给予像大坝这种公共建筑一种稍有艺术装饰派风格的纪念性，同时根据当地民间风格去处理居住建筑。诺里斯坝设计委托方同意了A. 卡恩的建议，结

↑ 2诺里斯坝鸟瞰

↑ 3 诺里斯坝

构的细部处理剥去了外部装饰，可算是20世纪40年代末期由勒·柯布西耶（他在1945年曾访问过该坝）引进的新野性主义的一个明显前兆。交替出现的水平纹和垂直纹的图案是混凝土施工时木模板留下的痕迹，而且极有明显特征。

诺里斯镇有一处商业中心，它带有一条步行道连接着14英亩（约6公顷）的绿地，像新泽西州拉德本那样，绿地伸向各住宅的后院。它预定可住5000户居民，曾入住了2500户居民，但其规模不久就随着工程结束而衰落了。田纳西河流域地区的经济从未得到根本改进，该镇也于1946年被卖给了私人。道路布置呈曲线环形，带有次级步行道。诺里斯坝、诺里斯镇周围有2000英亩（约809公顷）的保护公园和森林，还有通往诺克斯维尔的诺里斯花园大道——它被认为是美国第一条“免费高速公路”，它是区域规划最完整实现的整体组成部分。

（R. 英格索尔）

参考文献

Margaret Crawford, *Building the Workingman's Paradise, The Design of American Company Towns*, New York: Verso, 1995.

36. 落水别墅（*考夫曼住宅*）

地点：熊跑溪，宾夕法尼亚州，美国
建筑师：F. L. 赖特
设计/建造年代：1935—1936

落水别墅是F. L. 赖特的"有机"建筑的最惊人的实现，其中建筑组织与自然秩序被合成。落水别墅是为一位匹兹堡百货商店的店主设计的周末别墅，他的儿子曾在赖特的塔里埃森事务所学习。该建筑结合着早期草原住宅的水平体量与现代流线型的细部，不是将住宅放在溪流的对面而做成一处观景平台，赖特说服了业主将建筑结合到落水的上面。宽阔的挑台，看上去像是加在天然岩石上的特别层面。与自然结合的意识在起居-用餐空间里感觉最为强烈，那里在石板铺地的中间有巨大的石块柱子顽强地凸出。相遇在中心锚固墩柱的两道墙，是用当地波茨维尔沙岩砌的，像是没有砂浆的干码墙，因为它们位于钢筋混凝土的结构里。向外看到平台和小溪的其他立面则是全玻璃，装在漆成红色的水平窗棂里。低矮的顶棚和巨大的壁炉，壁炉上已经为不用的大锅刻出了半球形槽，以促成生活在原始山洞中的感觉。

落水别墅是由钢筋混凝土板建造的，板的周边翘起而成为齐腰的栏板。其光滑的圆边和无装饰的平板显示出受欧洲现代派

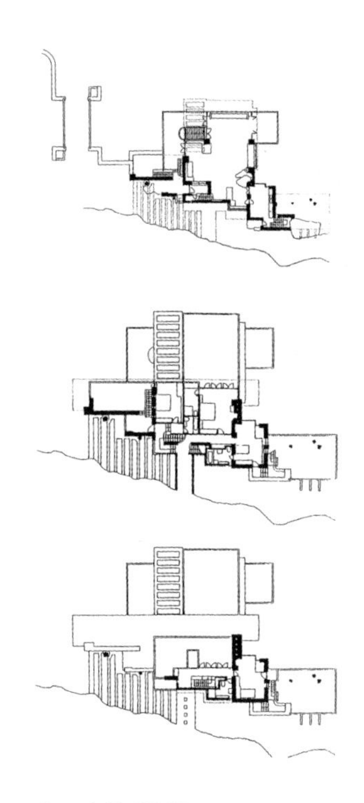

↑ 1 各楼层平面

← 2 落水别墅
↑ 3 起居室

细部的影响，但是平面的复杂以及材料的独特运用却无法进一步类比。人造与天然之间的联系，在赖特起初的一个想法里得到进一步提示，即他原想在挑出的混凝土板底面贴上金箔，以与自然环境相称。E. 考夫曼曾形容这座住宅像是没有立面，而其不同寻常的局部性加强着倾向分散的自然方位。从室内向外看，类似一系列被日本屏障框住的景色。1938年，落水别墅加建了一处客房、车库、仆人用房和一个游泳池，位于原住宅往上去的平台上，形成景色中的较高层面。

在石面柱墩压缩的垂直性与挑出混凝土板的水平张力之间，玻璃窗横带给平面提供着飘浮性质，那是随处可见的。室内与

↑ 4 挑台和通向小瀑布潭的阶梯

← 5 石面柱墩

室外间不寻常的视觉交互作用，与人相伴的是：冬天的皑皑白雪，春日的山间月桂，夏天的深深绿荫，秋日的色彩斑斓。触摸材料，不论是混凝土板的圆边、钢或玻璃的光滑，还是当地石材的分层有缝的质感，都参与着直接体验。耳朵里总充满着流水的声音，它随着季节和气候的变化而不同。嗅觉被吸引是通过周围运作的各种因素——在春天或秋天雨后的湿润气味，夏日早晨的清香，冬季寒夜的凛冽紧张。人们有到处观看和接近建筑及其场地的极大自由——从前面，到侧面、上面，甚至下面，从梯子下去到小瀑布潭。*（K. 哈林顿）*

参考文献

Donald Hoffmann, *Frank Lloyd Wright's Fallingwater*, NY: Dover, 1978.

Edgar J. Kaufmann, Jr., *Fallingwater,* NY: Abbeville, 1986.

37. 格罗皮乌斯住宅

地点：林肯市，马萨诸塞州，美国
建筑师：W. 格罗皮乌斯，M. 布鲁尔
设计/建造年代：1937

格罗皮乌斯住宅并不是美国的第一座或最有独创性的现代派住宅，但是由于其业主在建筑理论上的地位，它却给人一种起源者的强烈感觉。多少像在德绍的包豪斯教师住宅，那是由W. 格罗皮乌斯和同事们在1925年至1926年设计的。作为哈佛大学设计研究生院新上任的主任，格罗皮乌斯开始在剑桥郊区建造一批住宅，一幢为他自己，一幢为M. 布鲁尔，还有一幢为住宅历史学家J. 福特。格罗皮乌斯住宅是平顶、平面盒子，面层是漆成亮白色的垂直木板条。朝街的

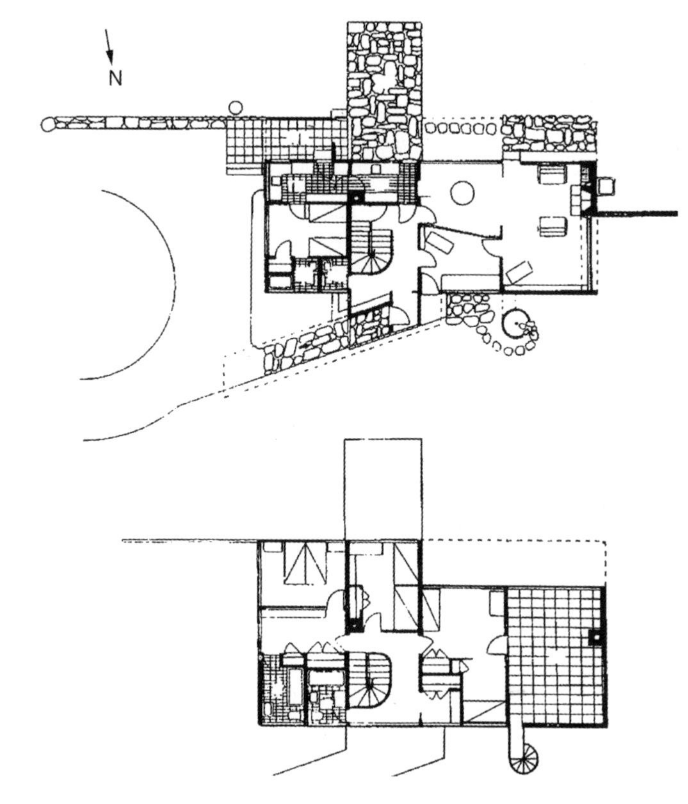

↑ 1 平面

↑ 2 格罗皮乌斯住宅
↓ 3 洞和藤架刻绘出白盒子几何设计的完美

北立面以条形窗和深洞口来表现。南立面敞向内院。一个独立的入口雨篷垂直放在盒子边上，一座细长的转梯通向屋顶，给格罗皮乌斯住宅不同的朴素平行六面体平添了一些浮雕效果。

格罗皮乌斯住宅室内空间的利用十分经济，同时通过透明性和与景色的

↑ 4 室内一
↓ 5 住宅南面

联系，而造成宽敞得多的空间印象。起居室使用大块平板玻璃窗，可以眺望后面的私人庭园和住宅近旁。底层室内，有一堵玻璃砖墙从起居室隔出书房，一道拖地幕帘把餐厅和起居室分开。上层有部分挑出室外，它由屏幕隔开作为饮食廊，与厨房相通。圆楼梯的栏杆是用不锈钢管支撑的，类似于M. 布鲁尔设计的在住宅里到处使用的包豪斯钢管家

↑ 6 室内二

具。主人套间要通过更衣室进入，更衣室与卧室以透明玻璃相隔。屋顶平台由一座棚架遮阳，它伸展在南立面之上，用以支承独立的遮阳板，并描绘出盒子的几何性。*（R. 英格索尔）*◢

参考文献

Winfried Nerdinger, *Walter Gropius*, Berlin: Bauhaus Archiv, 1991.

38. 汉纳住宅

地点：斯坦福，加利福尼亚州，美国
建筑师：F. L. 赖特
设计/建造年代：1936—1937

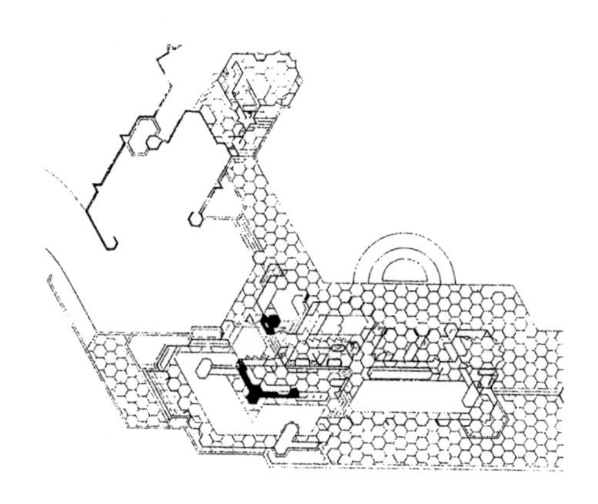

1 平面

在“大萧条”的高潮时期，F. L. 赖特创作了一个分散城市模型，称为“广亩城市”，以及一系列低造价住宅的样板，他称之为“美国的”（Usonian，这是他的自造词）。这些住宅降低造价是通过节约构造和设计方法——“夹层”板和板条墙、网络设计、辐射式地板供热、集中服务设施以及取消正式的餐厅等。从1936年至1948年，他建成28幢半标准化的住宅，使用五种不同模式：即L形“蝌蚪式”、“斜交式”、线形“一列式”、“六边形式”和两层的“跃层式”。为斯坦福一位教授设计的汉纳住宅，是赖特在平面中第一次运用六角形网格。与同时建造的威斯康星州的“蝌蚪式”的雅各布斯住宅相似，它同样具有对于一种新型经济住宅的许多基本概念，但却总是遭遇到60度角和120度角而造成空间上复杂得多的情况，而且面对这项复杂任务，它要求扩展并限制在450平方米（比雅各布斯住宅大三倍）。三个儿童室的内隔断墙是胶合板的，当孩子们离开家后，它可以拆掉和重装。

住宅坐落在一处灌木丛的缓坡上，周围是栎树，其深深的屋檐和凉棚阻碍着在一堆体量中想看出可辨认形式的任何企图；同时其立面的主要部分都由落地的玻璃扇所组成，它们随着六角形母题的轮廓而里出外进，使人

← 2 汉纳住宅

→ 3 细部

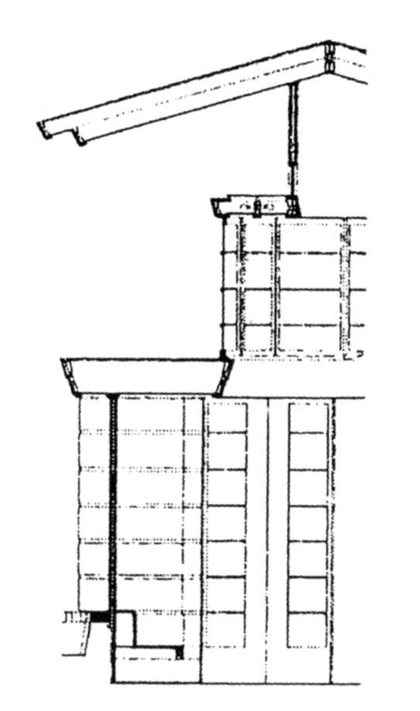

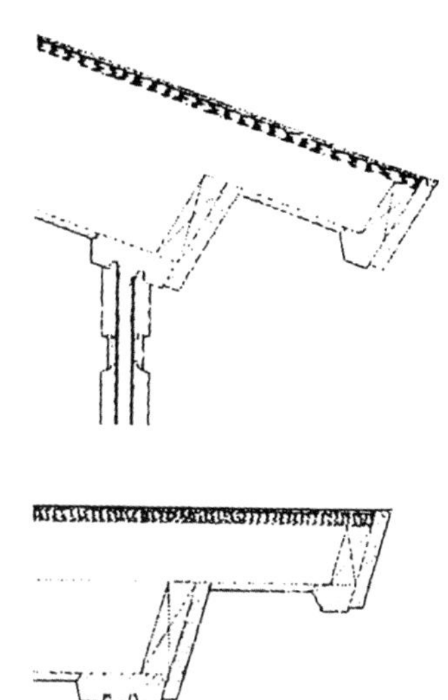

一时难以确定外墙的位置。该住宅在立面的每个转角处，都有铺地的平台，便于主人充分利用好气候在此休憩。少量实墙是红砖的，它们像是在斜角处张开的板片，造成分裂的感觉。在六角形系统中没有轴线的参照造成一种丰富的模糊性，所以坐汽车从后面到达住宅，似乎有三组房间的后阳台都可以进去。像赖特住宅的一贯做法，壁炉是住宅的中心，在这里是一个六角形的炉坑，原始的正六边形。入口门厅、书房、起居室和用餐处以及小房间，都可以由曲折的路线互相连接，该路线通过阻挡和地平变化，既提供交通，又不用通过门或走廊而提供分隔的感觉。从壁炉后面挖出来的厨房，越过对面空间通过门口与主要社交空间相连。一间独立的客房连接在六角形的体系中。多边形设计的仅有的先例，都来自乌托邦式方案，诸如K. 吉列特的六角形大楼的理想城市和R. B. 富勒的八角形最佳利用能源住宅。贝聿铭在其1978年国家美术馆加建工程中，复兴了这种多边形平面形式。还有W. 布鲁德尔于20世纪80年代，在菲尼克斯某些沙漠住宅设计中也用过此设计理念。但是，对于有机建筑而言，仍然缺乏妥善利用多边形设计的好办法。*（R. 英格索尔）*

参考文献

John Sergeant, *Frank Lloyd Wright's Usonian Houses, The Case for Organic Architecture*, New York: Whitney Library of Design, 1984.

39. 约翰逊父子公司办公楼

地点：拉辛，威斯康星州，美国
建筑师：F. L. 赖特
设计/建造年代：1936—1939

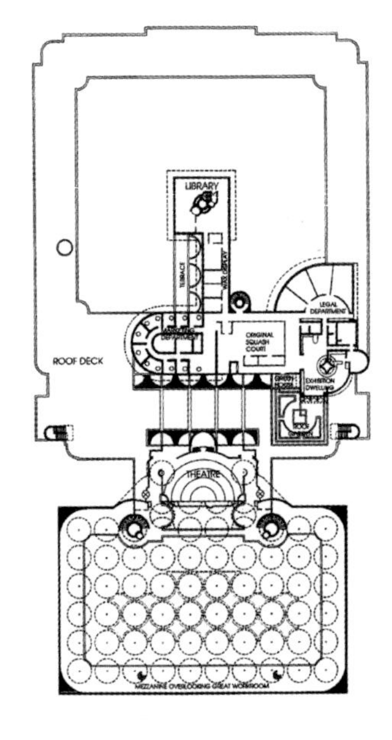

↑ 1 二层平面
↦ 2 室内一

赖特像30年前对待他设计的第一座重要办公楼拉金大厦一样，也将约翰逊制蜡公司大楼的白领办事人员的要求与神圣品德混合在一起。办公楼位于小镇的边缘，靠近公司的厂房和仓库，它是一座内向的、无窗的、砖面的房子，带有流线型特点的动态圆形转角。闪闪发亮的檐口是由两层半透明的耐热玻璃管做的。入口深藏在两层停车门廊下的院子里。与防御性外观形成对比的室内，则是完全开敞的、明亮的，它以一组间隔相等的钟乳石状柱子呈现出强有力的表现力。陈设着赖特设计的漆成红色的管架桌子和三条腿椅子的大工作厅，环绕着夹层，并朝向一个特别的阳台，经理可以从那里向雇员发表讲话。二层是为娱乐和教育而设的小讲堂；三层是经理办公室，面朝屋顶花园。

前所未有的“树状”柱子共58根，高度从车库的3米，到门厅的10米和大厅的8米，显示着赖特丰富的建筑想象力。它们是空心混凝土柱，受到仙人掌科植物的启发，以钢网成形为圆锥形。其底部直径只有23厘米，该处以钢绞线来固定，柱子向上

← 3 室内二
↑ 4 室内三
→ 5 办公楼鸟瞰

以喇叭形展开像睡莲叶状的圆盘，而成为6米直径的一块顶板。顶棚圆盘空隙处安装了精美的双层玻璃管顶窗。这座多柱厅透光的水下效果，令人想到科尔多瓦清真寺的神秘气氛。当工程主管人员反对这些异样柱子，并要求做那次著名的试压时，曾经加上五倍的荷载，结果毫无问题。作为对玻璃的加固而将其以金属网连到钢筋混凝土楼板上，加入了钢架体系。行政大厅全部用空调系统，回风的空气加压装在两层顶窗之间。辐射式地面供暖是赖特的创造之一，曾在低造价住宅中用过，在这里是通过地面下的管子散热的。

1944年，在办公楼的后院里，加建了14层高的研究所塔楼。塔楼使用圆的砖转角和玻璃管窗布局等同样的室外手法，并且在结构上也是同样有创造性的：像一棵树一样，开敞设计的楼板是从中心柱挑出的，中心柱是为楼梯、电梯、卫生间和机械设备服务的。在每两层间都留有小窗供空气流通。

后来为了满足安全要求而需加消防梯时，因安装无法不损害塔楼形式，约翰逊制蜡公司竟然决定封闭塔楼，而不放弃其原来的设计形象。

技术上和风格上充满创新的约翰逊父子公司办公楼，为前所未见的新型工作环境提供了一项指令。对于在现代办公楼里经常重复的光洁与开敞的理想，赖特加上了柱林，它给办公室的氛围注入了巨大的隐喻和感情的力量。*（R. 英格索尔）*

参考文献

Jonathon Lipman, *Frank Lloyd Wright's Johnson Wax Building*, New York: Rizzoli, 1986.

Robert McCarter, *Frank Lloyd Wright*, London: Phaidon Press, 1997.

第 I 卷

北美

1940—1959

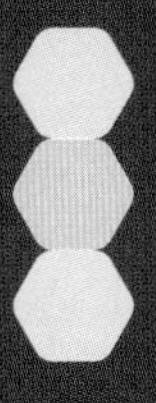

40. 第一基督教堂

地点：哥伦布市，印第安纳州，美国
建筑师：伊莱尔·沙里宁
设计/建造年代：1939—1942

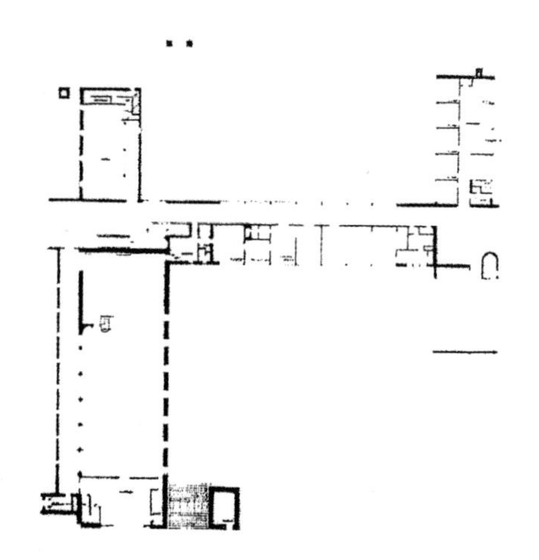

← 1 平面
→ 2 教堂和钟楼

除去F. L. 赖特的统一教堂（1906年）以外，伊莱尔·沙里宁的第一基督教堂在北美地区是最早的非复古主义的设计之一。他在1922年《芝加哥论坛报》设计竞赛获得亚军的作品得到许多赞赏，沙里宁不久就移居美国并在匡溪的G. 布思的赞助下，变成美国最有影响力的设计师和教育家之一。哥伦布市的第一基督教堂代表着由J. I. 米勒实施的一项雄心勃勃计划的开始。米勒是卡明斯发动机公司的总裁，要聘请著名的现代建筑师，包括沙里宁的儿子埃罗，来设计小城的重要建筑物。

沙里宁的第一基督教堂综合体占据一整个城市街区，包括一座纪念性圣所、一座独立的166英尺（约51米）高的钟塔、一处社交中心和一座由封闭过桥到达的分开的儿童侧楼。盒子状平顶的圣所正立面以网格状石灰石板贴面，其中细心深嵌着线状的石十字架，它与主要入口呈不对称布置。长方形的钟塔用没变化的砖砌起，顶上是极简派的钟，不对称放置以平衡下面十字架的位置。

教堂室内是宁静的极简化和有敏感细部的陈设，由C. 埃姆斯和埃罗·沙里宁设计。光线透过隐藏的缝隙照亮祭台的后墙，该处重复着立面上非对称布置的十字架。掩蔽着东边风琴的垂直木板屏被继续围绕着祭台，像

沿着后墙底部的室内栅栏，导向西边的圣水盂。在该处上面，墙上挂着饰以“山上宝训”的挂毯，是沙里宁的夫人洛佳设计的，它与对面风琴的不连续图案的屏障取得平衡。

哥伦布市第一基督教堂的整个设计，具有将工艺和理性设计加以现代综合的教学功能，那是在匡溪，沙里宁和他的家人与学生们曾创造的类似格罗皮乌斯的包豪斯气氛所肯定的。由埃罗·沙里宁和C. 埃姆斯设计的陈设，包括黄铜卵形壁式烛台、有线脚的黄铜栏杆和门把手，以及体形舒适的木凳和座椅。在沙里宁的祖国芬兰，初始现代派E. 布赖格曼设计的教堂，早提供了盒式空间从侧面采光的完美形式，其中漫射的光线加强了精细加工材料的衬托。综合体里能越过场地的过桥部分近似于

← 3 室内一
↑ 4 围合的桥
→ 5 室内二

↑ 6 外观
↦ 7 细部

勒·柯布西耶在皮洛蒂升起来的现代派设计。1971年，在前立面对面放置的H. 穆尔的“巨拱”，增加了在理性与有机模式之间的一种惊人对比。沙里宁在明尼阿波利斯的路德教会基督教堂（1949—1950年），也是基于哥伦布市第一基督教堂的构思建造的。*（R. 英格索尔）*

参考文献

Albert Christ-Janer, *Eliel Saarinen,* Chicago, 1948.

41. 威廉·凯利特住宅

地点：梅纳沙，威斯康星州，美国
建筑师：凯克兄弟
设计/建造年代：1939—1940

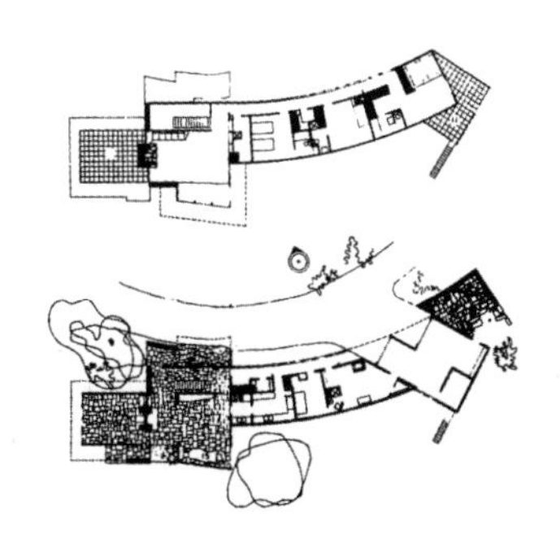

1 平面

在20世纪60年代中央空调普及以前，美国建筑设计界对住宅的被动式和主动式太阳能设计有很大的兴趣。20年代在南加州地区，屋顶太阳能热水器已经像烟囱一样普遍，像E.雷蒙德1947年的多弗住宅，使用双层玻璃和掩埋的保温体量实验，则是由麻省理工学院资助的。赖特在他的美国式住宅中，如第一雅各布斯住宅（1936年，威斯康星州麦迪逊），就显示出对于利用太阳能设计的直觉态度，并将他的第二雅各布斯住宅（1943—1948年）加以完善——它是便于日光照射的半圆形，北面筑堤以保温，南面则袒露并镶以双层大玻璃。R.纽特拉在南加州地区的许多住宅中采用了类似的原则，如考夫曼住宅（1947年）和穆尔住宅（1952年）的设计，特别关注日照、遮阳和通风。

像赖特和纽特拉一样，G. F. 凯克（1895—1980年）将太阳能住宅的观念，推至在风格和平面自由上现代设计的高标准。他赞赏过第一雅各布斯住宅，并从自己实验性的水晶住宅里学到第一手的增进保温的经验，那是一座由外钢框架支承的全玻璃建筑，建在1933年芝加哥“进步世纪博览会”上。在40年代里，凯克和他的兄弟W. 凯克合作设计了十几座利用太阳能的住宅，许多是为芝加哥开发商H. 斯隆设计的，建在斯隆的伊

利诺伊州格伦维尤的“太阳园”里。凯克兄弟使用了长薄形房子、辐射式缸瓦管散热、可控通风、朝南大量暴露、双层隔热玻璃，以及在夏天日晒部位的深屋檐。凯克从赖特借来辐射式地面下供热盘管的构思，并在1944年将他的空心瓦管改进型在陶土制品协会申请了专利。

凯克兄弟的太阳能设计大部分原则都实现在为威廉·凯利特建的雅致的住宅里，他是金伯利–克拉克造纸公司的总裁，该公司开发了一种为建筑隔热的新产品。凯利特参观了赖特的约翰逊制蜡公司办公楼和雅各布斯住宅以后，使用了在地面下的辐射热盘管。这座两层住宅的平面是窄的，略有弯曲，以观湖景和保存现场的树木。在西端，住宅以一座亭子似的起居–用餐处为结束，以其宽阔的遮阳棚和两倍高的日光浴室来突出。在东端则被一间与曲线斜交的车库切入，

← 2 威廉·凯利特住宅北面
→ 3 住宅西端的阳光浴室

这是为了汽车的回转半径而设计。这种形式的凸出处，车库的屋顶正好变成二层主卧室的平台。沿着北面凹进的走廊布置卧室。立面使用带形窗、独立雨罩、平屋顶和大片玻璃等现代派手法。它们被处理在垂直木板条、玻璃砖、平板玻璃和毛石中。日光浴室的平顶上面存水以防止过热，还有2米深的屋檐，它向上张开被邻近墙的立柱穿透，以降低上升气流的损失并多透些光线。凯利特住宅将自我调整的气候控制结合于功能主义的规划和一种现代的空间内容，表现着现代主义的一体化处理。这种方式在1960年以后，由于空调易于安装，而在美国建筑中被抛弃了。*（R.英格索尔）*

参考文献

Robert Boyce, *Keck & Keck*, New York: Princeton Architectural Press, 1993.

42. 哈文斯住宅

地点：伯克利，加利福尼亚州，美国
建筑师：H. H. 哈利斯
设计/建造年代：1940—1942

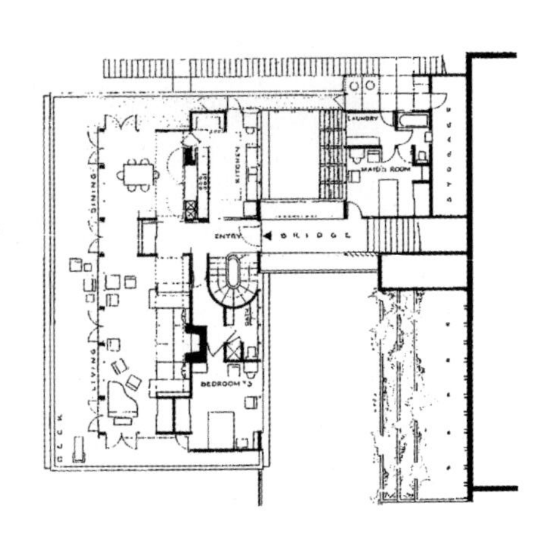

位于一座陡峭的山坡上，面对金门大桥的W. 哈文斯住宅是H. H. 哈利斯（1903—1985年）设计的，它代表着在加州对现代主义进行地方性处理的高峰。用将典型坡顶的三角桁架倒转过来的方法，哈利斯创造出对于结构、天然采光和机械设备的功能主义解决办法，它在侧立面上留有一种有力的形式秩序，该处一连串三个交错的V形以红木条带而展示着。住宅由一道高高的、独立的木栅栏与道路隔开，现在则长满了弗吉尼亚葡萄藤，而且从车棚到住宅要经过一座由倒三角桁架支撑的有顶子的桥，它由旋转窗加以封闭。

一旦走进室内，倒转的三角山墙的逻辑性立即变得明显，作为起居-用餐室的全玻璃墙空间，随着顶棚向上扬起，戏剧性地敞向旧金山湾。不足4米宽的长而窄的空间，看上去似乎加大了一倍。热力管道和机械设备都藏在倒三角形的倾斜顶棚里。沿整个后墙是一排镶在1.5米见方框中的半透明玻璃墙，它从对面的高窗带进了神秘性漫射光线。主要房间由一排镶板柱墩分为起居和用餐两部分。在起居室一侧是嵌入式家具，创造着一种类似的构图。长长的后墙是由连续的书橱组成的，其水平线条以垂直隔断来强调。壁炉巧妙地放在书架中间，并且两边沙发的深蓝色天鹅绒

← 1 楼层平面
↦ 2 起居室
↓ 3 倒三角形的桁架屋顶

↑ 4 哈文斯住宅
↓ 5 剖面

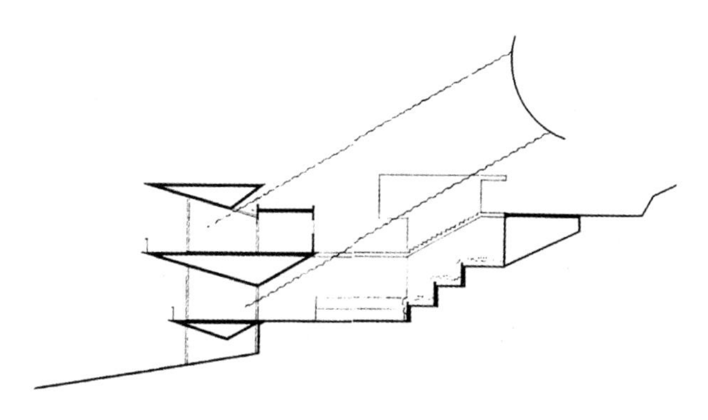

软垫从后墙伸出来，造成一处流线型的壁炉角。用餐处由一道折叠墙与厨房相连。除去受到R. 纽特拉的直接影响，哈利斯显然还参考了R. M. 欣德勒处理天窗和嵌入式家具的手法，平面组织可以赶上F. L. 赖特美式住宅的经济性，并与赖特1939年在布伦特伍德的斯塔尔杰斯住宅有同样的过桥想法。

哈文斯住宅经过了精心的细部处理，混合着露明红木的地方传统和非常规的工业材料，如以黄铜串球钉在顶棚上的石棉板，以及在露台上链子式的栏杆。到下层卧室和院子去的盘旋楼梯，沿边是光漆的桦木胶合板，被弯成适合的曲面。从红木踏步下去的斜坡景色、绿化的平台，结合着住宅的挡土墙。室外的院子原来是一个羽毛球场，满足着设计师对加利福尼亚州的住宅具有室外空间的理想。

（R. 英格索尔）

参考文献

Lisa Germany, *Harwell Hamilton Harris*, Austin: University of Texas Press, 1991.

"Weston Havens House on Steep Hill", *California Arts & Architecture* 57(March 1940).

43. B. C. 宾宁住宅

地点：西温哥华，不列颠哥伦比亚省，加拿大
建筑师：B. C. 宾宁，R. A. D. 贝里克，C. E. 普拉特
设计/建造年代：1941

B. C.宾宁（1909—1976年）在将现代主义新精神引进加拿大，特别在引进温哥华市方面，是一位重要人物。该市在加拿大西边，到1936年还只有50年的历史，没有过去的历史来指引，在第二次世界大战结束后它变成对于来自欧洲和美国及加拿大西海岸的进步建筑师们最有吸引力的地方。在建筑师大军涌入之前的1941年，由温哥华的艺术家、教师B. C. 宾宁设计的住宅，成了加拿大现代建筑的偶像。

已经以坦率、流畅的绘画风格而闻名的宾宁，在1938年至1939年又吸收了先锋派艺术和建筑，那时他和奥赞方、H. 穆尔等人一起在伦敦学习，并曾参观访问过纽约的世界博览会和新开幕的现代艺术博物馆。宾宁和他在温哥华圈子里的成员们，都具有康德主义的道德标准，相信公众参与艺术是为了改善人类的居住环境，这也是“劳工艺术协会”和“生活艺术会”的共同信仰，他们提供当时现代派的设计和规划来作为建立社会公正的手段。这些想法显示在宾宁为自己和夫人设计的舒适小住宅里，打算作为廉价住宅的样板而使用了地方材

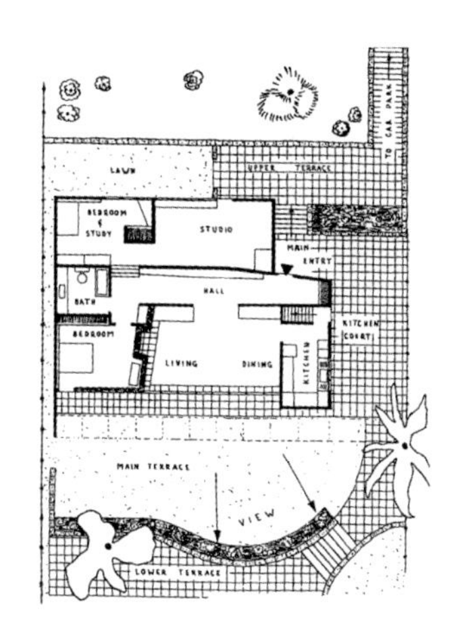

↑ 1 平面

↑ 2 从起居室看平台

料——雪松、冷杉木和当地毛石。

作为现代主义标志的有平屋顶、独立柱子和从室内到室外流动的开敞平面。木龙骨墙从西到东分割房间，以书橱结束开敞有柱的起居–用餐室，以及毛石壁炉墙，像是对于密斯·凡·德·罗的里索住宅（始于1937年）的奇异回应。从《加拿大皇家建筑学会》月刊和其他建筑期刊上，他还知道R. 纽特拉对于建筑与场地和生活方式相互关联的兴趣。宾宁住宅显露出与纽特拉敏感性的密切关系，像用从地面到顶的玻璃门来框住景色、突出的毛石墙和棚架，以及使建筑物与场地连在一起的室内（室外）铺地。

宾宁住宅除去“艺术地”使用地方材料以外，它对斜坡场地的利用也受到赞赏。一条高窗厅廊，从它可进入各个房间，作用像是对着山和路的壁垒，保护着主要生活空间和花园的私密性。当一个人下到进口，走过宾宁画的壁画时，在东面建筑物的组件形成了一幅体积、平面和材料交错的构成主义构图。进入住宅后，外墙上的醒目抽象图案以较小尺度又重现在曲线厅廊的尽头。向来秉持建筑师与艺术家创造性协作的宾宁，继续与他合意的同事们为公共建筑设计壁画和雕刻，并在不列颠哥伦比亚大学里新设的建筑系执教。（*P. 兰伯特*）

参考文献

Susan D. Bronson, "Binning Residence", unpublished agenda paper for the Historic Sites and Monuments Board of Canada, 1997-1981.

Rhodri Windsor Liscombe, *The New Spirit: Modern Architecture in Vancouver,* 1938-1963 (exhibition catalogue), Vancouver: Douglas & McIntyre in Association with the Canadian Centre for Architecture, 1997.

John Woodworth, "The B. C. Binning House", *Western Homes and Living* (Nov. 1950), pp. 15-18.

44. 圣费利波大院

地点：休斯敦，得克萨斯州，美国
建筑师：联合住宅建筑师事务所
设计/建造年代：1942，1944

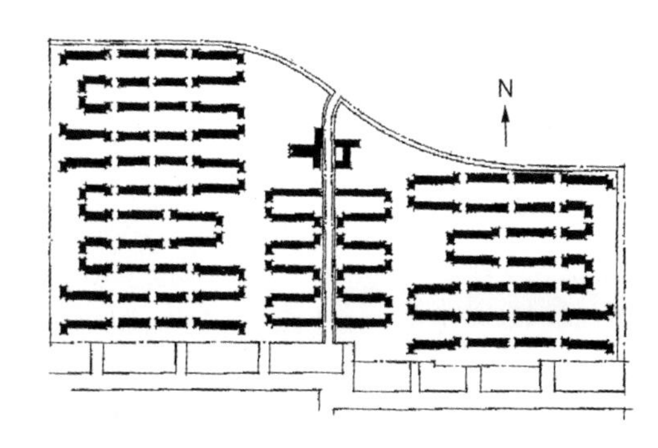

1 总平面

圣费利波大院，是一处有1000个单元的低收入者公共住宅区综合体，后称为艾伦公园大道镇，它是由休斯敦市住宅局在美国新政机构美国住宅部的支持下兴建的。圣费利波大院在美国新政时期的社区住宅中，因其现代建筑设计而显得突出，休斯敦的第一代现代建筑师F. J. 麦凯（1905—1984年）和K. 卡姆拉兹（1911—1988年）曾经负责设计。

K. 卡姆拉兹对于F. L. 赖特建筑的钦佩在公寓大楼的明确水平性上是显而易见的。这方面是以砖带、突出的混凝土遮阳板以及侧墙，从感觉上将建筑物伸向公园似的场地中，那里可远眺休斯敦的主要市民空间——20世纪20年代建成的一座公园和一条林荫路。圣费利波大院的总平面是以平行的公寓大楼精心组成的，有良好采光和通风朝向，并形成了室外空间的分级体系，有别于服务和消遣的用途，主要是为了邻里关系与社区范围的一致性。

圣费利波大院的开明、进步形象掩饰了它所满足的政治目的：它建造在休斯敦最老和最穷的非洲裔美国人聚居的社区，但只限于白人入住。直到20世纪60年代末，才有美国黑人居民住进去。圣费利波大院从50年代早期开始住满居民，到70年代末居民主要为非洲裔美国居民时，休斯敦市住宅局则开始了减少社区人口的运

↑ 2 外观
↦ 3 林荫路

动，并为重新开发而将产权出售了。由L. E. 约翰逊领导居民们起来反抗，并将圣费利波大院作为历史区而列入了国家历史场所的名单。但是在1996年，最后的居民被迫迁出，并且由休斯敦市住宅局同美国住宅和城市发展部将70%的房屋拆除，为的是依靠政府对非低收入住房补贴而使其“新生”。

圣费利波大院象征着美国低收入者公共住宅区的冷酷无情的历史。在20世纪40年代，地方上层人物利用政府资助的低收入者住宅拨款重建城市地区，并将美国黑人居民迁出原住地点，对这种地方早期的公共事业改善，如公园大道，明显是为上层人物所建。而在70年代，当圣费利波大院已变成黑人为主的社区时，休斯敦市政当局决定该居民区必须拆除，表面上却说是为了造福当地居民。圣费利波大院的居民们对其社区和重建愿望的完全承诺，并不被地方和联邦政府机关（以及州和国家的保护机构）所理会。在90年代，联邦基金再次被用来重建城市空间，但穷人和少数族裔却不见了。*（S. 福克斯）*

参考文献

“War Needs-Housing: Houston, Texas”, *Architectural Record*, 91 (April 1942), pp. 47-50.

Diane Ghirardo, “Wielding the Hachet at Allen Parkway Village”, *Cite: The Architecture and Design Review of Houston,* Winter 1984, pp. 13-16.

Dana Cuff, “Beyond the Last Resort: The Case of Public Housing in Houston”, *Places,* 2 (4: 1985), pp. 28-43.

45. 个案研究住宅 8 号

地点：太平洋岩壁，加利福尼亚州，美国
建筑师：R. 埃姆斯，C. 埃姆斯
设计 / 建造年代：1945—1949

↑ 1 入口
→ 2 起居室

埃姆斯住宅是1948年至1963年间洛杉矶地区建造的27座个案研究住宅中最成功的，它曾既是现代设计者不断的灵感源泉，又是对现代中产阶级住宅不成功的先例。在1945年开始设计时，它像一座悬挂的、桥梁似的建筑，由曾在匡溪一起工作过的C. 埃姆斯和埃罗·沙里宁设计。在1948年，当结构钢材已经交货后，埃姆斯又完全改变了设计和选址，并同他的妻子R. 埃姆斯策划了一座玩具似的建筑物，用浅色的“现成的”工业组件构成。这座建筑造成一种梦幻感觉，像是一座仓库阁楼被运到了郊区的一块地方。

住宅和工作室被建成线形的八间2.5米×6米系列（最西头一间是敞开的），四间的院落将住宅从五间工作室分隔开。长方形的盒子被推向基地边缘，紧靠着混凝土的挡土墙，那里向下斜眺着坡地树林直到大海。住宅从景色中退隐，谦逊得像是一座野营帐篷。室内有两层高度空间的起居室，带有凹进的小书房，以及上面两间夹层卧室。主人卧室以滑动木板门敞向起居室，是得自日本“障子”的灵感。埃姆斯使用了非

常规的工业材料，诸如水泥抹灰板、石棉瓦、钢窗（有些是磨砂的）、袒露的钢框架结构、花篮螺栓交叉支撑杆、空腹托梁以及瓦楞铁顶棚，给予这所住宅一种明显的非家居面貌，更接近于可变环境的电影摄影棚，C. 埃姆斯有一个时期曾在那里工作过。年轻设计者们使空间注入家居性质，是通过木质嵌板的片断、麻布墙面、模压胶合板家具以及大量民间的和商业的非耐用品的收藏。住宅的不完整性，加上紧固在结构构件上的红、蓝、土黄、白和黑的镶板，正像B. 科罗米纳所说，使人想到这对夫妇日益卷入多种形象设计。它不像F. 凯克为1933年芝加哥博览会设计的外骨架水晶住宅，或者

← 3 个案研究住宅 8 号
↑ 4 花园

由密斯·凡·德·罗和C.埃尔伍德在20世纪50年代设计的著名的钢框架住宅，埃姆斯住宅似乎是自发的，像是生手的即兴编造。虽然C.埃姆斯在此后的25年里，专事设计家具、陈设和电影，这是他最后的建筑设计作品，而这所住宅的轻巧、透明、灵活与飘动，再加上工业成分，却鼓舞了下一代欧洲高技派的建筑师们。*（R.英格索尔）*

参考文献

Beatriz Colomina, "Reflections on the Eames House", *The Work of Charles and Ray Eames: A Legacy of Invention,* Diana Murphy, ed., Abrams, NY, 1997, pp. 126-149.

Elizabeth A. T. Smith, ed., *Blueprints for Modern Living: History and Legacy of the Case Study Houses*, Cambridge: MIT Press, 1989, pp. 51-53.

46. 玻璃住宅

地点：新坎南，康涅狄格州，美国
建筑师：P. 约翰逊
设计/建造年代：1949

↑ 1 活动休息室
→ 2 夜景

P. 约翰逊在康涅狄格州西北的周末静居处，曾经写过大量的文章，如果以说明玻璃住宅不是什么来开始，可能是有用的。它不是一座被隔绝的建筑物，确切地说，它是一处35英亩（约14公顷）以非传统风格的房子、亭子和怪异建筑精心组成的建筑群中心，建筑师在那里还逐年添建着。从一开始，透明的住房就是与它辩证的“对立物”一起构思的，对立物就是在它斜对面相距100英尺（约30.5米）的不透明的砖砌客房。从这个意义上讲，密斯·凡·德·罗的范斯沃思住宅仍然是主要的参照（范斯沃思住宅完成于两年以后，但约翰逊在1945年曾见过它的草图）。但是不要将玻璃住宅归类为“密斯式”，它与密斯的形式绝对主义相对立，约翰逊的添加倾向反映着一种更多折中的、知识分子躁动的个性，而且对其导师的正统做法既要接受，同时又要相对化，并追求多种道路。

约翰逊在该建筑完成后不久发表的一篇文章里，提出一大批其他历史参照物，在设计该综合体时都曾来到他的意识里，其中包括勒·柯布西耶

的“光辉框架”、范杜斯堡的新造型派构图、舒瓦齐的卫城画、欣克尔在格林尼克的浪漫景色、列杜的立方体量以及马列维奇的至上主义抽象作品。该住宅的发展草图表明：约翰逊甚至曾经考虑过一个有“叙利亚拱券”的方案，这个母题重新出现在客房建筑里，后来又表现在湖上的缩小比例的花园凉亭中。

不过，就本身而言，玻璃住宅建筑仍是一个非常纯粹的表现，并终究是最早的一个。位于人字图案淡红砖“地毯”上的单层玻璃盒子，平面为10米×18米，并分为三个相等开间。它围绕着一个3米直径的含有壁炉和浴室的砖筒而布置，这个砖筒上边墙好像是被垂下来的，用约翰逊的话说，像“天上的电梯井”。6米长的平板玻璃，仅仅由六根工字钢柱、在每面中央从地到顶的玻璃门门框以及一根细的“靠椅横挡”所打断。与范斯沃思住宅不同，钢框件几乎贴近玻璃的内表面，以减少阴影和最大限度增加透明和反射。

室内圆筒的不对称布置决定了简洁开敞平面的整体效果。起居部分位于中跨的一边，由一块白地毯来确定界限，上面是一组密斯式家具。其他生活空间也同样由家具布置来限定，还有两排储藏柜为卧室和厨房提供了私密性。同样得到恰当布置的还有少量艺术品，包括画架上普桑（Poussin）的油画，使室内装置完整。

玻璃住宅是集一位非凡的建筑师、业主和鉴赏家于一处实验性的住所和参观点，这个人能保证其

← 3 带有休息场所的玻璃住宅
→ 4 室内一
→ 5 室内二
→ 6 室内三

拥有私密性（不像范斯沃思住宅），并且能以在其周围增加建筑物的策略来缓和其严峻面貌。正像A.弗里德曼指出的：新坎南建筑群可以被看成一位快乐的单身汉，在传统的美国家庭住宅建筑，以及其家庭生活的感伤形象之上的讽刺性解释。约翰逊已经将这所住宅赠予国家历史文物保护基金组织，在他去世后向公众开放。*（J.奥克曼）*

47. 范斯沃思住宅

地点：普拉诺，伊利诺伊州，美国
建筑师：路德维希·密斯·凡·德·罗
设计/建造年代：1945—1950

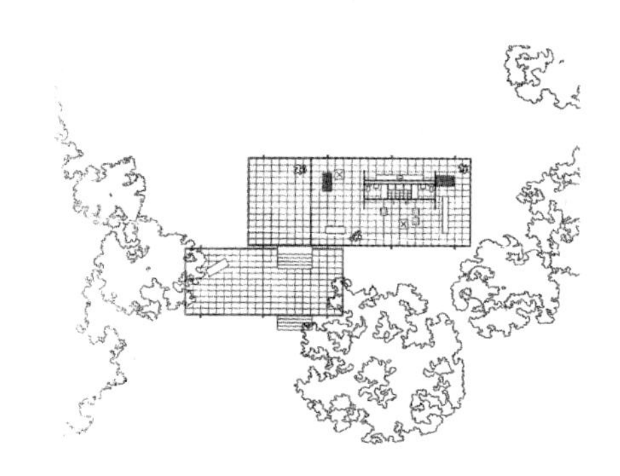

1 平面

一座白色钢框架、玻璃墙的房子，轻盈地置于一片草地上，它既是纯结构又是纯空间的精美和激进的表现。密斯于建成前12年在柏林已经预言过这个构思，在一本题为《没有玻璃板混凝土会怎样？钢会怎样？》的书中，他写道："仅仅是玻璃皮、玻璃墙，就能使骨架构筑出清楚的房屋外观，并获得建筑设计上的可能性。构造的简洁、做法的清晰和材料的单纯，在它们身上具有原始美的光辉。"不过，密斯发展这个构思，还是在他移居美国以后。

在巴塞罗那的德国馆（1929年），他虽然已经达到将支柱从围护构造分离的一次大跳跃，而他的结构语言发展以及将实用的轧制钢材作为建筑艺术的惊人立面，还是他到美国的第一年里出现的。他在德国时曾宣称，他对工业化的信仰是"时代的意志"，从这点出发，密斯身为芝加哥一所技术学院的建筑师，将技术作为一种建筑艺术表现来研究工字钢和钢框架。

在他的第一座美国建筑物，即伊利诺伊理工学院（IIT）校园的矿物与金属研究所（1942年）中，虽然裸露工字钢作为砖和玻璃房子的框架和支撑而明显表现，但其形式并非暴露的。密斯在美国的第二个作品也在伊利诺伊理工学院，即校友厅（原海军大楼，1945年），使

↑ 2 范斯沃思住宅
→ 3 铅笔、水彩画

↑ 4 室内

它立即出名的是形成屋角的袒露工字钢的高度精致组件，它同时是整体的标志和强调防火钢结构的代表。

1945年范斯沃思住宅的设计，使密斯有机会将裸式钢材发展成为建筑的完美语言。建筑的构架组成是由八根袒露的工字钢柱支撑着两块浮动的钢框平板——地板和顶板（由工字钢和槽钢组成）。该结构只有柱子接触到地面，同时还有一块类似结构的平台，带有宽阔台阶，位于地面和升起的住宅地板之间。这统一的一望到底的空间是用清澈的玻璃墙围合的，只有室内独立的核心空间才打断了它。

范斯沃思住宅作为密斯的第一座清澈透明的结构，代表着一种“顿悟”——钢的“空间颠覆力”才能实现其功效。通过他对其时代本质的长期努力探求，他已经达到纯结构和纯空间的综合。范斯沃思住宅中确立的佳兆，于他后来的大一统空间的、大跨度的结构中得以体现：克朗厅，芝加哥会议中心方案，以及他最后的作品——柏林国家美术馆。*（P. 兰伯特）*

↑ 5 白色钢结构玻璃幕墙休息厅
→ 6 平台和通向住宅的阶梯
↓ 7 夜景

参考文献

Phyllis Lambert, ed., *Mies in America*, Forthcoming in 2001.

Fritz Neumayer, *The Artless Word: Mies van der Rohe on the Building Art,* Cambridge, Massachusetts: MIT Press, 1991, pp. 314.

48. 利华大厦

地点：纽约市，纽约州，美国
建筑师：SOM 事务所
设计 / 建造年代：1950—1952

↑ 1 庭院
→ 2 利华大厦

利华大厦是在曼哈顿中心区公园大道上的一座24层细高的公司办公楼，由家用产品制造商利华兄弟作为公司总部而建造的。由G. 邦沙夫特（1909—1990年）设计，他是SOM事务所的合伙人，利华大厦确立了SOM在20世纪50年代美国公司中现代建筑的主要阐释者的顶尖地位。勒·柯布西耶的以高层建筑重组城市空间的想法，如此有说服力地由邦沙夫特转化成美国房地产和建筑业的实践，利华大厦变成了美国“二战”后一代现代派摩天楼的样板。

为强调这个想法需要

“美国化”，以利华大厦为样板设计，成为另一座重要的现代派摩天楼，里约热内卢的教育和卫生部大楼（L. 科斯塔、O. 尼迈耶、A. 里迪、J. 莫里拉、C. 列奥和E. 瓦斯康赛洛斯设计，1943年）。利华大厦的崭新表面，坚持技术化的装饰以及水平性的扩展，使它与教育和卫生部大楼有完全不同的感觉，虽然有强烈的类型学相似。利华大厦的“精确主义”（如艾莉森和P. 史密森所描绘的现象）似乎对现代建筑形成一种要求，其基础不是在其形成新自由空间的力量，而在于其实现一种经济理性化的处理构造、空间组织、服务与装修综合体系的能力。与教育和卫生部大楼的许多公共空间不同，利华大厦在此方面似乎是公式化的和空缺的。利华大厦给美国商业文化造成吸引力的是“新颖”的象征。SOM巧妙地使柱桩上的板楼模式适应郊区地点，而促进了它的传播（泛美人寿保险公司大楼，新奥尔良，1952年），并将它放到世俗要求更占主导的地点（休斯敦医学大楼，1957年，与戈利蒙和罗尔夫合作，其箱型基础内包含三层车库）。

利华大厦作为摩天楼的模式，在20世纪50年代被西格拉姆大厦超越。但是在60年代，它又得到了新的象征意义，那是当历史家和评论家V. 斯卡利指责它对公园大道的空间连续性起着破坏作用，这种领导作用在后现代主义城市规划的论述里又被修正过来。不过，到80年代初，当产权和经济因素改变时，利华大厦又面临被拆除和取代的命运。1983年，纽约文物保护委员会为了避免它被拆除而指定利华大厦作为一处历史遗产。

利华大厦代表着“二战”后使现代建筑具有如此吸引力的迷人新颖形象。它代表着想象力和精密性，SOM依靠它使现代主义在美国房地产市场上达到可见的期望值，并以被接受的建筑实践使之具有竞争力。它代表着20世纪50年代现代主义的社会目标转变为一种象征性形式主义的语言，当时这些目标证明不适合于建筑方案的经济设计。*（S. 福克斯）*

参考文献

“Miniature Skyscraper of Blue Glass and Metal Challenges Postwar Craze for Over-Building City Lots”, *Architectural Forum* 92(June 1950), pp.84-90.

“Lever House Complete”, *Architectural Forum* 96(June 1952), pp.101-111.

Vincent Scully, “The Death of the Street”, *Perspecta* 8, 1963, pp.91-96.

49. 联合国总部

地点：纽约市，纽约州，美国
建筑师：W. K. 哈里森（设计主管）
设计/建造年代：1947—1953

建在曼哈顿中心区的联合国总部建筑综合体，大概是20世纪最有象征性的建筑设计，是为保持国际合作的世界政府之所在地。不像1929年设在日内瓦的国际联盟总部的方案设计，那是通过激烈斗争的竞赛过程而得到的，而且不公正地取消了勒·柯布西耶的获奖方案。联合国大厦的地址和设计的选择，都授权给一个国际委员会。选址的过程，在最后时刻是由N. 洛克菲勒和R. 摩西操作的，他们出现时带着一块在曼哈顿中心供选择的地方，它是由洛克菲勒的父亲捐赠的，是

↑ 1 从东河眺望联合国总部

↑ 2 夜景鸟瞰
← 3 从花园看联合国总部
→ 4 联合国会议厅

为吸引新的国际权威到渴望成为世界领袖的城市中来。

与洛克菲勒关系密切的W. K. 哈里森（1895—1981年）被指定主管一个十人委员会，其中包括：勒·柯布西耶和俄国人N. 巴索夫，他们一起参加过选址；加拿大的E. 考米尔、巴西的O. 尼迈耶，他们是负责最终风格与体量的建筑师；还有中国的学者梁思成，关于综合体的南北朝向，他坚持最后的保留意见。曾为反对拥挤的走廊式街道而终生斗争的勒·柯布西耶，对委员会的决定施加了重要影响，即决定创造一座位于园区中的塔楼，它历史性地打破了城市的方格网结构，是联合国大厦方案的最有影响力的结果。另一项重要的贡献是规划的分层式交通环流，结合着罗斯福路在悬挑的花园下面，由伟大的花园路建筑师G. D. 克拉克设计。

秘书处建筑是36层高的板式大楼，放在与东河平行的三层高的基座上。长方形体量的短面全部用大理石贴面，同时宽面则展现为纽约市第一座悬挂在结构柱前面的玻璃幕墙。绿色的双层玻璃由铝窗框固定。其详细设计是依据P. 贝拉斯基的意见而做，他1948年在波特兰设计的公平大楼是幕墙构造的主要先例，此外还有

← 5 联合国代表入口

SOM事务所的G. 邦沙夫特，他也在同时创作过全玻璃的利华大厦。空调和供暖设备的条形格栅，不是只利用屋顶空间，为分散巨大反射膨胀而放在9层、10层和11层上三个不相等的区内。这巨型板楼的透明性使人想起H. 迈耶在1927年从道德角度的建议，他主张建一座全玻璃的办公塔楼，目的是为了政治上的透明度。

联合国综合体的非对称性是有意义的尝试，开创一种跳出西方过去的对称与标准形象的新纪念性语言，反对在第二次世界大战前建造国际性建筑的那种夸大的纪念性。哈里森称这种缺少联系正适合“为和平的工作处”。交错平面的抽象系统被用来形成一处院落，到秘书处大楼的主要入口偏离着轴线，大会堂穹顶的推力以其封闭体量的渐减线条而减至最小，并且这座国际会议厅的立面不再是一排柱子，而代之以玻璃与大理石垂直条带。尽管像L. 芒福德这样的批评家，发现这种形式的语言不适合表达联合国的权威，而无装饰的平板风格却变成自此后的20年对于政府、商业和文化综合体的标准解决办法。（*R. 英格索尔*）

50. 克利广场

地点：科珀斯克里斯蒂，得克萨斯州，美国
建筑师：科克、鲍曼和约克事务所
设计/建造年代：1952—1953

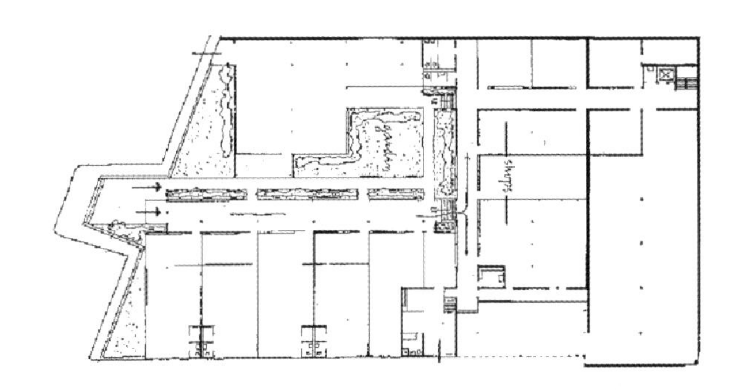

← 1 总平面
↓ 2 从室内向外观赏

克利广场是由室内设计师V. 哈特曼和承包商J. K. 特劳尔曼兴建的一个小事务所和购物中心，位于得克萨斯州的科珀斯克里斯蒂商业区的边缘，接近城市海湾前的滨海路。由得克萨斯州哈灵根的建筑师J. G. 约克（1914—1980年）和W. C. 鲍曼（1912—1966年）设计的克利广场代表着现代建筑极端简化成一种有明显特征的装配部件。它也代表20世纪50年代特有的零售业和办公

↑ 3 克利广场

环境的郊区化和适应家庭生活。

克利广场分两个阶段建成。它包括一座由极细钢管柱子和托架杆组成的袒露网架，墙体是1.125英寸（约29毫米）厚的结构隔热板或玻璃板，顶子是瓦楞铁板。门的合页直接焊在管柱上，省去门口和门槛。带花篮螺栓的抗风缆使中心的小结构能抵抗风力，包括偶尔的热带风暴。这座单层建筑物围绕着种了亚热带植物的中心花园院落。从街上有一条10英尺（3.05米）宽的有顶通道到达院子，并且原以包着防虫网的一道宽大的不用空调的环流空间保护层围绕着院子。涂的颜色原用以突出克利广场的装配式构造。

克利广场显示J. 约克在现代建筑与像院子和有顶通道之类的地方相应形象之间的协调能力的魅力，它使得50年代的非先锋派业主可以接受现代建筑。这些使人想到西班牙式庭院和大门的杜撰形象，那是20世纪上半叶该区英裔美国人中的上层人物曾用编造的西班牙地中海风格，以掩盖他们对当地墨西哥-得克萨斯文化的系统排斥行为。约克在将建筑合理化简缩为构造方面也同样有光辉成就。中心组成部分的细部设计是可以拆卸并在其他地方重新组装的，以应付地价上涨阻碍该地区更大发展的时候需要迁走重建的情况。约克对小尺度的偏好，以及他与小汽车结合的设计，使得他的克利广场区别于一般的、盒子似的郊区办公和零售业的建筑物。

J. 约克将克利广场的现代建筑与基于他工作社区的经济和文化现状的思想概念联系到一起。现代建筑的解放潜能被引向个人表现的作品——用“冷战”时期的词就是“自由”——所以，它能够与占优势的社会经济结构相结合，而不是反对它。

（S. 福克斯）

参考文献

“The Architect and His Community—Cocke, Bowman & York: Harlingen, Texas”, *Progressive Architecture* 36(June 1955), pp. 110-111.

51. 伊利诺伊理工学院克朗厅

地点：芝加哥，伊利诺伊州，美国
建筑师：路德维希·密斯·凡·德·罗
设计/建造年代：1952—1954

克朗厅是钢结构的有力表现，它在工字钢柱上的四个巨型大梁支承着40米宽、73米长的平屋顶。上边2.5米透明的、下边半透明的6米高的钢框架玻璃墙，位于屋面和楼板的边缘，围合着一个没有阻挡的大空间。这样，路德维希·密斯·凡·德·罗（1886—1969年）建成了他的大尺度、一望到底的空间，对于这个构思，在他1938年从德国移居美国以后，就有条不紊地加以考虑了。为伊利诺伊理工学院建筑系（连同在高窗的地下室里的设计系）建造的这座

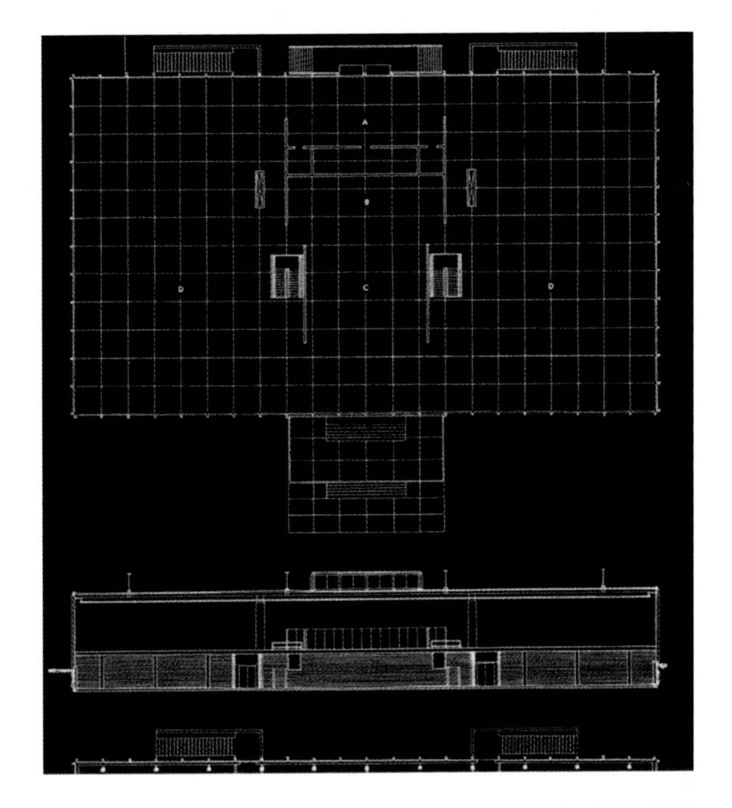

↑ 1 平面及剖面

↑ 2 克朗厅夜景

巨型房间，对于密斯关心的精神价值是主要的，而且在他的观念里，这是一个教师和学生们可以互相影响和共同工作的地方。

设计这种类型的房子是密斯总在思考的一个问题。从1908年到1912年，当密斯在柏林的P. 贝伦斯事务所工作的时候，在建造德国通用电气公司（AEG）工作厂房期间曾见到过一望到底的袒露的钢结构，他曾参加过该项工程，但在理工学院40年代初建的机械馆和报告厅第一批房屋上，却没有从建筑上加以表现。不过在理工学院任教期间，在1942年的音乐厅和小城市博物馆的设计中，密斯曾和他的学生们研究过大跨度的含义。为1947年未建的坎托“免下车”餐馆，以及1952年至1953年曼海姆剧院的竞赛，密斯设计了感觉上飘浮的平顶，由屋顶上的深桁架来承重。这样，当克朗厅的拨款落实以后，密斯已经准备好打破他在校园建筑中发展的填充玻璃和砖墙的严谨钢骨架手法，而飞跃到成功表现一种基于先进技术的外骨架建筑的创作。

在美国，密斯的研究工作是逐渐演化的，从首先用于1929年巴塞罗那展览馆的表面丰富的墙板的错开布置，达到克朗厅的“几乎全无”的一种空间表达：纯结构创造纯空间。密斯以最少的妙法最终满足了他1924年给建筑艺术所下的定义，即“精神上联系于其时代之空间表现”。大概这种说不出来的意识，已经明显表现在他在美国的第一个设计方案里索住宅上了，那是一个飘浮在壮丽景色上的空间。构造上相似的范斯沃思住宅的明澈是与田园风光相连的，而同样确定的是位于城市环境中的克朗厅，则以半透明的玻璃墙围着，它遮掩室外活动并保证其室内私密性。

（P. 兰伯特）

↑ 3 校园鸟瞰
→ 4 室内一
↓ 5 室内二

52. 北区购物中心

地点：底特律郊区，密歇根州，美国
建筑师：V. 格伦事务所
设计/建造年代：1954

↑ 1 购物中心鸟瞰

它是位于北区中心的由J. L. 赫德森百货公司底特律郊区部建造的区域性购物中心。维也纳培养的建筑师V. 格伦、他的工作班子以及一大批顾问创作出这个郊区购物商场的形式，这种零售中心的类型在20世纪下半叶主导美国的城市。50年代初，格伦作为区域性购物商场发展中的专家而崭露头角。区域性商场是回应美国零售业为组织消费场所的新途径提出的要求，其规模接近于小型的市中心零售区，并且能有效地管理坐汽车来的购物者。格伦是最自觉的第一代美国购物

↑ 2 购物林荫路及露天庭院

→ 3 挑篷便道

商场建筑师：他追求专门建立一种从19世纪城市的妥协和斗争中摆脱的新型城市场景。

北区包括一座15英亩（约6公顷）的建筑综合体，周边是148英亩（约60公顷）的车道和计划停放12000辆汽车的地面停车场。它是位于两条高速公路交会处的底特律中等收入白人区的主要通道之一。虽然赫德森公司早先没有设立郊区分店的想法，而底特律“二战”后的巨大发展却说服了公司领导去规划一系列边远的百货公司，每个都“扎根”于一个巨大的、多种经营的购物中心，这应该由赫德森来发展、拥有和经营。

格伦的事务所在规划北区购物中心时，遵循了空间组织的科学原则，这些原则基于吸引顾客尽可能多地购物。最终，冲突点的消除与对购物欲望的刺激就成了重要的设计策略。北区购物中心与周围商店的关系、汽车道和人行道的布置、人流与货流的分离以及服务设施的完善，都体现为影响市场业绩的关键性规划问题。这些在第一代美国的购物商场中已证明是有效的。

北区的建筑是中性的，强调着混凝土框架的韵律、红砖墙板和首层连续的玻璃橱窗。有雨罩的走道原来横跨尺度宽广的露天院子，其中的某些部分已被指定为“商场”。与格伦一起工作的有平面造型设计师A. 勒斯蒂格、风景建筑师E. 艾希施泰德以及许多底特律的艺术家（包括L. 沙里宁），共同协调设计中的公共场所。北区在分开的高速公路、服务道路中间的隔绝状态以及无数的停车位，破坏了格伦的社会目标：它缺乏一个城市中心的紧凑和多样性。这个区域性购物中心的经济建筑物像一架营利机器，它必然导致排斥无助于营利目的的各种用途。结果，虽然当时它受到欢迎而且有利可图，到20世纪70年代时，这座购物中心却成为美国城市中丧失市民场所的主要建筑的象征。*（S. 福克斯）*

参考文献

"Northland: A New Yardstick for Shopping Center Planning", *Architectural Forum* 100 (June 1954), pp. 102-123.
Victor Gruen and Larry Smith, *Shopping Towns USA: The Planning of Shopping Centers*, New York: Reinhold Publishing Corporation, 1960.
Barry Maitland, *Shopping Malls: Planning and Design*, London: Construction Press, 1985.

53. 菲利斯·惠特利小学

地点：新奥尔良，路易斯安那州，美国
建筑师：C. R. 科尔伯特等
设计/建造年代：1955

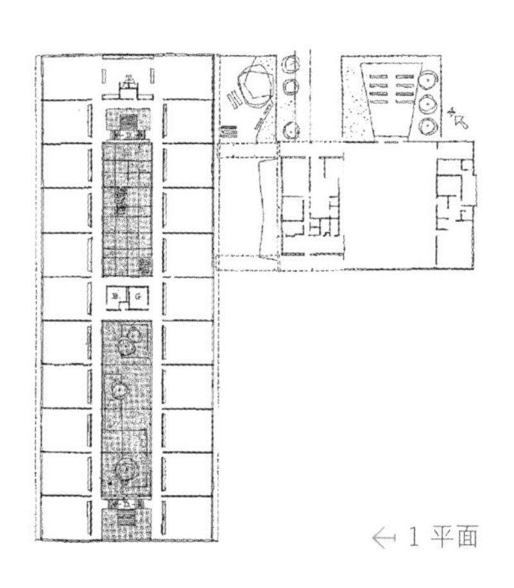

1 平面

菲利斯·惠特利小学建在特利姆郊区的一个城市街区里，特利姆是新奥尔良传统的美国黑人聚居区，邻近法兰西区。它是以钢结构技术克服狭小场地局限的一个鲜明展示。菲利斯·惠特利小学的象征性建筑上的重要意义——以现代技术克服限制——是以12榀高10英尺（约3米）的钢焊接桁架来覆盖空间，它从一对混凝土和钢柱墩上挑出35英尺（约11米）。桁架框住两排升出地点10英尺（约3米）以上的教室。教室敞向走廊，围绕着一座中心庭院。教室下面的铺面场地用作室外游戏场。

新奥尔良的建筑师C. R. 科尔伯特（1921年生）及其事务所以及B. M. 多恩布拉特事务所的工程师们，在设计菲利斯·惠特利小学中，在空间上生动地实现了“解决问题”的时代精神，那是第二次世界大战后流行于美国的现代主义精神。学校挑出钢屋架的尺度、精密，与周围19世纪的小屋形成对比。教室间是透明的，显示着工程技术，颇像1934年密斯·凡·德·罗的周末住宅草图。有阴影的空处加强着教室间的跨度，并且强调着没有列柱支撑和首层的室内围护结构。

对菲利斯·惠特利学校空间上和技术上的戏剧效果引起争议的问题在于该校是实行种族隔离制的，正像20世纪60年代中期以前所有美国南方的

↑ 2 外观

公共机构那样。C. 科尔伯特在1950年曾发起一项活动来促使奥尔良的教育当局聘用现代建筑师。当局保留下来的现代派建筑师，是要以技巧来弥补市内场地的限制，以及美国黑人学校所得到的少量投资，这是40年代和50年代在南方的现代派工作中显而易见的特征。即使如此，他们也不能通过设计来反对种族隔离的压迫制度，像M. L. 金在菲利斯·惠特利小学完成的那年所开始发动的那样。现代派的实用主义不言而喻地受到限制，在原则上建筑设计没有委托给现代派建筑师的情况下，对于非常规的设计可以提出客观的借口。当美国黑人已经向美国种族隔离公共教育的法律基础进行成功的挑战以后，菲利斯·惠特利小学的现代派精湛技巧甚至可以解释为：使提供隔离但平等设施在实践上的合法化，它是美国作为种族隔离基础的法律原则。菲利斯·惠特利小学体现现代建筑所遇到过的矛盾，它正像是第二次世界大战后美国文化的主流。

（S. 福克斯）

参考文献

"Battle for Better Schools is Won by New Orleans Architects", *Architectural Forum* 94(February 1951), pp.104-106.

"Award Citation", *Progressive Architecture* 36(January 1955), p.89.

"Treehouse School Preserves Play Space", *Architectural Forum* 105(July 1956), pp.114-116.

Omer Blodgett, "Welded Cantilever Trusses Frame Elevated School", *Progressive Architecture* 39(August 1958), pp.138-141.

54. 加拿大政府出版局

地点：赫尔，魁北克省，加拿大
建筑师：E. 科米尔
设计/建造年代：1948—1955

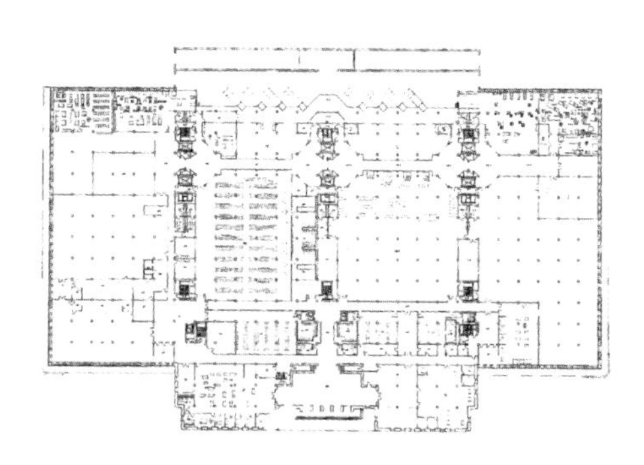

1 平面

E. 科米尔曾作为加拿大的代表参加过联合国大厦的设计组（1947年），并且是渥太华市加拿大最高法院的设计师，他因此被推荐为设计政府出版局大楼的建筑师。1948年5月授予的委托书存有两重性：要求“一座最现代的印刷厂和一座建筑上的纪念性”叠盖在建筑的形式和构造之中。它是一座纪念性、简化古典式石砌面层的办公楼，长40米，深24米，从主体建筑中央突出，主体建筑则是一座208米×40米的玻璃墙“工厂”。这个两重性继续发挥了科米尔的专业特长：仰仗他在巴黎美术学院的训练能够满足保守的机关业主的要求。而对于较少约束的实用性建筑物，作为建筑师和工程师的科米尔也能处于设计的领先地位，著名的作品有1912年他早期出色设计的理性主义的混凝土框架办公楼，以及1928年在北美的第一座薄壳混凝土结构，原作为水上飞机库，现已被毁。

政府出版局大楼上面两层的双层玻璃幕墙是使用这种样式的早期作品，并且在提供环境控制上是高度创造性和技术进步的解决办法。一系列18英尺（约6米）高、6英尺（约2米）宽的工厂预制分块铝框，每12英尺（约4米）连接于钢窗棂上（原拟用铝质的），形成相隔4英尺（约1.2米）的两道玻璃围护墙。在其间放置

↑ 2 加拿大政府出版局

供暖和通风设备，以达到55％的相对湿度和80华氏度（约25摄氏度）的温度。10英寸（约25厘米）厚的混凝土楼板放在34英寸（约86厘米）高的大梁上，直径28英寸（约71厘米）到36英寸（约92厘米）的柱子，中距24英尺（约7米），支承着沉重的楼板负荷。到第三层只支承屋面时，跨度则加倍，安置装订间和出版间。清水模板的混凝土结构，以柱子的粗壮和大梁的立体感，具有科米尔偏爱的有力而雅致的比例，并对玻璃墙的轻巧起着衬托作用。这座很好处理细部和比例的建筑物，为避免像一个方盒子形状，通过在第三层缩减一间、在北面退进一跨，以呼应南边砌体的办公部分向外突出；还有底层通过石贴面柱墩的节奏，也使阶梯状石贴面的办公楼与整体相联系。（*P.* 兰伯特）

55. 贝文格尔住宅

地点：诺曼，俄克拉何马州，美国
建筑师：B. 戈夫
设计/建造年代：1950—1955

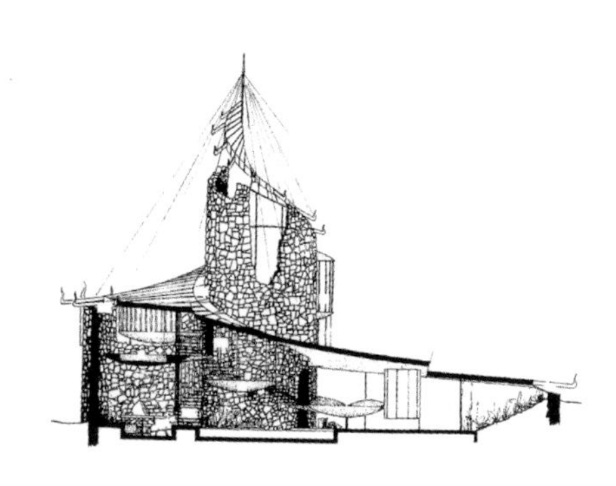

← 1 剖面
↓ 2 低层平面和上层平面

B. 戈夫（1904—1982年）是位珠宝商的儿子，他的建筑设计经常像是将流行服装与高贵首饰结合起来的精致布景。戈夫的作品不自觉地摇摆在高雅艺术与庸俗作品之间。他为画家及其家庭设计的贝文格尔住宅的向上转的螺旋形墙，来自既古老又先锋派的象征观念。从巴比伦通天塔到博洛米尼的圣伊沃教堂的屋顶，再到R. 史密森的螺旋塔，这种螺旋形式意味着“一条引向中心真理的盘旋路”。戈夫在贝文格尔住宅中使用这种原始的形象，是将每日与神圣加以结合，作为他所谓“不断的现在”的一种表现形式。

戈夫是一个建筑奇才，12岁从绘图员做起，16岁设计了一座14层的建筑物。22岁时，他在塔尔萨设计了该市关键的纪念物之一，波士顿大道卫理公会主教堂。他曾受到L. 沙利文作品的启发，他和沙利文有过短期的通

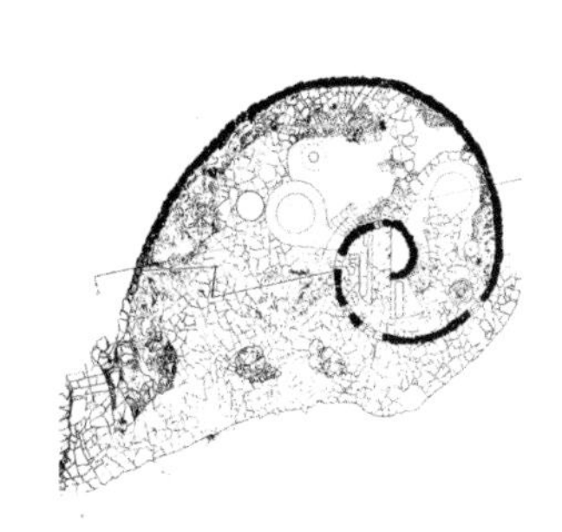

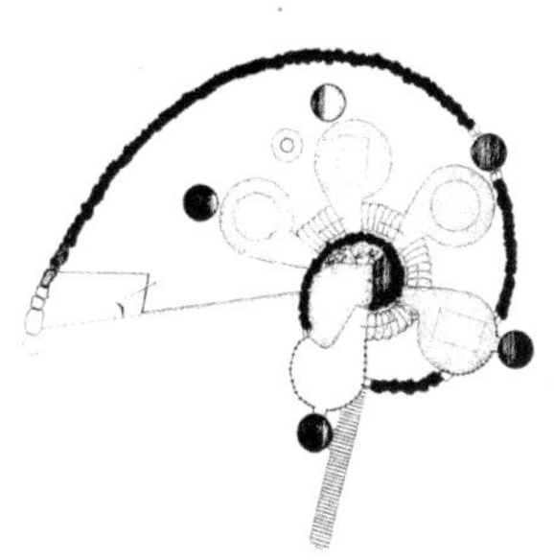

信；而他对于有机建筑的兴趣则部分来自F. L. 赖特，部分来自更多的个人灵感。戈夫的成熟作品追求独立性和民主态度。

从远处看，贝文格尔住宅像是站在俄克拉何马西部草原中的印第安人圆帐篷。螺旋形墙是用当地富铁黑石和玫瑰色石块砌的，由房主和俄克拉何马大学建筑系的学生们用五年时间建成的。弯曲墙面点缀着从当地玻璃厂回收的废玻璃，它使墙面闪闪发光。墙升高15米，到一根由油田钻井管制成的中心钢柱，而屋面、楼梯、带有筒状卫生间的吊舱似的房间等，都挂在这根柱子上。不锈钢的支撑，从中心柱跨到外墙以支承铜屋面。展开该住宅像是在一个单独房间里的序列空间体验，神秘的光来自上面、前边和后边。一个窄高窗向上直达屋面下的墙顶，造成有力的光线效果。由于该场地承担创造一系列水池连接到原有水道的任务，一个人要沿接近地面的序列阶梯形石桥进来。连续的墙面像是从外界景色中的成分转换成一道室内周围的墙壁，直到高耸的烟囱形状。这个历程，其中土地、空气、火和水都聚在一起，再次诉说着戈夫所关心的问题：短暂中的永恒。他使用不常见的或出乎意料的建筑材料，传达着“生活环境难以预料”的兴趣。

（K. 哈林顿）

← 3 贝文格尔住宅

↑ 4 螺旋墙上升15米到中柱的屋顶，楼梯和房间挂在柱上

参考文献

David De Long, *Bruce Goff: Toward Absolute Architecture*, Cambridge, MA: MIT Press, 1988.

Pauline Saliga & Mary Woolever, eds., *The Architecture of Bruce Goff, 1904-1982: Design for the Continuous Present*, Chicago & Munich: Art Institute of Chicago & Prestel, 1995.

56. 通用汽车技术中心款式中心

地点：沃伦，密歇根州，美国
建筑师：埃罗·沙里宁事务所；史密斯，欣奇曼，格里尔斯
设计/建造年代：1948—1956

↑ 1 款式中心鸟瞰
→ 2 隔湖远眺

埃罗·沙里宁（1910—1961年）在1923年随其父伊莱尔移居美国，并在底特律附近匡溪教育社区的田园风光中成长。美国军事工业系统的关键公司——通用汽车公司为其郊区公司园区确定的这项工程，是埃罗从他1950年去世的父亲那里继承来的。1945年业主开始找到伊莱尔时，曾要求在离匡溪不远的一块乡村用地上，创造一处像匡溪画境般的环境，但后来在埃罗指导下的规划，却发展成为美国工业文化的合理组织与技术进步的卓越表现。

通用汽车技术中心，为大企业在郊区创立附属的公司总部开了先例，这个趋势在20世纪下半叶促成许多美国大城市的普遍非城市化。它的位置给公司上层提供了一个学院似的环境：紧靠着公司的郊外住宅区和可爱的高尔夫球场，远离城市的拥挤和矛盾。它意味着所有在这里工作的人都要用小汽车做交通工具，而且园区的设计要安排车道和停车场。在底特律，主要公司在郊区重新安置促使对城市中心可悲的抛弃，抽走了资金，致使繁华区变成了空地和闲房的战乱地带。

沙里宁的设计仍然充满着20世纪50年代特有的技术乐观主义特征。钢框架的、不超过三层的水平结构，组织成六组围绕着一座550米×168米的人工湖的三面。这显然参

↑ 3 室内
↓ 4 外观

照了密斯·凡·德·罗在芝加哥的伊利诺伊理工学院校园（1938—1941年）的规划，以及更明显地借用密斯钢框架幕墙结构的手法，这多少处在对大师的崇敬与抄袭之间。不过，该设计在细部上与密斯有着重要的不同之处：短砌筑的墙用釉面砖贴面处理成鲜明颜色的平面；窗下墙由新颖的瓷砖和绝缘层合成；窗户装有密封条，就像汽车上用的一样——这是最有名的技术改变项目之一。研究管理楼的旋转楼梯，是由钢缆吊着，颇有惊险感。湖边的构图有两个闪亮的不锈钢球体独占鳌头，似乎像是1939年通用汽车未来型展览会的遗留物：一个是入口处的穹顶会堂，另一个是在湖中西北角的三个管子上的水塔球。园林设计师托M. 丘奇负责种植13000棵树和组织由A. 考尔德设计的湖中喷水墙。通用汽车公司的政治重要性，和沙里宁对先进技术环境的有说服力的形象，使通用汽车技术中心成为被大量仿效的实例，而建筑师也变成50年代中学院和公司园区设计方面最有名的设计者了。*（R. 英格索尔）*

参考文献

Allan Temko, *Eero Saarinen*, New York: George Braziller, 1968.

57. 海德罗大楼

地点：温哥华，不列颠哥伦比亚省，加拿大
建筑师：汤普森、贝里克和普拉特事务所（R. 汤姆设计）
设计/建造年代：1955—1957

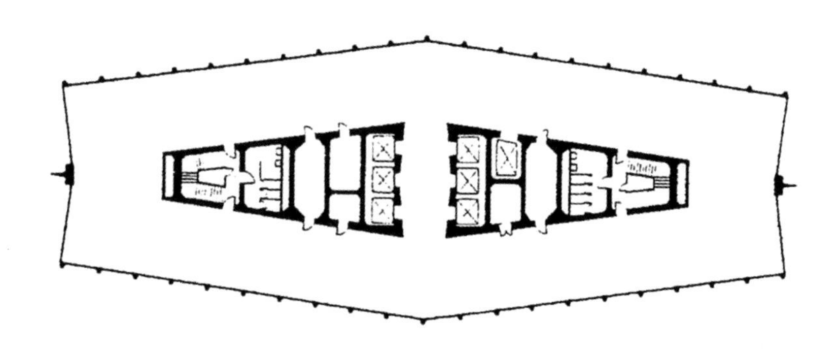

海德罗大楼位于温哥华市中心，是加拿大第一批国际式摩天楼之一，平面造型像一个拉长的菱形。它创始了“菱”形式塔楼，同时期的菱形塔楼还有G. 庞蒂和P. L. 奈维的米兰市皮瑞里大厦和W. 格罗皮乌斯等人的纽约市泛美大楼。构想如同从两层基座上挑出来的一棵树，这座22层大楼开创了一种结构上的解决办法。这种构想为当地许多建筑所模仿，还有它由有色玻

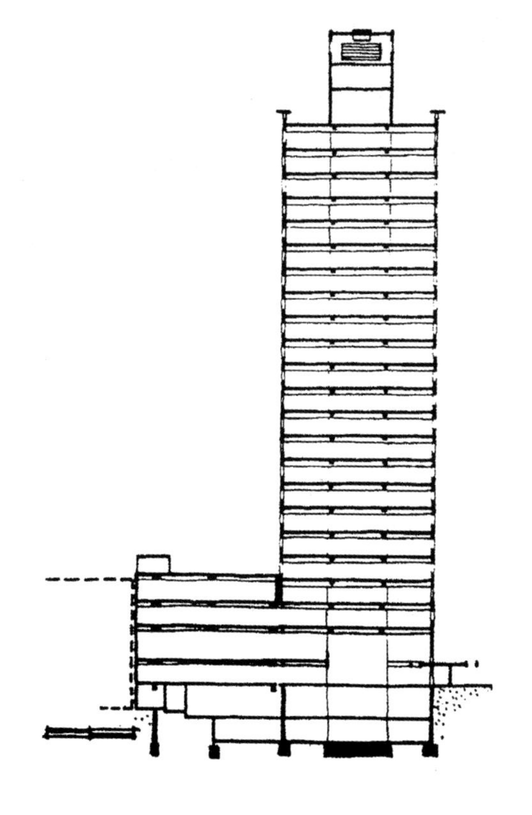

↑ 1 平面
← 2 剖面

← 3 海德罗大楼
↑ 4 外观

璃、瓷板和不锈钢组成的幕墙的晶体效果，也成了这个高层建筑生长的城市里大部分后继者的特点。菱形中间的外张部分是为电梯组和服务设施提供的空间。业主要求设计能够使1000名雇员人人都能望见景色。各种装饰手法是由B. C. 宾宁加上去的，包括一个由蓝、绿、黑色表面组成的瓷砖构图，和在建筑物短面的一个舵似的法兰盘，刻着交替色度的三角形。檐口穿了卵形孔，给檐部增加着一种闪烁效果。海德罗大楼在温哥华开创了对于晶体般高层建筑的特殊偏爱，当它建成时，在技巧上和细部上已经可以与美国主要的公司互争高下了。*（R. 英格索尔）*

参考文献

Rhodri Windsor Liscombe, *The New Spirit: Modern Architecture in Vancouver, 1938-1963* (exhibition catalogue), Vancouver: Douglas & McIntyre in Association with the Canadian Centre for Architecture, 1997.

58. 西格拉姆大厦

地点：纽约市，纽约州，美国
建筑师：路德维希·密斯·凡·德·罗；P. 约翰逊、卡恩和雅各布斯联合建筑事务所
设计/建造年代：1954—1958

1990年1月25日，纽约市文物保护委员会指定西格拉姆大厦作为里程碑式建筑的牌匾上是这样写的：“在1956年到1958年中，作为西格拉姆公司总部而建的西格拉姆大厦，是纽约唯一的一座由著名建筑师密斯·凡·德·罗设计的建筑物，一座20世纪建筑的重要纪念物。它有意打破由公园大道连续建筑形成的走廊，而体现出一座塔楼位于广场中的理想形式的实现。密斯依靠尺度、比例和材料的质量而达到建筑物非凡的庄严典雅。其玻璃幕墙的流动透明与其外檐铜件的力

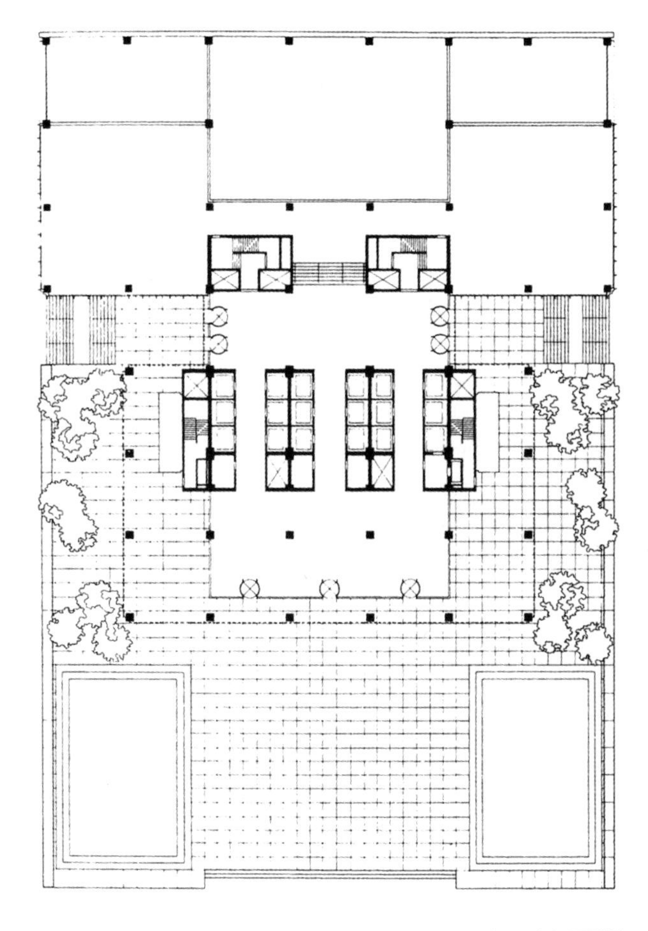

↑ 1 广场层平面

↑ 2 西格拉姆大厦

量取得了平衡，给予现代摩天楼的钢架结构以美的表现。广场、塔楼和室内成为整体是由于一丝不苟的细部处理和精心挑选的建筑材料，包括电梯厅的罗马石灰石和广场用的斯文森粉红色花岗石。”

这座大楼是一位人道主义者关注尺度以及关注部分对整体关系无限层次的作品，充满了沉稳的简单和对人民的尊重。设计中重视运动的过程，从公园大道进入一大片进深100英尺（约30.5米）、与街区同宽的广场，穿过后到达38层高的塔楼。广场空间的布置——树木、水、古绿石条凳——是在邀请人们逗留和凝视，或者继续沿花岗石铺地走过包铜柱子，进入玻璃围合的门厅，穿过石灰石贴面的电梯厅，越过另一处通向两侧街道的空间；再继续走，上几步台阶就遇见毕加索的壁画《三角帽》，它位于四季餐厅的入口处。四季餐厅占据着塔楼后面下边四层长条形部分，形成广场的背景，在街道层提供着一处供人们活动的重要场所。它由P.约翰逊精心设计，是纽约为数极少的单独获得里程碑地位的室内空间之一。

密斯从1919年至1922年发展他的革命性玻璃摩天楼方案，在1946年建成了他的第一座高层建筑，即混凝土的海角公寓，并在1948年至1950年建成开创性暴露钢柱的湖滨路860—880号公寓。两座建筑的外皮都是填充于柱间的，尽管其窗棂是在柱子上的。不过，到1953年的湖滨路900—910号大楼时，密斯开拓了铝压制品，接着是西格拉姆的铜压制品，改变了湖滨路860—880号公寓的钢铁形象。外皮稍稍挑出结构，而整个包住钢架，密斯在以后所有的高层建筑中都使用了这种方案。他认为这是一种更为现代的解决办法：是分离结构与包层的逻辑性决定的。

西格拉姆大厦，由金属和玻璃的暗色包层所隐蔽的骨架结构，如一座内含谜一般的放射体矗立着。就本身而论，它属于密斯第一个幻想方案的神秘事物，那是一幅刊登在1922年*G*杂志封面上的深奥的炭笔画。*（P. 兰伯特）*

参考文献

Peter James Carter, *Mies van der Rohe at Work*, London: Pall Mall Press, 1974.

Phyllis Lambert, ed., *Mies in America*, Forthcoming in 2001.

59. 古根海姆博物馆

> 地点：纽约市，纽约州，美国
> 建筑师：F. L. 赖特
> 设计/建造年代：1943—1959

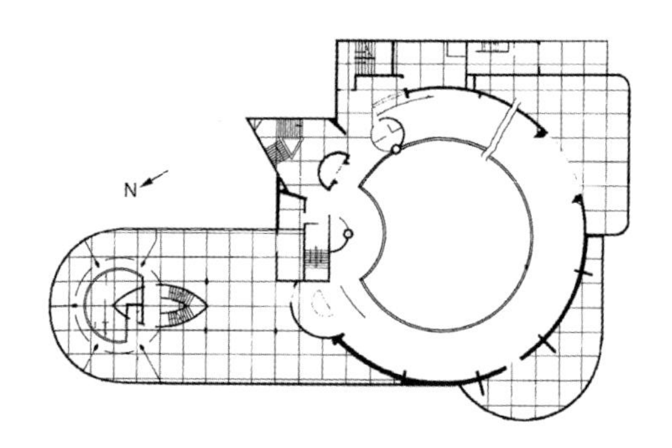

← 1 平面
→ 2 街景

作为一座最不寻常的和引起争论的——基于一个从未建造过的设计方案——收藏艺术品的容器，古根海姆博物馆是F. L. 赖特晚期事业中的杰作。工程开始于第二次世界大战期间，当时建筑师70多岁，到他92岁去世后不久，这座钢筋混凝土的螺旋形结构才完工。造螺旋形博物馆的想法要追溯到赖特事业的早期，有1925年他为马里兰州苏戈洛夫的斯特朗天文馆做的著名的未建方案。1948年至1950年在设计古根海姆的同时，赖特在旧金山的V. C. 莫里斯礼品店的设计中，也探索过螺旋形主题。博物馆在其向上逐步展开的形式里，是赖特的有机哲学和他对艺术与建筑具有超然作用观点的近于完全的体现。与赖特共有后面观点的还有H. 雷比，他是古根海姆的艺术顾问和朋友，并且是位神秘主义哲学的信徒。在建造博物馆的背后，雷比是活跃的力量，想以博物馆给古根海姆收藏的非具象艺术提供一个永久的地方，藏品中以W. 康定斯基的富有表现力的抽象画最为丰富。

赖特对于大城市中"盒子化"建筑的反感，导致他在第五大道上设想出一种反常的、海螺似的样式，对抗曼哈顿的城市方格网。古根海姆博物馆有机导出的形式，与路对面的F. L. 奥姆斯特德的中央公园的19世纪自然主义

1067
DODGE

个 3 古根海姆博物馆

更较为一致。建筑物主体包括一座穹顶的、有顶窗圆厅，由一螺旋面的坡道环绕着，坡道有五度倾斜共转五圈，全长30米，螺旋的直径向上逐渐加大，外墙则向内倾斜。画作挂在周围斜墙辐条式布置的片墙上展出，片墙随坡道旋转而加深。这些放射形片墙，既作为支撑，同时又使流通空间细分为一系列三面墙的展出间。首层的“大画廊”提供较为传统的艺术设备，半圆形电梯间和三角形楼梯间提供直达顶部的垂直交通，顶部是赖特预定的环行参观的起点。

这座建筑物的支配主题是空间和结构的连续性，但正像W. 乔迪所指出的：片墙作为辅助结构构件的插入——它是由于挑出的弯曲坡道的施工困难而需要的——部分地损害了这种连续性想法的纯粹性。赖特也曾打算从集中玻璃环的间接天然光，斜射下来分隔混凝土的盘旋，这个方案最终由于管理的原因而修改了。不过，关于博物馆最引起争论的问题，赖特却占了上风，那就是在斜墙上挂画的问题，以及没有观赏艺术的平地基准点。雷比指责赖特是为他的建筑独特想法创造一座纪念物，而不是为收藏品服务。

博物馆的欣赏者和贬低者之间的争论一直

持续。1992年，为适应大的扩展，G. 西格尔事务所加建了一座引起许多争论的16层板楼——在原场地的东北边上——为博物馆提供了办公室和正常的展室，虽然与原有建筑不同，加建部分不可避免地会影响到赖特体量的独立自主。不过，螺旋形结构内明亮的中庭，仍是一种无比精彩的空间体验，更由于来访者依梯盘旋的运动而生气勃勃。（J. 奥克曼）

参考文献

William Jordy, *American Buildings and Their Architects,* vol. 5, New York：Oxford University Press, 1972.

R. A. M. Stern, T.Mellins, D. Fishman, *New York 1960: Architecture and Urbanism between the Second World War and the Bicentennial*, New York: Monacelli Press, 1995.

↑ 4 室内一

→ 5 室内二

第 I 卷

北美

1960—1979

60. 理查兹医学研究实验楼

地点：费城，宾夕法尼亚州，美国
建筑师：路易斯·康
设计/建造年代：1957—1961

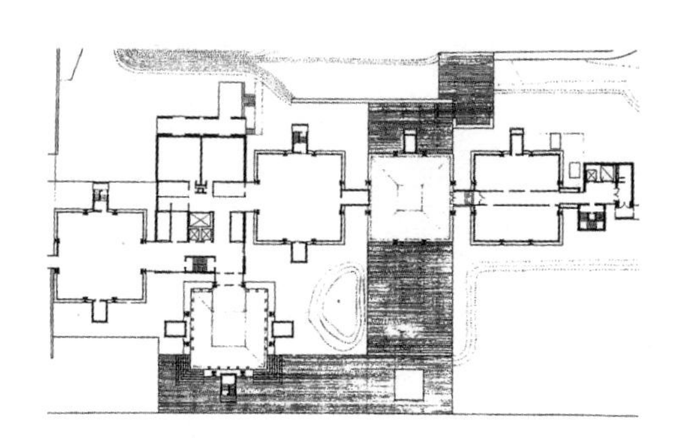

理查兹实验楼的设计标志着路易斯·康（1901—1974年）的经历中和美国建筑理论中的一次重要的突破。作为该建筑物的结果，路易斯·康的“服务与被服务”空间的原则才变为在功能主义精神中的公认方法，并且其从历史汲取的类型学处理有助于组织空间成为协调的形式。由于反对将研究实验楼组织成像沿着一条走廊的一系列房间，路易斯·康设想将方案做成一系列没有走廊的开敞空间，像中世纪塔楼那样叠加起来，以应付场地的狭小和安排许多竖井。垂直式实验楼的唯一先例是F. L. 赖特在拉辛的约翰逊制蜡公司塔状实验楼（1950年）。

理查兹建筑的四座砖面塔楼，每座都由外部的竖井所围绕，竖井伸出楼顶外4米。塔楼以纸风车状连接于电梯厅。北边没有窗户的塔楼以其四个通风竖井为基础，形成首层入口敞廊，该塔楼用来存放供实验用的动物。路易斯·康实施的第一批原则，包括对房间社会价值的一种新的尊重，并将每座塔楼的每一层都设计成为一间大方形室，像周围是窗户的建筑师的统楼面工作室，每边长15米。这个“被服务的”空间可以打开为共同实验之用，并由外部竖井和动物塔楼提供服务。空间不用柱子是根据屋架的跨度能力，屋架是由后张法预应力混凝

← 1 平面
↑ 2 理查兹医学研究实验楼

土构件组成的空腹桁架梁。露明的1米深梁腹用来通过机械设备管道，使结构与服务成为一体。这创造性的结构体系是与A. 科门丹特一起确定的。一座池塘，周围景色如画，这是I. 麦克哈格设计的，像是一个小生态系统。较矮的两座塔楼是戈达德生物实验楼，也是路易斯·康设计的，是在原实验楼完成四年后加建的。

虽然路易斯·康的理想是构建一个学者的社区，而他的建筑设计却引起某些使用者的反对，他们更喜欢较不开敞的研究环境。隔音欠佳的不舒适

→ 3 砖贴面高层及实验室
↓ 4 窗户细部

感觉、过热和眩光，是由于在设计完成后缩减预算又改变了室内设计所致。该设计在形式上和观念上的力量得到广泛赞赏，但这还没有足够的力量去转变一个机构的处境，大概正像路易斯·康的结论："形式与环境条件毫不相干。"（*R. 英格索尔*）

参考文献

Robert Gutman, "Human Nature in Architectural Theory: The Example of Louis Kahn", in *Architect People,* eds. R. Ellis and D. Cuff, New York: Oxford University Press, 1989.

William Jordy, *American Buildings and Their Architects,* vol.5, New York: Oxford University Press, 1972.

61. 杰弗逊国土扩张纪念碑（大拱门）

地点：圣路易斯，密苏里州，美国
建筑师：埃罗·沙里宁事务所
设计/建造年代：1947—1968

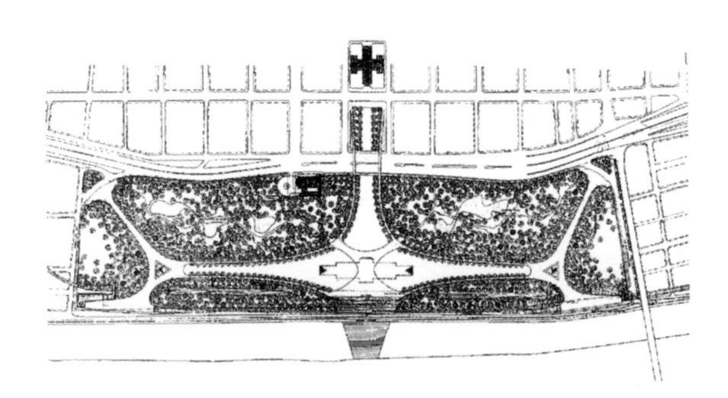

1 总平面

耐锈蚀、引起幻觉和在某些大气条件下宛若天成的大拱门是一座史诗式的纪念碑。它建在密西西比河西岸，以庆祝英裔美国人在北美大陆定居。它是美国最高的纪念物，高达630英尺（约192米），底部宽630英尺（约192米）。拱券是一座空心的钢筒结构，三角形断面，成型如负重的悬链曲线。其绷紧的不锈钢外皮和碳素钢内皮中间夹着混凝土芯，它高至300英尺（约92米）。拱内包着楼梯、电梯、座舱导轨和一座观景平台。西部开发博物馆（1976年）建在拱的下边。在河水与繁华区之间的场地是由风景建筑师D. 基利（1912年生）设计的91英亩（约37公顷）的公园。1947年至1948年为建纪念碑举行的全国建筑设计竞赛，由埃罗·沙里宁获胜，但施工一直拖到1963年，1968年才全部竣工。SEK事务所的H. 班代尔是结构工程师。由国家公园管理局建造和管理的大拱门，是美国最重要的旅游点之一。

正如历史学家小C. B. 霍斯默和W. A. 梅尔霍夫指出的：对于20世纪中叶的美国文化而言，大拱门是一座不寻常的纪念碑。为纪念T. 杰弗逊总统1804年的“路易斯安那购地”和圣路易斯作为“西部大门”的地位，这项计划出自圣路易斯商业上层人物的努力，在20世纪30年代获得联邦基金去重新开

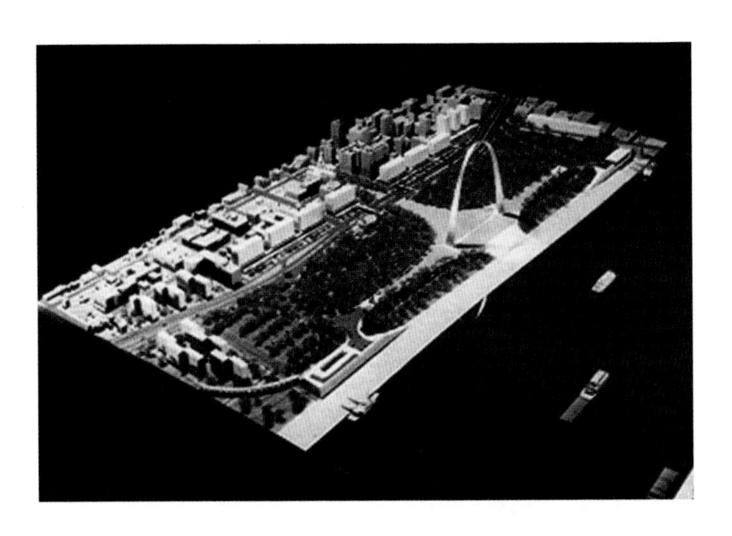

← 2 拱
↑ 3 模型

发商业区的房地产。该计划被提高到具有历史意义的行动，需要全部拆除圣路易斯18世纪的40个历史性街区，只留下一座建筑物。这种做法成为20世纪50年代和60年代联邦基金资助的"城市更新"清除计划的一个先例。由于受到"冷战"政治文化的影响，沙里宁的设计曾受到攻击，说它类似法西斯"E42罗马世界博览会"上由A. 利伯拉设计的未建的拱券。被艾森豪威尔总统称为"军事工业综合体"的专门机构从事建造沙里宁富有灵感的形式与结构的统一体。总承包商是麦克唐纳建筑公司，它曾为美国政府建造过导弹发射井，使用了圣路易斯杰出的国防承包商（麦克唐纳飞机公司）的先进计算机技术去规划大拱的施工程序。

在建筑艺术上，大拱门追求以现代词语组成象征性的纪念物，就如S. 吉迪翁、J. L. 塞特和F. 莱杰的《纪念性九点》（1943年）宣言中所说。沙里宁将其设计形容成"我们时代的一座凯旋门"，唤起了"二战"后美国强权和平下的帝国野心。像它在圣路易斯的臭名远扬的同类P. 霍姆斯与艾戈公寓一样（赫尔穆特、山崎实和莱因韦伯设计，1954—1955年），杰弗逊国土扩张纪念碑也是横扫了历史性城市，并在清除旧貌、进行典型美国城市更新的郊区规模上，以国家力量所维护的东西取而代之。

（S. 福克斯）

参考文献

"Jefferson Memorial Competition Winner", *Architectural Record* 103 (April 1948), pp. 92-103.

Aline B. Saarinen, ed., *Eero Saarinen on His Work,* New Haven: Yale University Press, 1962.

"Engineering of Saarinen's Arch", *Architectural Record* 133 (May 1963), pp.188-191.

W. Arthur Mehrhoff, *The Gateway Arch: Fact and Symbol*, Bowling Green: Bowling Green State University Popular Press, 1992.

62. 卡彭特视觉艺术中心

地点：哈佛大学，剑桥，马萨诸塞州，美国
建筑师：勒·柯布西耶
设计/建造年代：1959—1963

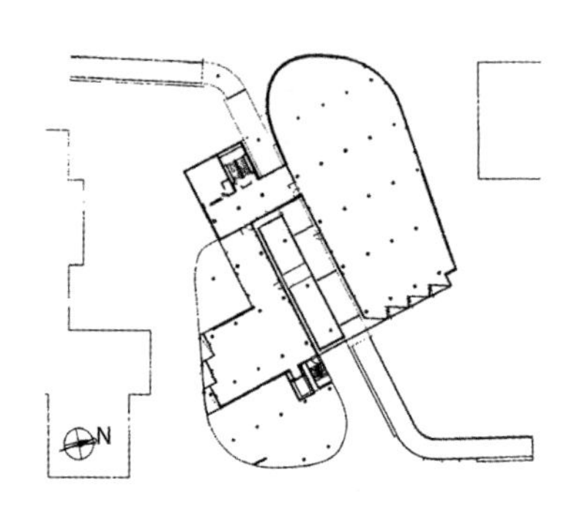

⇠ 1 平面
↓ 2 显示窗户上的大遮阳板

在勒·柯布西耶（1887—1965年）看来，美国遭到了“可怜的自相矛盾”，那里有世界上最自由的工业文化，却不能创造出足够自由的建筑。通过他的追随者、哈佛大学建筑设计研究院主任J. L. 塞特的支持，他得到了在美国的唯一设计委托，这是他生前完成的最后一批建筑物之一。勒·柯布西耶曾对他年轻的智利助手J. 德拉封特吐露，因为这座为哈佛校园设计的小

↑ 3 卡彭特视觉艺术中心外景

型艺术中心是他在美国唯一的建筑，“他于是将在其中放进他的全部建筑要素。卡彭特中心为柯布西耶毕生为形式和要素”痛苦追求的新建筑提供了一部百科全书：“鸡腿”柱和坡道可追溯到萨伏伊别墅（1930年），色彩鲜明的门和墙板可追溯到巴黎的救世军大楼（1933年），成排的混凝土和大遮阳板可追溯到马赛公寓（1947—1952年），波动的窗户布置（加上不规则间距的混凝土支撑）以及彩色光井则是拉土雷特修道院的手法（1955年），而其设计的小叶片“声学的”体积以及通风器（在通风狭槽中的旋转叶片）则是印度艾哈迈达巴德的面粉厂主协会建筑上的手法（1957年）。

该设计的想法来自对哈佛校园中交叉小路的迷恋。虽然有理解现场特点的良好意图，而卡彭特视觉艺术中心的球状混凝土形式却决心不理会周围砖砌建筑的尺度和材料，多少像两架巨型钢琴挤进了一条走廊。大胆的坡道是抓住现场精神的合宜的尝试，凸显出艺术学生们的画廊和工作室。不幸的是，学生们更喜欢从坡道下面抄没有铺地的近道去教室和首层咖啡厅。在冬天，为了安全，冻冰的坡道会被封闭。

勒·柯布西耶曾经是空调的早期提倡者，并且在美国工业生产的启示下，曾一度将现代建筑辩论式地类比于汽车。不过，在他的晚期生涯中，他拒绝技术的支配性，偏

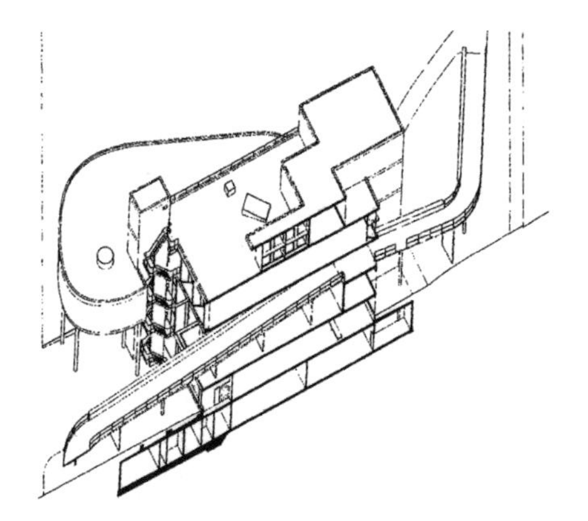

↑ 4 摄影室室内
← 5 轴测剖面
↓ 6 立面局部

爱较为原始和自然的解决办法。如，任凭杂草丛生在卡彭特视觉艺术中心的屋顶平台上，大遮阳板用来自然地遮阳并冷却建筑物，同时室外翼片的倾斜位置将反射北面的光线进入工作室。“通风器”本是勒·柯布西耶的专利发明之一，它基于北非民间的透气缝原理，但它变成了在画施工图中的一个争论点。制作施工图的塞特事务所曾建议用橡胶密封条将透气缝堵住。勒·柯布西耶愤怒地回信说，这种尖端技术是不易被接受的，而且小小的漏风永远不会伤害任何人，他说：“建筑物不是一辆汽车！”

（R. 英格索尔）

参考文献

Eduard F. Sekler and William Curtis, *Le Corbusier at Work. The Genesis of the Carpenter Center for the Visual Arts,* Cambridge: Harvard University Press, 1978.

63. 多伦多大学马西学院

地点：多伦多，安大略省，加拿大
建筑师：汤普森、贝里克和普拉特事务所（R. J. 汤姆，责任建筑师）
设计/建造年代：1960—1963

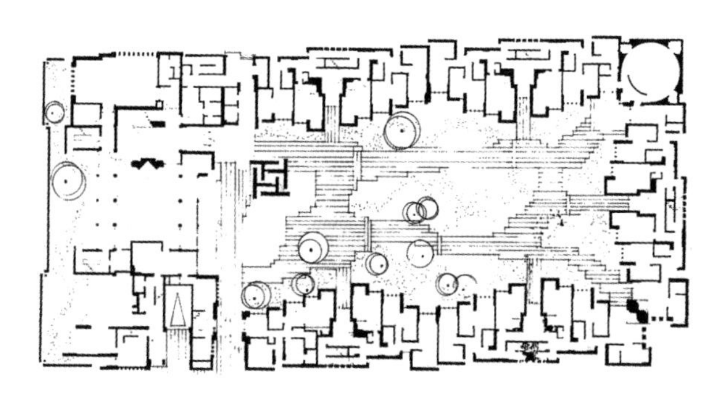

← 1 平面

马西学院，一座为多伦多大学特别批准的供研究生使用的新寄宿综合建筑，它的设计是一次内部竞赛的成果，获奖的是R. 汤姆（1923—1986年），他来自汤普森、贝里克和普拉特事务所。V. 马西——前加拿大总督和捐赠学院的马西基金会的主席——以牛津模式确定了任务书。周围封闭的300英尺×150英尺（约91.5米×46米）的场地，建筑物连续的墙体面对着一座宁静的、长满树木的四方院子。

五座三层高的住宿建筑的不连贯节奏——形成院子的东、北和西面——以突出的砖柱为明显特征，标志着入口序列以及由石灰石和混凝土窗墙所强调的阶梯形垂直平面的边缘。一座独立的钟塔，从一座喷泉和水池倒影中升起，自由地将住宿部分与南面的公用空间隔开。塔的交叉墙面，过渡到更巨大的水平砖墙，它限定着公共房间——图书馆、公共活动室和饭厅——以及导师的住宅。在学院生活中，饭厅的中心地位是由网状石灰石和玻璃高窗来标志的，从街上望去，它立在实砖墙的垂直阶梯形墙面之上，像一座中世纪城堡中的礼拜堂。

作为室外用料的砖和石灰石继续用在室内，再配上工艺精湛的木门、家具和铜件。汤姆是由绘画进入建筑设计的，他曾师从温哥华艺术学校的B. C. 宾宁，从宾宁

↑ 2 研究生宿舍
← 3 学院一角
→ 4 室内

↑ 5 带有钟楼和餐厅的庭院

（以及从F. L. 赖特的实例）那里吸收了这样一种概念，即将场地、建筑物和室内陈设作为一个整体艺术作品。他自己设计过许多家具，并指导一个艺术家小组把与所用建筑词汇相称的装置、餐具、印字和其他细部，特意作为整体与建筑物同时制作。

马西学院建于1963年时，引起了争论，它用砖和石灰石来构建是与当代技术对立的。然而，原来只是在不列颠哥伦比亚省工作的汤姆，却以其设计而闻名全国。从1963年到1968年，他在汤普森、贝里克和普拉特事务所继续设计了安大略省彼得伯勒的特伦特大学的校园和一些建筑物。在他成立了自己的事务所以后，他创作了标志着加拿大景观的建筑物，其中有：1974年完成的大多伦多动物园总图，1973年安大略湖尼亚加拉的“肖”节日剧场，以及完成于1975年的不列颠哥伦比亚省维多利亚的L. B. 皮尔逊太平洋学院。

（P. 兰伯特）

参考文献

Ron Thom, “Massey College Competition: Architectural Comments”, *Journal of the Royal Architectural Institute of Canada* 37, no.11(November, 1960), p.492.

Brigitte Shim, “Art and Function”, The Massey Bull, 1963–1993, quoted in Douglas Shadbolt, *Ron Thom: The Shaping of an Architect,* Vancouver and Toronto: Douglas & McIntyre, 1995, p.83.

64. 范娜·文丘里住宅

地点：栗树山，费城，宾夕法尼亚州，美国
建筑师：R. 文丘里，肖特
设计/建造年代：1961—1964

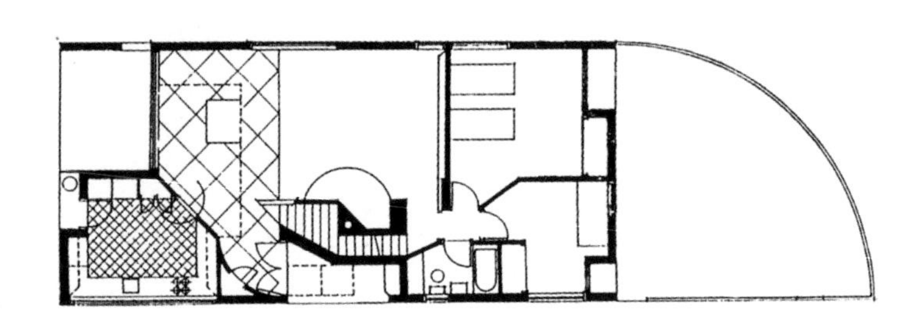

→ 1 平面
↓ 2 后立面外观

R. 文丘里（1925年生）为他母亲设计的这幢住宅曾成为后现代主义者的样板，是他在《建筑的复杂性与矛盾性》（1966年）一书中阐述他想法的一个建成宣言。它最著名的是其有讽刺意味的纪念性立面，一种对称的游戏式构图，以及用裂开的山墙强调的不对称、任意的束带层、窗子的混合式布置和偏移的烟囱。这座厅似的住宅位于费城富裕郊区一处宁静的小路旁，建在马

↑ 3 范娜・文丘里住宅

↑ 4 起居室、餐厅
↓ 5 楼梯间

路旁的一块平伸草地上。在彻底背离文丘里书中批评的周围环境传统形象以及抽象现代建筑的同时，它也是一个好相处的邻居。文丘里的设计接近大众艺术的讽刺性美学，又使人想起传统的美国木板风格住宅，如麦金、米德和怀特事务所的1887年低价住宅和“二战”后大量建造的住宅区。

首层，包括起居室、餐厅、厨房、主人卧室及客房，仍继续着正立面上显示过的变形对称和开闭矛盾的手法。入口厅刚好在立面后边，一座弯曲的楼梯与一座超大的壁炉在平面和断面中结合成为支配形象，由裂开的山墙透过光线来照射。尽管故意破坏常规的形式和装饰，该设计仍有亲切的、令人惊喜的处理，像靠近用餐处的小平台，是从西立面挖进的；上层有一小卧室，卫生间塞进坡屋面的下面，以高窗狭缝采光，还有开向后立面阳台的圆散热窗。阳台突出后立面屏幕似的特点，它像正立面那样，看上去也如纸板似的单薄。

根据文丘里自己的描述，该住宅达到“对适当数量基于经验差异的确认与内含物上不同部分的困难统一”。现在的所有者为一位退休教授，仔细地保持了其原貌。（J. 奥克曼）

65. 多伦多市政厅

地点：多伦多，安大略省，加拿大
建筑师：V. 雷维尔和 J. B. 帕金事务所
设计 / 建造年代：1961—1965

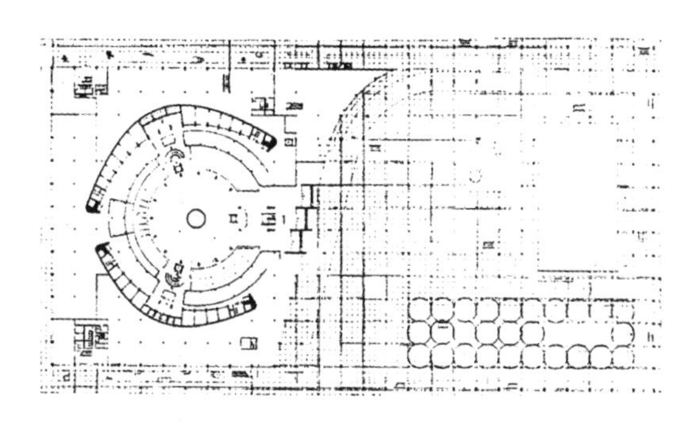

← 1 平面
↓ 2 大理石贴面细部

多伦多市政厅的设计，是1958年国际竞赛中芬兰建筑师V. 雷维尔（1910—1964年）的获奖作品，它是北美地区最坚定的尝试之一，即不援引过去的形象而创造出权力机关的现代象征。置于升高墩座上的两座弯曲的板楼，东边高20层的一座是市政府，西边高27层的一座是大都市行政部门，它们围绕着中央的一座会议大厅，其逐渐缩小的贝壳形状的令人想到飞碟而不是传统式的穹顶。塔楼平面上在中部加厚，像回旋飞镖形状，在凹进的立面上整个是钢框架玻璃幕墙，但在外立面却全是镶嵌着大理石薄条的预制混凝土板贴面。板楼的不规则形状及其整体风度，像是巨型的导弹发射井架，使得建筑综合体凸显于多伦多繁华区的高层方盒子之中。N. 菲利普斯广场，一座优雅的广场，作为一处群众集中的划界场所，占据两座大楼现场的一

半。这座广场在北面由一条单排柱的高架人行道来限定。柱列框住一个滑冰场，它由三个抛物面拱券优雅地跨过，造成建筑物边上的雕刻性焦点。车行坡道不对称地弯到会议厅的上层入口。市政府可停2350辆车的停车场放在广场下面。

多伦多市政厅综合体的焦点式构图，表现为对于纽约的联合国大厦（1947—1952年）中性构图的一种不同发展，并且与O. 尼迈耶和L. 科斯塔设计的巴西利亚现代派政府综合体在形式上和新纪念性上可以并驾齐驱。它确认着新野性主义趋向，去利用袒露的混凝土表面和建造雕刻性构图而引起有内在含义的联想。北美地区在尺度上和抽象性上堪与之相比的仅有的其他现代派政府综合建筑是：波士顿的政府中心（1967年）、纽约州奥尔巴尼的帝国广场（1965—1978年）以及达拉斯市政厅（1972—1978年）。但这些从未达到雷维尔作品的亲切感或受到大众支持。建筑物的集中构图和连拱廊的公共空间成为多伦多一处城市场所，它的吸引力有如罗马的圣彼得广场。

（R. 英格索尔）

← 3 从N. 菲利普斯广场看市政厅
↑ 4 中心议会厅
↑ 5 室外旱冰场

66. 麦克马思－皮尔斯天文观测站

地点：基特山顶，亚利桑那州，美国
建筑师：SOM 事务所，M. 戈德史密斯
设计 / 建造年代：1962—1966

↑ 1 近景
↪ 2 麦克马思－皮尔斯天文观测站

大部分人知道建筑师兼结构工程师M. 戈德史密斯在基特峰顶上的杰作，都是通过摄影家E. 斯托勒所摄的那个吸引人的影像，白漆的铜管像显示着令人吃惊的希伯来文第一个字母，安坐在一座帕帕戈印第安人视为神圣的沙漠山顶上。现在访问过的人都知道：在山顶上从东到西延续约1英里（约1.6千米）中，遍布着无数不同形式的天文仪器及其附属的支承建筑物。甚至从公路到美丽的车道上，先爬过缓坡和岩屑形成的凹地，然后到达山上，仍很难看到山顶的建筑。在到

达山顶的西端后，各个观测站的显然粗犷的形式，会引起一位敏感的来访者怀疑：这次可能是没有目标的漫游。不过，在山顶的东头仍然是戈德史密斯那吸引人的孤立的形式，衬着天空显示着轮廓。一个突出简单的物体似乎在说："瞧！"这座观测站的形式以不断完美的方法调节和接受着光线，无论是在沙漠的中午、日落、月升或夜空的光线中；从下面静谧的沙漠到观测站6670英尺（约2034米）高地上松林的飒飒作响，该建筑都是周围景色中的焦点，一切都显示着太阳的力量和神秘。

这是世界上最尖端的天文观测站。戈德史密斯设计上的杰出简单形式，将观测工具高度敏感的功能包在两根相交的菱形管子里。50吨的"定日镜"在建筑物的最高处，建筑建于被称为结构直腿的30米高的混凝土塔上。"定日镜"有一面向太阳的1.5米厚的镜面，镜面将其聚集的光线沿管子往下传160米，方位与北极星成32度角的管子大部分在地下，其尽端是转方向的镜面，它将光能分送到一个或一些接收点，供地下观察室来处理。菱形管子外包液冷铜皮并漆成白色，以抵御或减轻风力和导热到管内。对每小时40千米风力的允许位移是四分之一英寸（约6.4毫米）。

在基特山顶工作的科学家们，今天已经将它视为老机器了，对新观念和技术而言业已过时，但对他们的工作仍然有用。就像有些从事太空计划的人受到过N. 梅勒的批评，因为他们对于其行动和经验的诗意毫无兴趣，只有在观测站工作的少数科学家提到过，有着能在其中完美工作的形式美观的特殊好处。正像玛雅人或伊斯兰的美丽观测处得以保存，主要是由于美学，而不是科学的价值。所以戈德史密斯的观测站，也将成为20世纪中叶研究太阳的纪念物，像一首俳句，或复杂如十四行诗的价值。*（K. 哈林顿）*

参考文献

Reyner P. Banham, *Scenes in America Deserta*, Salt Lake City: Gibbs M. Smith, 1982.
Myron Goldsmith, *Buildings and Concepts*, New York: Rizzoli, 1987.

67. 圣玛丽天主教堂

地点：雷德迪尔，艾伯塔省，加拿大
建筑师：D. 卡迪纳尔
设计/建造年代：1965—1968

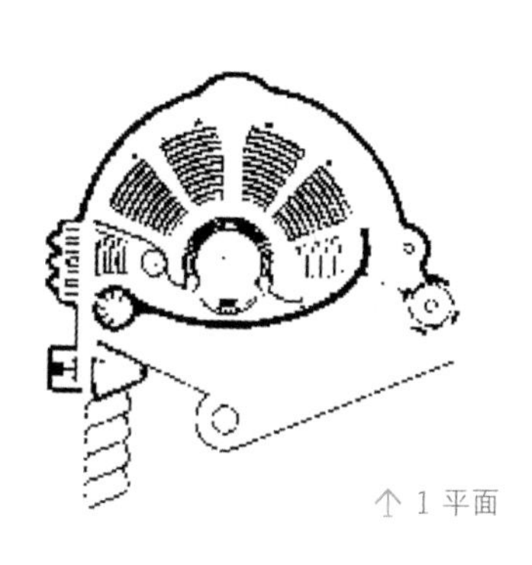

↑ 1 平面

位于艾伯塔人烟稀少的大平原中的圣玛丽教堂具有蜿蜒的构图，那是与其平坦现场的“搏斗”。它是由具有印第安血统的D. 卡迪纳尔（1934年生）做的第一次重要设计，教堂的平面和立面都是波动的，表现着这位建筑师的论点：“我只能想到曲线形式。”卡迪纳尔的表现主义者的曲线，又重现在更大的一些工程里，如艾伯塔政府服务大楼（1977年）和在魁北克省赫尔的加拿大文明博物馆（1983—1989年），这被看作对于西方文化中正交与轴线的抗议手段。这座教堂由于规模较小，除了窗子布置和其他建筑组件倾向于直角外，是他作品中极少妥协的方案。

其设计灵感的来源，范围从意大利的巴洛克到A. 高迪，也包括勒·柯布西耶的朗香教堂——该教堂的内部空间容纳在两道无窗的红砖墙之间。后墙从低处开始，环着告解处有力地摆动，并且逐渐以一道似游龙摆动的矮墙环绕座席，最后变成旋转的钟塔。另一道墙似卵形环绕着祭台，在中部垂直伸展，宛如一头野牛的侧影。后张混凝土屋面在两道墙间绷紧，像跨度36米的下垂吊床，这是从F. 坎达拉的混凝土壳体得到的技术灵感。一个圆柱形天窗穿透屋顶成了3米深的竖井，在祭台上面提供着异常的天然光线。相似于教堂的西南地下会堂，是

↑ 2 圣玛丽天主教堂

纳瓦霍人用的圆形圣堂，十分突出，甚至其风格参照似乎接近于欧洲的表现主义。卡迪纳尔设计的教堂是北美地区有机传统的最佳作品之一，这种传统的主角是F. L. 赖特、B. 戈夫以及与他同时代的加拿大人É. J. 加鲍瑞。*（R. 英格索尔）*◢

参考文献

Trevor Boddy, *The Architecture of Douglas Cardinal*, 1995.

68. 西蒙・弗雷泽大学

地点：伯纳比，不列颠哥伦比亚省，加拿大
建筑师：埃里克森和马西事务所
设计／建造年代：1963—1965

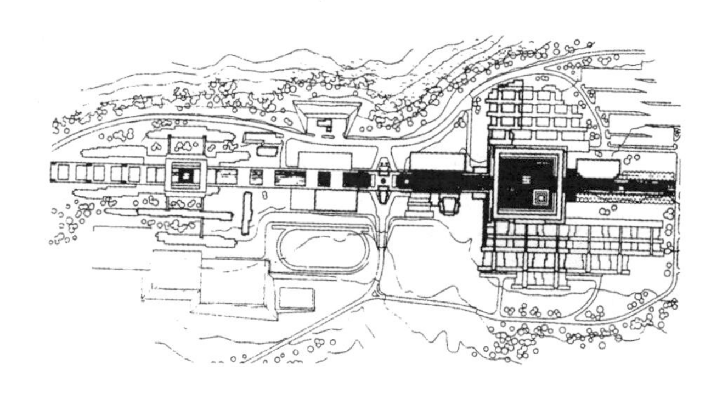

西蒙・弗雷泽大学位于距温哥华10千米的一处僻静的山头上。A. 埃里克森做的校园设计继续着将大学作为单栋建筑的加拿大传统，它始见于A. 科米尔设计的蒙特利尔大学。在这次设计中，建筑物的巨型结构比例像是山上的一座线型城市。各种不同的系馆、礼堂和服务建筑都被合并成一座统一的结构，它平行于一条由屏障和棚架防护的大路，从头到尾延伸达1千米多。中

↑ 1 总平面
← 2 广场别景

↑ 3 外观局部

央大厅（91米×41米）的顶子是由木材和钢制作的镶玻璃的空间框架。建筑物完全以新野性主义风格设计细部，使用袒露的混凝土柱台支承着大块平屋面，其中许多用为平台。校园周围是未开发的松林公园，而校园内容都装入单座建筑物，以更多地保护景色。一条车道环绕着这座长长的建筑，并在中点穿过它，将建筑一分为二。

↑ 4 广场景观
↓ 5 校园鸟瞰

作为埃里克森大多数作品的特征，屋顶被处理成单独的构件，简直像一把巨伞，在它下面可以装进不同的项目。有节奏地交替安排在窄间的支柱沿不同建筑而延续，依稀地参照过去哥特式的韵律。同时，分离棚架的美感可以回溯到B. C. 宾宁的住宅和温哥华的地方性现代主义运动。而西蒙·弗雷泽大学将城市模式运用于机动车化郊区的国际性探索中，成为一个开创性的作品。创造一套盘旋在车行道上面的人行道路网的想法，从20世纪50年代晚期的十人小组讨论开始，已经实现于意大利乌尔比诺的卡罗大学（1963—1976年）、柏林的伍兹与希德海姆的弗里大学以及英国东英吉利的丹尼斯·拉斯顿大学的校园里，这些都是与埃里克森的规划同时进行的。（*R. 英格索尔*）

69. 索尔克生物研究所

地点：拉霍亚，加利福尼亚州，美国
建筑师：路易斯·康
设计/建造年代：1959—1965

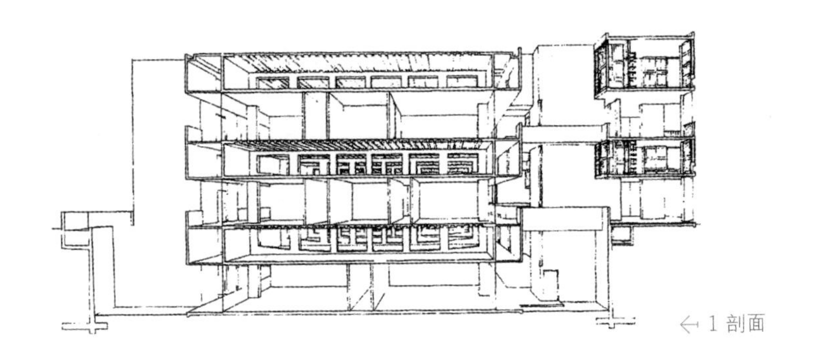

1 剖面

由路易斯·康设计的索尔克生物研究所，孤立地跨在海边石崖上，以完全现代的技术和形象达到古代希腊庙宇的境界。可以望到光秃秃石灰石铺地院子的两座实验楼和研究室塔，以从阿尔罕布拉宫庭园中借用的一道涓流水槽为明显特征。外表的整个体量是对微妙透过的内层立面的衬托，内层立面是以凹进的院子、地层门廊和上面敞廊造成有节奏的光影变化图案来修饰的。细部完美的混凝土形式、严格的直线和对称，与加利福尼亚州犬牙交错的海岸线形成强烈对比，这正符合路易斯·康的理念："建筑是自然界所不能制造的东西。"

由小儿麻痹疫苗发明人J. 索尔克建立的现有建筑物，原来想建成一个大的建筑综合体的中心部分，综合体包括在一边的公共接待处、俱乐部和讲堂，以及另一边的像地中海小镇般的成串住宅。由于超出预算，由路易斯·康设计的其他项目都未建成，只是后来才变通地增加了些项目。索尔克有意将他的研究所建成像中世纪阿西西修道院那样容纳30位到40位科学家的学者社区，就其爱好进行集体或个人研究。路易斯·康则反对这个建议，认为它应该成为一处能适合毕加索的地方，即提供统楼似的有高窗的实验室（20米×75米），可以根据空间要求来划分。三层都

↑ 2 庭院

→ 3 细部——墙与地面衔接处

↑ 4 侧立面外观

↓ 5 背立面外观

由3米高的空腹梁形成的夹层来服务，其中装着全部机械设备和服务设施，这样就容易进行技术改造而不影响实验室的活动。在20世纪50年代，交替的服务层已经成为医院的标准做法了。该设计也是面对宾夕法尼亚州立大学理查兹实验楼所遇到问题的解决办法。

教授的办公室为了私密性而从实验楼中分出来，成为十座独立的小楼。小楼与实验室之间的有顶通道敞向庭院，为偶然相遇提供着交际敞廊空间，还装有一排黑板来为即兴发挥之用。小楼用混凝土实心板建成，它转动45度角，使每间办公室都能看到海景。柚木的墙板和窗户环绕四周，木质遮蔽物填在混凝土框架的狭缝里，并以其天然的表面软化着建筑。用柚木进行细部处理的多处办公室，一座图书馆和咖啡室排在大楼西端。索尔克研究所的院子引起一种静谧的敬畏，以及留下对现代科学崇拜的一种神圣的空白。

（R. 英格索尔）

参考文献

David de Long and David Brownlee, eds., *Louis I. Kahn: In the Realm of Architecture*, New York: Rizzoli, 1992.

70. 海滨牧场（*1* 号公寓）

地点：门多西诺，加利福尼亚州，美国
建筑师：穆尔、林登、特恩布尔和惠特克事务所（MLTW）
设计/建造年代：1963—1965

作为度假单位来设计的海滨牧场位于门多西诺海岸当风的峭壁上，它的建成标志着有根据地回归到民间形式。这是旧金山海湾地区风格的第三代。5000英亩（约2023公顷）的现场，是由风景建筑师L. 哈尔普林以开创性生态学意识的方法来构想的，可能以集中住宅单元成为临近丛林的紧凑群体方式，来试图保护尽可能多的自然环境和海滨土地。MLTW事务所设计的一组十座公寓的原型，在风格上参考当地的木板条谷仓的体积和材料传统，引进斜切单坡屋面的动态轮

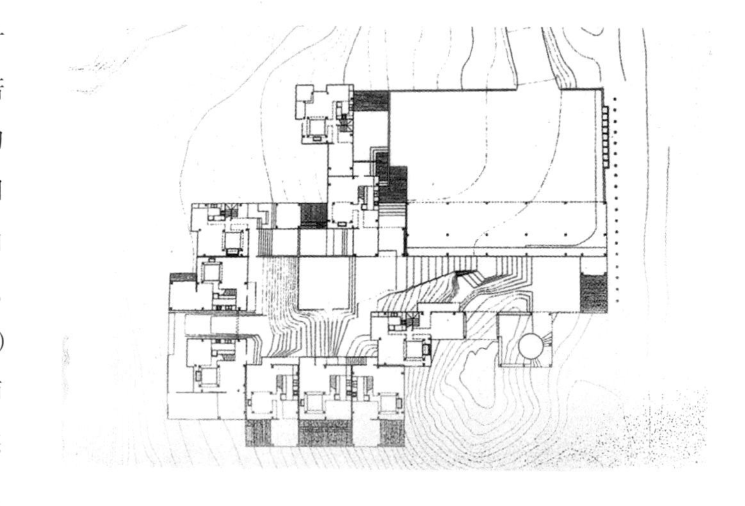

↑ 1 平面

↑ 2 海滨牧场
← 3 庭院
↦ 4 停车场

廓。公寓院落的集体场所不经心地斜升至长满草的平台上，以木踏步框起。每个单元都不大，但却具有宽敞的感觉。由于利用在起居室上边由四根柱子支撑的壁龛式卧室，留下双层高度的剩余空间给室内平添了生动的明暗效果。房间内套着房间而装在貌似简单的外表内，是从C. 摩尔在奥林达为自己设计的厅式住宅（1960—1962年）上引来的。

就像加州孟加拉式院落的先例那样，第一批海滨牧场公寓在公共与私人空间之间，形成一种有趣的张力，并由于具有非直接视野窗户的巧妙安排而加强了这种张力。凸窗依附于剪切的体积而造成特殊的景观。海滨牧场公寓有助于展示一系列的设计准则，它影响到该地区后来其他建筑师的作品，并建立起一种简单、有均衡坡顶的、木板面层郊区住宅被大量模仿的风格。除去在加州大学圣克鲁斯分校克雷斯吉学院的乡镇似的街景设计以外，无论是MLTW，还是个体的事务所，都没有跳出其曾经获得的成就，即将现代形式的新鲜感与源于民间的喜闻乐见相结合。*（R. 英格索尔）*

71. 1967 年世界博览会美国馆

地点：蒙特利尔，魁北克省，加拿大
建筑师：剑桥七人联合组和 R. B. 富勒等
设计 / 建造年代：1967

↑ 1 平面
↦ 2 细部

毕生为提高效率而奋斗的R. B. 富勒（1895—1983年）创造了“以少造多”的口号，它接近于极简派的“少即多”的信条。20世纪40年代晚期，当富勒在黑山学院时，与当时也住在那里的设计家J. 凯奇一起，完善了其最不朽的发明之一，即短杆件网格球顶。在研究多面体的抗拉强度中，富勒说明了用小材料，能够达到极大的跨度。在60年代中期，富勒与日本工程师佐藤正

↑ 3 美国馆的短杆件球顶

↑ 4 外观

治一起，创作了一系列设想的巨型结构方案——包括一座覆盖曼哈顿中区的穹顶，一个飘浮在旧金山湾上的百万居民的四面体城市，以及可居住的1千米宽的空中城市“云中球”。

在同一时期里，他参加了1967年蒙特利尔博览会为美国馆做的最大短杆件球顶设计。这个巨型球在两层高的基座上升起20层高，像一个半透明的壳，装入一系列内部平台。展出空间和环行线路是由剑桥七人联合组设计的，其多层平台设计也同样巧妙。不同层面间以自动扶梯联系，其中之一从中央空间射出50米而达到更高的层面。穹顶由展览会的单轨交通系统穿过，它对环行的迂回增加了戏剧性。巨型穹顶是由短钢管杆件建造的，杆件安排成两层，其间夹着青铜色丙烯酸玻璃，它既隔热又透光。电脑控制的遮帘进一步减少了眩光。闪闪发光的绿铜色调使穹顶在博览会中大放异彩，并成为现成的未来偶像，类似一个世纪前的水晶宫。展览的全部实用方面包括入口、剧场以及大量机械设备都放在基座处。由于穹顶的构造精巧，它看上去不像是统治权威的或美国霸权的象征，而像是纯客观的、以科学解决世界问题的技术能力上表示信心的新事物。经过一次火灾和几十年的闲置，这座原为临时的建筑物已经保存下来，并改造成为一处环境教育的中心。（R. 英格索尔）

72. “住地 67”

地点：蒙特利尔，魁北克省，加拿大
建筑师：M. 萨夫迪
设计 / 建造年代：1964—1967

⇽ 1 平面及剖面

“住地67”是1967年蒙特利尔博览会上最大的展出项目，是展现用工厂预制方法解决大规模住宅的一次有抱负的尝试。虽然住宅曾经常是国际展览会的一部分，但大规模住宅却从未有过，这就给予蒙特利尔博览会一项社会议题，同时也是属于国家和公司感兴趣的问题。住地由M. 萨夫迪（1938年生）作为他硕士论文的一个变体而设计，并由D. B. 博尔瓦事务所协助。它呈现为巨型结构的构图，利用5米×4米的标准住宅单位作为建筑的基本组成部分。P. 鲁道夫关于住宅单位类似砖块堆积的设计理论以及他未建成的位于曼哈顿南区的平面造型艺术中心设计方案恰恰在同时提出，而且在尺度和风格上与蒙特利尔的这次实验颇为相似。

“住地67”位于蒙特利尔商业区南边的劳伦斯河的一个岛上，由国家和地方政府出资。当重新评估投资效益时，原计划的许多公寓和服务项目被削减了近90%，或者可能是工业预制单元要求高的启动投资，而使每平方米的造价几乎比商业性生产的住宅高出五倍。158套住房分为三组，堆积如山似的十层。共有15种套型皆由标准房间合成，从一间到四间卧室不等。标准房是在现场的厂房中预制，两天制成一间，然后用轮式起重机吊装就位，以交错的方式互相堆积，并

← 2 鸟瞰“住地 67”
↓ 3 从屋顶平台眺望河面
→ 4 外观

与空中通道和电梯固定支架相连。预制的厨房和用玻璃钢模压的整体浴室是后装的。交错的堆积和无数挑出的部分提供着大量的屋顶花园和平台。该综合体有为展览会建的地铁站，还有设在底层的商店和车库，但是原设计的学校和旅馆却未实现。“住地67”是一个有高度象征性的方案，代表着用于大量生产时可能出现的复杂性与多样性。它像山城般的形态组织，对于大批住宅单调的平板和平摊在郊区提供了一种乌托邦式的选择，它在北美地区极少有模仿者，只是在像以色列和日本等国家产生了一些影响。*（R. 英格索尔）*

参考文献

John Kettle, *Beyond Habitat,* Cambridge: MIT Press, 1974.
Judith Wolin, ed., *For Everyone a Garden*, Cambridge: MIT, 1974.

73. 福特基金会大楼

地点：纽约市，纽约州，美国
建筑师：K. 罗奇和 J. 丁克鲁事务所
设计 / 建造年代：1966—1967

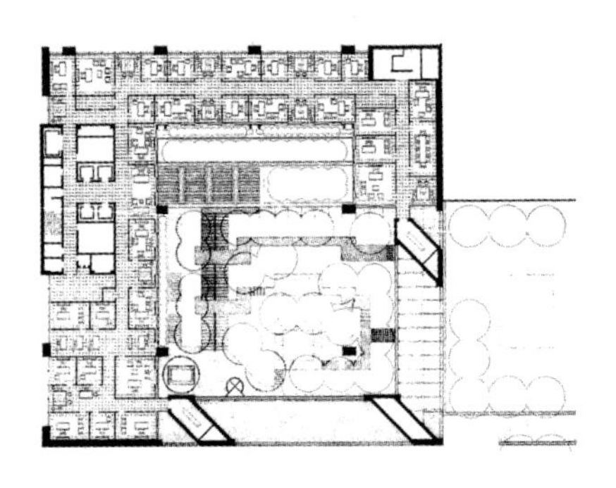

1 平面
2 福特基金会大楼外观

这是由埃罗·沙里宁的后继者K. 罗奇和J. 丁克鲁独立接受的第一批委托设计之一。福特基金会大楼标志着业内对于令人目眩的中庭与室内装饰的新兴趣，这在同时期的J. 波特曼的摄政旅馆中已经普及了。尽管这方面的先例有D. H. 伯纳姆的芝加哥鲁克利大楼（1885年）和F. L. 赖特在布法罗的拉金大厦（1904年），但到60年代时，中庭在商业建筑中实际上已经消失。它被复兴是由于对工业资本主义的恶劣印象，它作为一种慷慨的姿态，一种建筑上的炫耀财富。中庭的作用像是种植茂盛植物的室内花园的玻璃暖房，从街上可以看到但不能随便接近。风景设计师D. 基利曾建议在12层高的中庭里种30米高的大树，但由于从古铜色玻璃透过的光照不足，花园只种上中等尺寸的树木，如木兰和日本雪松。

与联合国总部只隔几个街区的福特基金会，一个由汽车财团资助的慈善组织，它是消费民主的中心，其建筑上的含糊不清正如其所服务的目标一样，既不开放也不封闭，既非公共又非私人，既不大方又不吝惜，它在对于“美国强权下的世界和平”的第一次信任危机期间，代表着美国企业意志的高峰。从西边可看到整体体量是一大块粉红色花岗石的立方体，它被东南角上露出花园的三座巨型横向

↑ 3 中庭花园
↓ 4 剖面

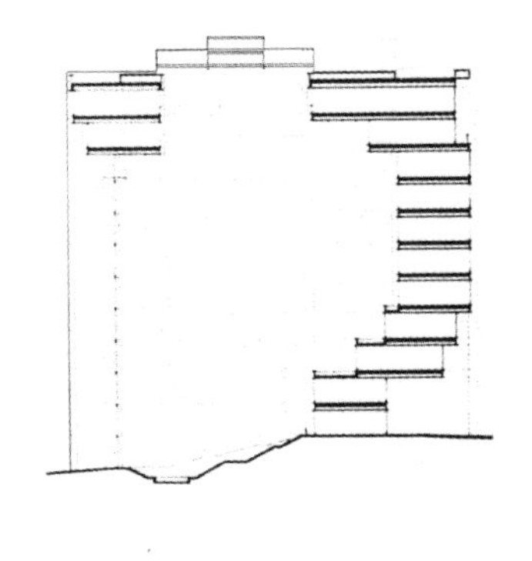

相连的墩柱所削弱。建筑构造上解决办法与无可挑剔细部的结合，例如屋顶的钢梁又像是为菱形玻璃顶窗所精确测定的框架，造成一种清新的、机械制成的中性技术至上氛围。

中庭是分层布置的：地面下是有150个座位的小礼堂、会议室和机械设备；首层是接待部分，从首层上几步台阶到图书室；然后是L形而升高至十层的全玻璃面的办公室。办公室成组地围绕着小的内部门厅。尽管福特基金会大楼慷慨的社会空间似乎比典型的办公楼更有人情味，几乎每间办公室都有自己俯瞰中庭的窗子，但可能却不像人们所想的那么愉快，因为楼内安装了一套豪华改进型的J. 本瑟姆望远镜，从环绕在上面两层的管理设施对所有办公室进行最理想的监视。福特基金会大楼就像一个镀金笼子，变成对美国自由的一个讽刺性象征。*（R. 英格索尔）*

参考文献

Michael Sorkin, "The Garden in the Machine", *Design Book Review* 13, Fall 1987.

74. 约翰·汉考克大厦

地点：芝加哥，伊利诺伊州，美国
建筑师：SOM 事务所
设计/建造年代：1965—1970

由SOM芝加哥事务所设计的100层高方尖碑式的约翰·汉考克大厦，是最后一批国际式摩天楼之一，是美国信心和扩张的伟大时代终结的最后纪念碑。20世纪60年代难以实现的城市社会运动，越南战争的失败，以及由1973年石油禁运带来的严峻经济形势，导致在像约翰·汉考克大厦和甚至更高的西尔斯大厦（也是SOM设计，1972年）完成以后，出现了一个建设上的停顿时期。作为大厦的负责合伙人B. 格雷厄姆渴望创造世界上最高的建筑物，他领导了对斜撑式

↑ 1 第40层上的游泳池

锥形塔楼创造性美学方案进行技术上和程序上的研究。SOM的主要结构工程师F.卡恩发明了一种新型结构，它在本质上类似于一个缠着钢撑的筒，将垂直和侧向的应力分配到外框架上。锥形有助于转移主要的风荷载。由黑色氧化铝框和古铜色玻璃组成的面层，以用作开间之间壁柱似的袒露工字钢，将常规密斯式手法加以明确表达。每18层高度都用十字钢拉撑构件束住。通过大楼的许多窗户，结构的斜线造成奇异的景象。

像文艺复兴时期罗马的方尖碑那样，约翰·汉考克大厦成为一座垂直的固定桩，耸立于芝加哥内环北金海岸地区。该地区原有少数高楼由于环境发展而失去了其纪念性的权威，像水塔广场那样。其基座处的下沉式广场是模仿纽约洛克菲勒中心规划的，开始时包括一个滑冰场，后来变成了花园。这座塔楼的锥形体形，部分原因是与其混合使用综合项目有关，因为两座单独大楼——一座公寓和另一座商业建筑现在合而为一了。最下面四层是百货商场，上面五层是停车楼，由外部旋转坡道到达；再往上则是29层办公室。第40层被称为“空中门厅”，也是公寓部分的分界点。它包括公寓的公共空间——带有游泳池、酒吧、休息室和小的食品杂货店。再上面48层包含711套公寓，每套分别有1至4间卧室。顶上两层包括一个屋顶全景餐厅以及带有一对喇叭形发送天线的广播和电视站。创新设计中还有沿建筑物四周的机械化轨道，像可移动的檐口，从上吊着脚手架以清洗玻璃。约翰·汉考克大厦是傅立叶“法兰斯泰尔”乌托邦理想的最充分发展，一个城市的全部功能都装在一座建筑物里。虽然每座建筑的姿态都有功能上的解释，不过这座大楼给人的印象却是一个宁静的、纯粹的、形式主义的东西。（R. 英格索尔）

← 2 约翰·汉考克大厦
↑ 3 斜对角支撑的锥形塔楼

75. 金贝尔艺术博物馆

地点：沃思堡，得克萨斯州，美国
建筑师：路易斯·康
设计/建造年代：1967—1972

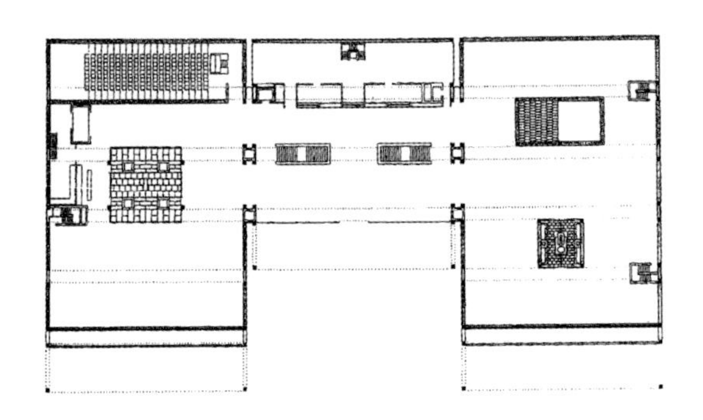

1 平面

路易斯·康的金贝尔艺术博物馆属于难得的建筑作品，其中项目、结构、形式和园林联合成一个完全的综合体。创建博物馆的指导者R. 布朗要求该建筑在风格上是现代的，但又有亲切的豪华博物馆的感觉，就像纽约的弗里克收藏品博物馆那样。路易斯·康建议用一系列7米宽的拱顶，以达到在现代自由平面之中的房间似的空间。似乎是为了解除对复古的怀疑，拱顶做成不常见的摆线曲线状，比半圆拱稍平些，而从结构上它们起着大梁的作用。32米跨度后张法拱梁的想法是与工程师A. 科曼丹特共同发展的，这样一来，拱顶屋脊上的顶部采光缝就可以将天然光射入画廊了。耐热有机玻璃罩防护着构件的槽缝，同时吊在下面的穿孔鸟翼状铝挡板，则将日光反射到混凝土拱顶的弯曲表面上。拱顶从2米宽的铝面沟槽处起拱，沟槽就是装有空调和管道的“服务”空间。这些次一级的平顶成为一种“切分音”系列，从侧立面可以看见，这近似于帕拉第奥主题券的有节奏的小横梁。

除去在屋顶和立面上具有历史出处的暗示以外，金贝尔艺术博物馆的U形、分成三部分的平面，复兴了学院派的对称性与明确的环线，像费城的艺术博物馆（1930年）。当大多数参观者从建筑物后面停车场进来的时

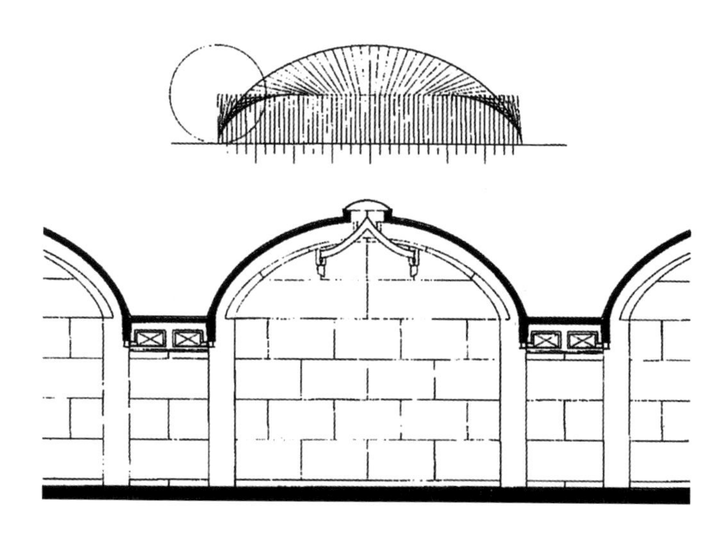

↑ 2 金贝尔艺术博物馆
↦ 3 剖面

↑ 4 室内一
↦ 5 外观
↦ 6 入口门廊
↦ 7 室内二
↦ 8 后立面外观及停车场

候，从底层前进登上分叉的台阶，正式入口在西南边，往上看到平缓的花园斜坡，直望见P. 约翰逊的阿蒙·卡特博物馆的现代门廊。金贝尔艺术博物馆入口序列两边的拱顶，提供着轴线的通路，穿过优美的一条有长凳的前廊，俯视着潋滟的大水槽，直到茂密的冬青灌木丛。参观者然后通过与拱顶轴线对着的门廊而到达中央大厅，建立了一种轴线的节奏系列，当进入拱顶里面以后，它还将重复出现。自由平面与限定的房间之间矛盾的解决，是以不断转换方向的办法而巧妙完成的。室内空间由插入三个小院而打破，其中一个在上层像是个实体井，到下层则是敞向办公室的一个院子。能移动的隔断墙可以随沟槽而任意细分展室。对于讲演厅和图书室来说，它们与拱顶的关系有变化，一个是双层的室内高度，另一个则减少了高度。细部全是精致配套的，从优美的反光挡板，到碟子形的饮水泉，到涡卷剖面的扶手，再到对称放置的镀铬垃圾桶。光明的感觉、触觉的反应、拱顶形式的方向性，都不断使参观者卷入在空间体验与艺术欣赏之间的平衡对话。拱顶尽端的不承重的石灰石贴面的墙体顶上有一圆弧形拱，它与上面起结构作用的摆线形拱不一样，表达着路易斯·康的杰作在构造上的惊人之笔。*（R. 英格索尔）*

参考文献

Patricia Cummings Loud, *The Art Museums of Louis I. Kahn*, Durham: Duke University Press, 1989.

76. 道格拉斯住宅

地点：斯普林斯港，密歇根州，美国
建筑师：R. 迈耶
设计/建造年代：1971—1973

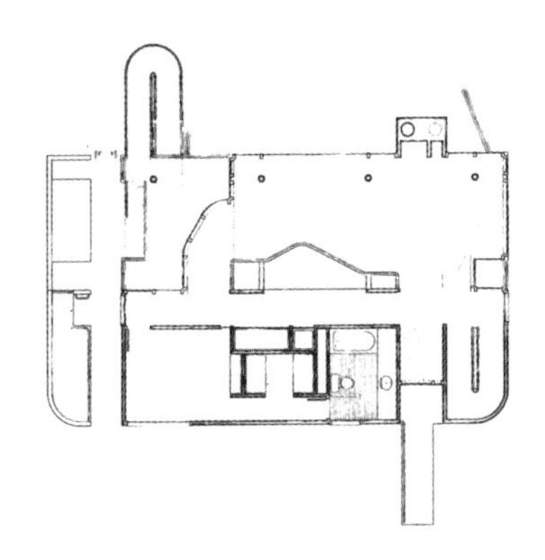

→ 1 住宅中间层平面
↓ 2 室内

由R. 迈耶（1935年生）设计的道格拉斯住宅，位于树林里一处陡峭的山坡上，能远眺密歇根湖，它是有名的花园中的“机器”。这幢住宅像是由建筑师顺手放在天然位置上的棱柱形白色物体。它是迈耶一种观念的顶点，该观念第一次表现是他在康涅狄格州达连设计的史密斯住宅（1965—1967年），详尽发挥在《五位建筑师》（1972年）一书中。这个五人建筑师团体中还

↑ 3 位于树林里陡坡上的道格拉斯住宅

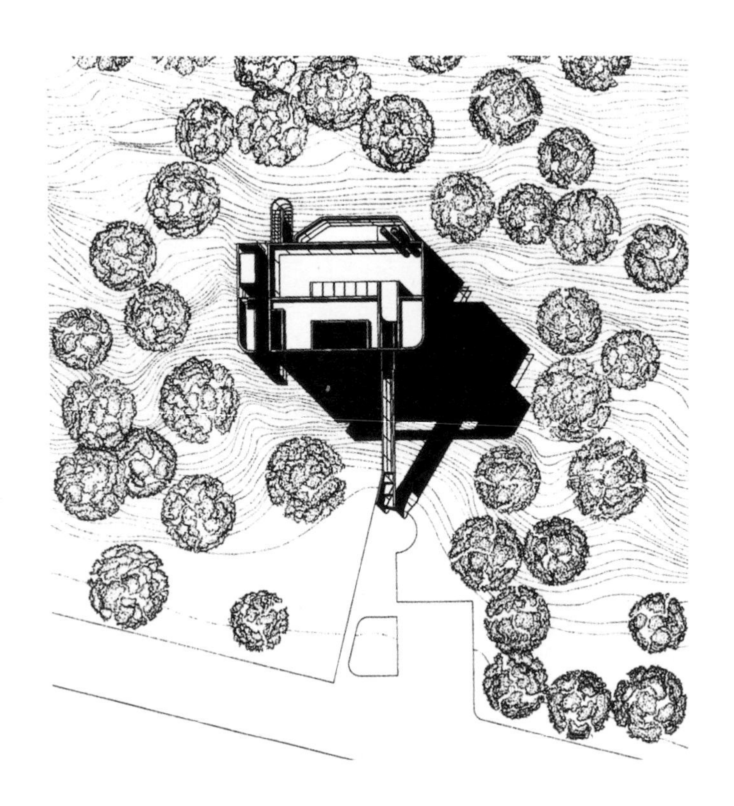

↑ 4 总平面

包括P. 艾森曼、M. 格雷夫斯、C. 格瓦斯梅和J. 海杜克（中国建筑界俗称该集团为“纽约五人组”——编者注）。该住宅采取开敞与闭合、白色和光亮，以及一般的和惊人的透明等形式游戏。在其环行系统的复杂覆盖上、光线变化的“巴洛克”式欢快上以及与现场戏剧性的结合上，道格拉斯住宅看上去都是迈耶以后作品中空间技巧上日益精湛的先声。

像史密斯住宅一样，通向道格拉斯住宅的小道也要穿过一处相对不透光的入口平地。由于场地是陡峻坡地，进路采取海上飞桥的形式，直达建筑物的屋顶层。一旦通过压缩的门厅，就会置身在充满耀眼阳光的令人眩晕的五层高的空间。从室外三层的平台和围合着双层高起居室和下边用餐处的三层高的窗墙，都可以扫视湖景。住宅在面向湖的一面空间形成了一幅开敞平面要素的雅致的纯净派构图：分开的柱子、起伏的阳台、一座独立的壁炉以及勒·柯布西耶设计的家具。住宅的私密部分对着山，有卧室和沿走廊线形布置的服务空间。道格拉斯住宅在建筑上的散步甲板，是由大量管状扶手、天桥、爬梯以及两个不锈钢烟囱来引导的，它令人联想到这是海上搁浅在一处天然乐园的大船。（*J. 奥克曼*）

77. 司法广场地铁站

地点：华盛顿，美国
建筑师：H. 威斯
设计／建造年代：1966—1975

由于其放射路的巴洛克式规划，美国首都华盛顿曾被C. 狄更斯轻蔑地形容为“距离宏伟之城市”。它的地铁系统始建于1966年，到1999年仍在建设，在城市生长的晚期阶段，修建中出现较多的地下设施障碍，地铁将提供100多英里（约200千米）线路和87座车站，有助于消除走远路和拥挤的交通困难。像旧金山的湾区捷运系统（BART）一样，华盛顿地铁主要面向郊区到市区的上下班者，而不是地方目标间的交通，步行到地铁站一般较远。整体设计，包括许多事务所做

↑ 1 地铁站的混凝土围堰穹顶

↑ 2 司法广场地铁站

的方案，是由芝加哥建筑师H. 威斯（1925—1998年）主管的。他决定统一设计车站会更适合华盛顿的古典风格。威严的格子镶板拱顶，给予车站一种罗马帝国的气派，它是由预制混凝土件组成的，顶部较底部更深凹些，每个格子都配一块吸音板。白花岗石铺地和铜扶手，更给华盛顿地铁增添了高贵但又严峻的气氛。

鉴于郊区居民对于城市犯罪活动的关心，地铁设计展现着许多O. 纽曼的“防卫空间”理论。这里没有柱子，消除了死角以及空间开敞宽阔，容易用摄像机监视。在有联系的两层车站里，这种开敞是真正令人兴奋的，交叉的顶棚在中央会合成交叉的拱顶，站台提供着从一层到另一层的回旋视野。从设计上为了进一步防止破坏，拱顶的墙与站台间用矮墙和小沟隔开，使人不能在墙上涂抹。

司法广场站是1975年完成的先行车站。它显示着庄严的典雅，同时暗示着一种清规戒律的观念。该车站也提供着一些新的设施，如无障碍通行和电子检票等。如果所有的车站看上去都一样，也可能令人迷惑，就像千篇一律的政府机关所具有的象征。然而，华盛顿地铁车站拱顶空间的壮丽以及系统的安全与干净，仍然是值得羡慕的成就。*（R. 英格索尔）*

78. 国家美术馆东馆

地点：华盛顿，美国
建筑师：贝聿铭事务所
设计 / 建造年代：1968—1978

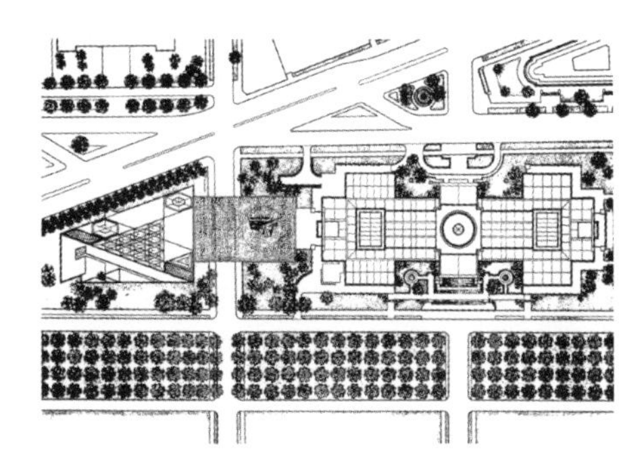

← 1 总平面
↓ 2 室内一

中国出生、哈佛培养的贝聿铭（1925年生），从与开发商W. 泽肯多夫一起合作的完全公司性业务中露头，获得上层地位，成为在以太空时代为结局的时期里，参与角逐重要公共建筑的建筑师。他对于抽象几何形式的偏爱，如他为达拉斯市政厅（1975—1978年）所做的巨型横向分割的盒子，满足了在现代主义功能上和构造上的规定，而完成“新纪念性”的设计。贝聿铭的作品经常会使人体验到类似分离的体形，如波士顿的肯尼迪图书馆（1968—1970年）；或他的突破性方案，如科罗拉多州博尔德郊外的国家大气研究中心（1965—1966年），及较近期的俄亥俄州克里夫兰伊利湖边的金字塔形的摇滚乐名人堂博物馆（1995年）。

华盛顿的国家美术馆东馆，是由梅隆财富的继承人所委托的，他是原有美术馆赞助人之子；尽

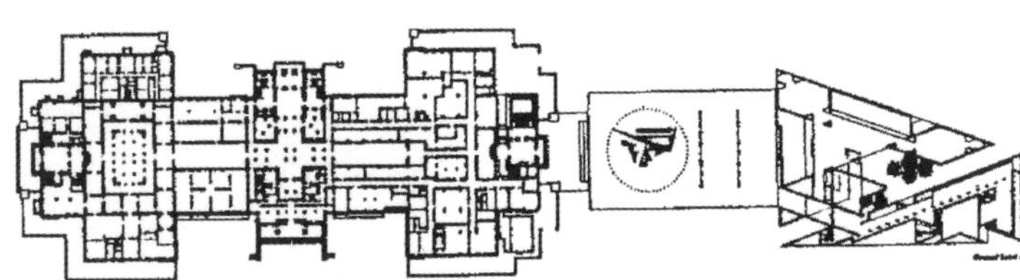

↑ 3 美术馆西侧面外观
← 4 平面

管东馆非常不典型地符合城市周围环境的逻辑，他仍保留着贝聿铭纯几何形的雕塑性造型。东馆在尺度、节奏和材料上遵从两座带穹顶的重要的古典式纪念建筑：西边J. R. 波普的国家美术馆和东边的国会大厦。在宾夕法尼亚大道上的景色，是以两个相对剪切平面的平行四边形由没变化的展厅水平带相连，加强着城市主要街道的有力轮廓。眺望着国会前草地的立面被一条深深的裂缝所打断，它有助于办公楼玻璃窗的遮阳。展出空间和一个艺术史研究中心这两部分内容，在平面上组织成两个互相连接的三角形，并且三角形模式继续成为中庭上面清楚的四面体顶窗结构网格的基础。别出心裁的三角形手法，在西南角上发生了突出的尖角问题，该处的田纳西粉色大理石贴面成为19度角的锋利刃形。这个锐角奇迹，形成了自发

↑ 5 室内二
↓ 6 西南角，摸尖角处

↑ 7 美术馆东侧面外观

形成的摸摸尖角的旅游仪式，而成千上万的手指污垢却弄黑了该处，使之更多地吸收热量，所以在阳光下的该点会散发出一种奇异的灼热感觉。

如果说国家美术馆东馆中庭的高耸空间属于旅馆和商场内部空间的潮流，则它已高度体现了公众至上的意识。因为一座美术馆在有大量群众参观的新时代里，为了应付实际的人群，必须提供这么大的空间来流通空气。精心挖成的大理石墙引向横向自动扶梯，指引着通向展览厅的路。还有两座服务于上层的天桥，造成运动的体验，并且使观众意识到比参观较小的展出空间更有意思的其他地方。悬挂在顶上由A. 考尔德创作的巨型活动雕塑，是通过建筑师事务所专为这处空间设计的，它增添了作为传播艺术新体验的美术馆的完美相似体。*（R. 英格索尔）*

79. 弗兰克·盖里和贝尔塔·盖里住宅

地点：圣莫尼卡，加利福尼亚州，美国
建筑师：F. O. 盖里
设计/建造年代：1978

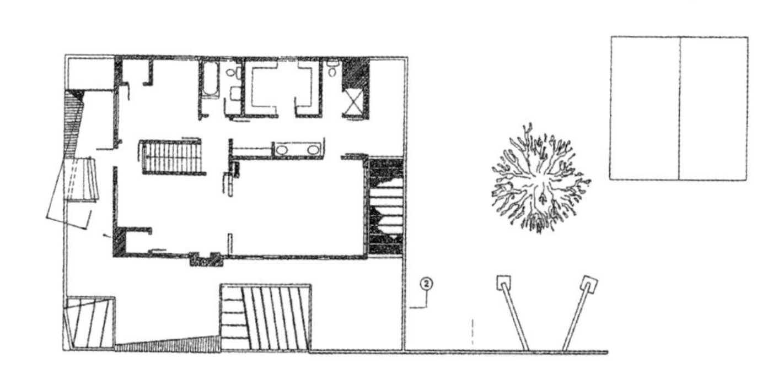

F. O. 盖里（1929年生），以他完成自己在圣莫尼卡的住宅而第一次引起了评论界的注意。对于一座20世纪20年代建的、在50年代移至现场的两层木框架、有斜折线形屋顶的住宅的加建工程，设计在保存原样的同时又拆掉了一部分。从街上远看这座两层住宅与其他住宅类似，但走近旁边，它突然变成非常不规则的几何形体，似乎脱掉外皮，同时将中产阶级住宅全部的组成部

↑ 1 平面
← 2 厨房

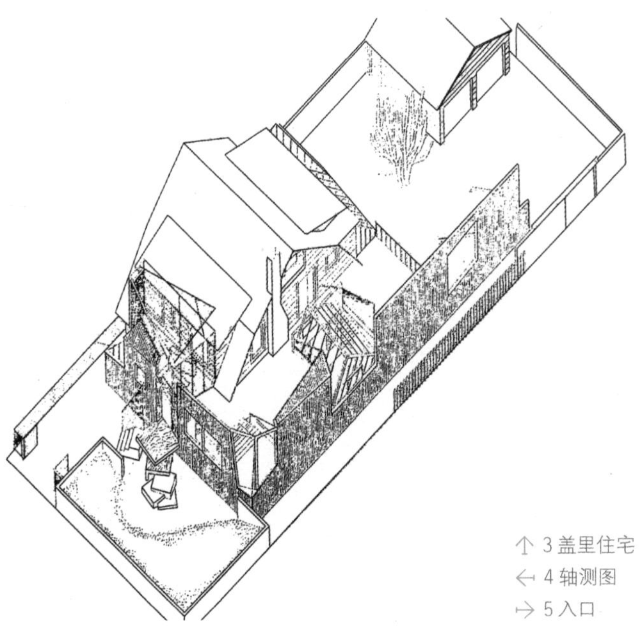

↑ 3 盖里住宅
← 4 轴测图
→ 5 入口

分争相袒露。木龙骨墙框架、钢丝网栅栏、混凝土基础大块、预制车库的金属墙板以及沥青地面都被拆开，并不按规矩重新装配起来，像一幅建筑拼贴画。

盖里的建筑生涯是与视觉艺术融为一体的，他曾与许多雕塑家合作，包括与极简抽象派R. 欧文合作过洛杉矶繁华区的临时当代博物馆（1983年），与大众艺术家K. 奥尔登伯格在威尼斯合作过恰特·戴-摩佐建筑物（1975—1991年）。在自己的住宅里，他则将美国郊区景色中的民间成分转变成雕塑。袒露的木龙骨支撑在厨房水槽上的天窗，像一个水晶立方体挂在住宅的一旁。屋顶平台的胸墙是由卷起来的钢丝网展开而成的。在起居室，旧的室内墙皮的抹灰层被剥掉，露出原来住宅的木龙骨构造，造成正在施工的活跃效果。原来立面上的

粉红色石棉壁板有些在新房间里变成奇异的室内表面。R. M. 欣德勒关于“大部分以廉价材料制作”的训令，在盖里的加建工程中重新见到——厨房里的沥青地面是最极端的例子。

盖里住宅中对常规做法的游戏，可以同时看作讽刺性的和形式主义的：作为美国人住宅所有权象征的白色尖桩栅栏，在这里被独立的带条纹的平板所替代。在前入口上的钢丝网罩棚，像在构成主义的构图中那样，令人想起棒球场上供裁判用的挡球网。盖里谈到后院的梯形窗时说：“我想给大家展示我花园里美丽的仙人掌品种，我想对付我的邻居们的封闭态度，向他们证明一个人可以有提供其住宅私人领域的视窗，而不会危及住宅的私密性。”*（R. 英格索尔）*

参考文献

Kurt Forster, “Along the Boardwalk of Imagination: Frank Gehry Buildings in Los Angeles” , *Lotus* 20, 1994.
John Pastier, “The Art of Self-Revelation and Iconoclasm”, *AIA Journal*, May 1980, pp.169-173.
Todd Marder, *The Critical Present*, 1985.

第 I 卷

北美

1980—1999

80. 越战纪念碑

地点：华盛顿，美国
建筑师：M. 林；库珀 – 莱基事务所
设计 / 建造年代：1982

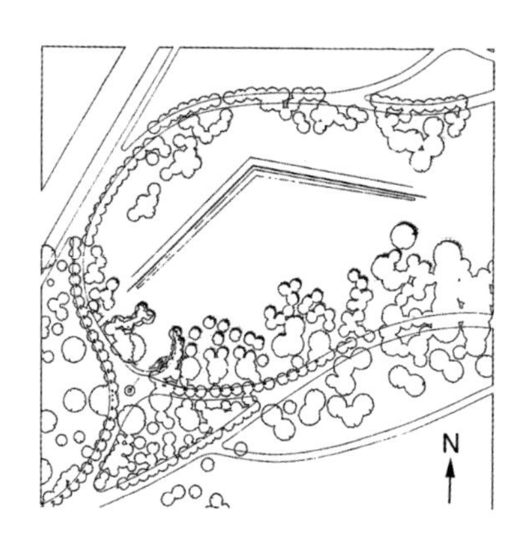

← 1 总平面
→ 2 纪念“墙”

越战纪念碑是美国历史上规模最大的设计竞赛的成果。由华裔美国学生M. 林（中文姓名林璎，1960年生）做的设计，由库珀-莱基事务所制图，并且有类似C. 安德烈、D. 贾德和R. 塞拉的极简抽象派雕刻。尽管联想到高级艺术，该纪念碑立即使人认识到它已经抓住最有力和矛盾的感情。纪念碑位于国会前的草坪上，在纪念国父华盛顿的高耸方尖碑与林肯纪念堂升高的正面之间，“倒影池塘”的北边，它彻底改变了纪念性建筑的常规。它被设计为高度抛光的黑色花岗石挡土墙，陷入地面以下，并弯成敞开的V形斜角，角度决定于周围纪念物的场地线。两道120米长的翼墙上，铭刻着58000多名在越南战争中阵亡或失踪的美国人名字，名单按每个人阵亡的年代顺序排列。林的设计中没有雕塑、人像、爱国的献词或旗帜。越南战争是美国历史中最引起分歧的事件，那时爱国主义和悲观怀疑、荣誉和背叛无可奈何地混在一起。正因为如此，纪念碑寻求向死者致敬，但是如何表示敬意，对他们要分别对待。抽象、倒转了的纪念性以及没有传统的象征物，引起了一场法律层面的争论，结果妥协的方法是放一组雕像——1984年由F. 哈特雕的三个士兵和一面旗子的群像，放在了场地的边上。

↑ 3 越战纪念碑

越战纪念碑是从两边铺面的平缓坡道进入的。沿墙的重力作用吸引着来访者到达中心。在放低的楔形中间，场地变成像围住的圆形剧场似的围合地。如此一个简单的设计，酷似在一个假想的英雄行为中即将面临灾难时，一个人经历的不能避免的震惊和恐怖的感觉——像为实现诺言去保护一位受攻击的虚弱朋友时。当寻找墙上的名字时，参观者在抛光的花岗石里能看到自己的映象和草坪上隐隐约约的纪念物。走到纪念碑的中心附近，在3米深的地下，悲哀吞没了参观者——为逝者悲哀，为自己悲哀，为其朋友和家庭悲哀，最终为国家悲哀。来访者到一般称为“大墙”的地方，已经通过他们自己小小的仪式改变了它的性质——一些人献上一朵花、一面小旗子、一张照片或一个儿童玩具，同时有些人在照相或拓印名字。越战纪念碑在满足抽象艺术的理智标准的同时，也已变成美国最得人心的纪念物了。（K. 哈林顿）

参考文献

Jan Scruggs & Joel Swerdlow, *To Heal a Nation,* New York: Harper & Row, 1985.

Mary Mcleod, *The Battle for the Monument: The Vietnam Veterans' Memorial,* The Experimental Tradition, ed. Helene Lipstadt, New York: Princeton Architectural Press, 1989.

81. 装备库

地点：马尔法，得克萨斯州，美国
建筑师：D. 贾德
设计 / 建造年代：1980—1985

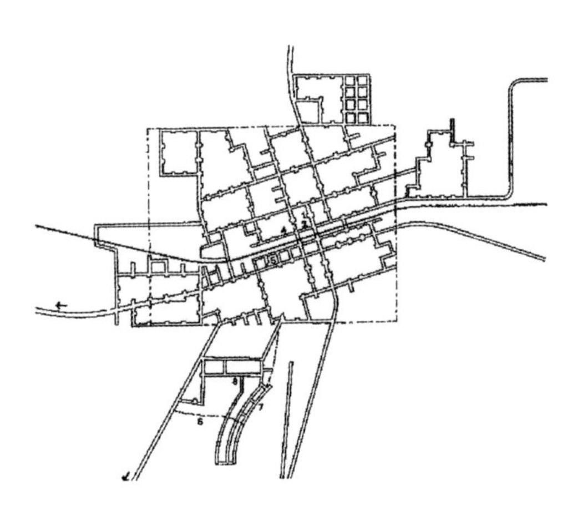

← 1 总平面
（1. 主要街道；2. 马尔法国家银行；3. 雕塑工作室；4. 柯柏住宅；5. 布洛克住宅；6. 契那底基金会；7. 装备库；8. 阿利那）

在迪亚和奇纳提基金会的赞助下，美国艺术家D. 贾德（1928—1994年）在拉塞尔堡重新改造利用了一批建筑物，作为容纳现代艺术的永久性装置。该处是退役的美军要塞，在得克萨斯州西部一处孤立的马尔法镇外。在建筑师L. 文奇亚瑞里的协助下，贾德改造的两座建筑物原是装备库，矩形平面，钢筋混凝土框架结构，为用作卡车库而建于20世纪30年代。贾德将原来沿建筑敞向结构开间里的车库门拆掉，代之以厚重的十字形铝窗棂的玻璃。在建筑物的平顶上，贾德增加了与库房同高的瓦楞铁半圆拱顶。在每一间玻璃墙、混凝土地面和顶棚包围的室内，他都设置50个抛光的铝盒子，其高度、深度和宽度都相等，包含着内部的几何变化。贾德对这些实用建筑物的再塑造，使它们能够参与马尔法镇外面的无边无际的风景。在库房内，方形窗和单调成排盒子所框住的景色能扫视过外面平坦空旷的马尔法高原，直到远处的奇索斯山。

装备库提炼着感性的经验。它们集中和净化着视觉，使运动落地，与声音共鸣，令时间放慢，并且强化着意识。在平坦高原的清澈大气中，它们在轮廓和表面上，与用自然和艺术的成形以及对称的并列上，形成着沉思的空间。库房缺乏抛光盒子的精密成品和闪亮装饰。贾

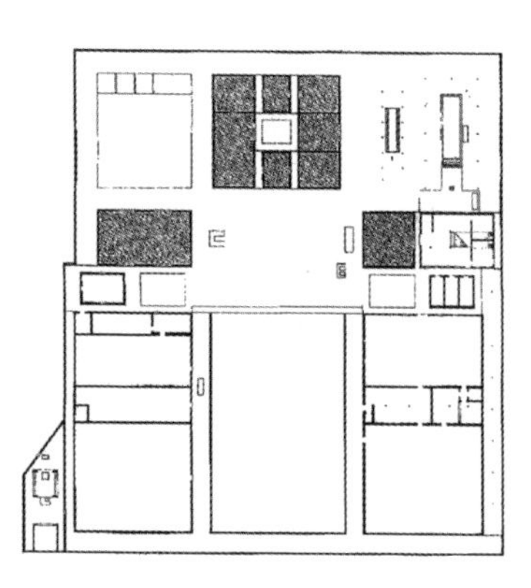

↑ 2 改建的装备库增加了瓦楞铁拱顶
← 3 平面

德在建筑上的改建具有自制的、偶尔粗糙的性质，其中附着了人们任性的痕迹。建筑在这里像是在形成人类经验中的一种探索。其影响范围较之艺术品所能达到的较少限制，然而却比经常在自然中遇到更多的约束。

这座装备库是表现着一位艺术家的建筑。人类的感觉、思想和记忆构成了这个项目。充满军队官僚作风的建筑物，以其机械地重复和随意的地点，提供着一个天然的空间构造，而其中的丑陋与压抑，却以强调几何的明晰和感觉上不确定的延伸，从情感上被转变了。巨大空间和粗糙的细部处理，表现着针对多情和占有的防御。贾德的建筑并非独创性的，同时正如空无一物的半圆拱券所表明的，也不是总在空间上严格的。但它却有集中的力量，集中着人类及其作品与自然界之间的相互关系。（S. 福克斯）

↑ 4 局部景观
→ 5 玻璃替代了原来的库门
↓ 6 装备库

参考文献

Pilar Viladas, "A Sense of Proportion", *Progressive Architecture* 66 (April 1985), pp. 102–109.
Aldo Rossi, "Ristrutturazione di Fort Russell", *Lotus International* 66, 1990, pp. 28–35.
Donald Judd, *Donald Judd Architektur*, Stuttgart: Edition Cantz, 1992.

82. 米德尔顿旅店

地点：查尔斯顿，南卡罗来纳州，美国
建筑师：克拉克，梅尼菲；查尔斯顿建筑集团
设计/建造年代：1978—1985

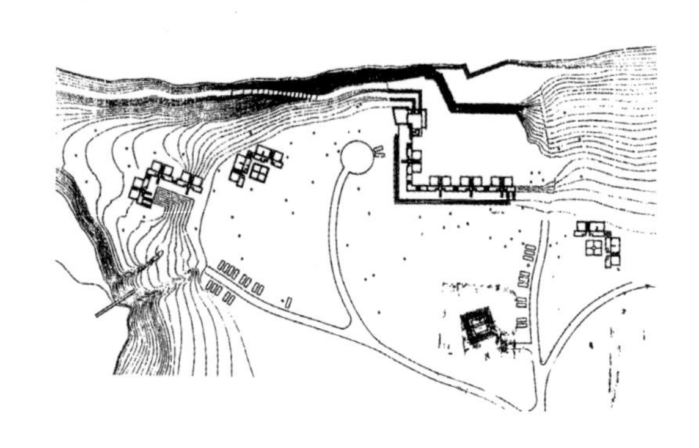

← 1 总平面
→ 2 混凝土柱和玻璃木屋

米德尔顿旅店是一座小型旅馆和会议中心，位于一处不显眼的松林里，旁边是属于米德尔顿庄园的极好的18世纪花园，它是查尔斯顿附近阿什利河上伟大的南北战争前的种植园之一。W. G. 克拉克（1942年生）和C. 梅尼菲（1954年生）在避免路易斯·康作品中的对称和纪念性的同时，想创造一种可以容纳“服务的”空间的杜撰形体，来追求类似的设计方法。一条有两层高空隙的L形混凝土高架路，成为主要生活院落的交通枢纽。高架路中的缝隙像是两座任选楼梯的框架，一座下到后院，另一座升到上层，同时卫生间是从高架路支墩的最厚处挖出来的。一圈围绕着外部基座的平台，升至传统式入口的层面。四组六单元的装满玻璃窗的木屋，由成排混凝土烟囱与主体屋脊相连接，这些烟囱是实体平板的辅助系统，作为在同层面房间之间的隔音设施。窗子朝向东北，可越过高松林的屏障而远眺河水，并且整个配有威尼斯式木百叶窗，以缓解常有的闷热天气。高架桥高而窄的缝隙和成组单元之间的缺口，起着近似查尔斯顿著名民居两边门廊所起的纳凉和遮阳的作用。另外的30个单元，则以相似的小L形布局，更随意地放在离主院五分钟步行距离的树林里。

克拉克和梅尼菲在其高架路方案中，达到了

↑ 3 米德尔顿旅店
↓ 4 局部景观

勒·柯布西耶在“阿尔及尔规划”（1931—1939年）中所建议但未实现的伟大设想，即将公寓填塞在高速公路的结构里，这个设想重回到20世纪60年代的巨型结构的“塞入”方案中，像阿基格拉姆的设计或M. 萨夫迪的蒙特利尔“住地67”。但是与这些超现代未来派的幻象不同，米德尔顿旅店通过使用地方的天然材料和色彩，留传着巨大的魅力和亲切感。室外的木材漆成所谓“查尔斯顿绿”的深绿色，而室内完全是成排的松木镶板。不用怀旧，克拉克和梅尼菲已经成功地为最大限度自然控制气候，重新确立了查尔斯顿的传统尺度和空间。*（R. 英格索尔）*

参考文献

Robert Ivy, Jr., “Modern Presence in Historic Gardens”, *Architecture*, May 1987.

83. 门内尔藏品馆

地点：休斯敦，得克萨斯州，美国
建筑师：R. 皮亚诺和 R. 菲茨杰拉德事务所，O. 阿鲁普事务所
设计 / 建造年代：1982—1987

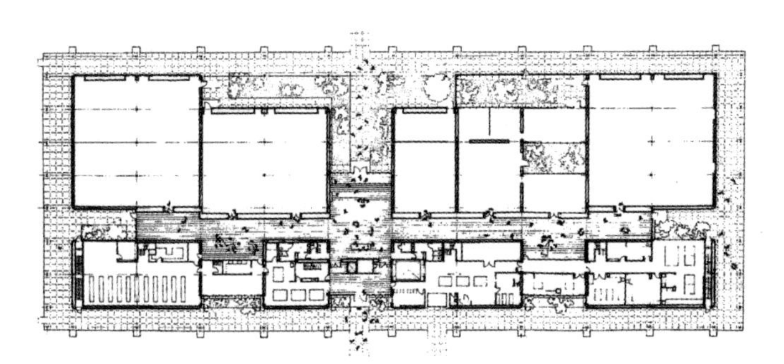

⇽ 1 平面

门内尔藏品馆体现着收藏者的眼力，人权提倡者和普世教会主义者D. S. 德・门内尔（1908—1997年）和她的丈夫J. 德・门内尔（1904—1973年）是两位杰出的20世纪现代主义文化的保护者。该建筑的明确目的和低调的朴素表现着D. S. 德・门内尔与她的来自热那亚的建筑师R. 皮亚诺（1937年生）所共有的感觉。

在与奥雅纳事务所的P. 赖斯和T. 巴克的合作下，皮亚诺设计了一座在展厅上露顶的天篷，结合了天然光、人工光、空调回水、铸铁结构跨间以及皮亚诺称之为"叶子"的弯曲的钢筋水泥反光板。这座天篷放在钢柱网的上面。在防护构造里的展厅可以用不承重的隔断根据展品要求自由分割。藏品馆的工作间是沿单层展厅布置的，并且是以同样经过深思和具有充足空间尺度的原则设计的。门内尔藏品馆是在周围建于20世纪20年代的木构孟加拉式住宅中间建造的，这些住宅中有许多属于门内尔的财产，现出租给艺术家、作家和音乐家。德・门内尔夫人指示该藏品馆要融入这个居民区而不是凌驾于其上。据此，皮亚诺以柏木护墙板来作为该馆的外皮，并漆成与周围住宅同样的灰绿色。

皮亚诺严格的设计可以解释成对于门内尔夫妇赞助建筑的一种总结。展厅开间的尺度和内院的

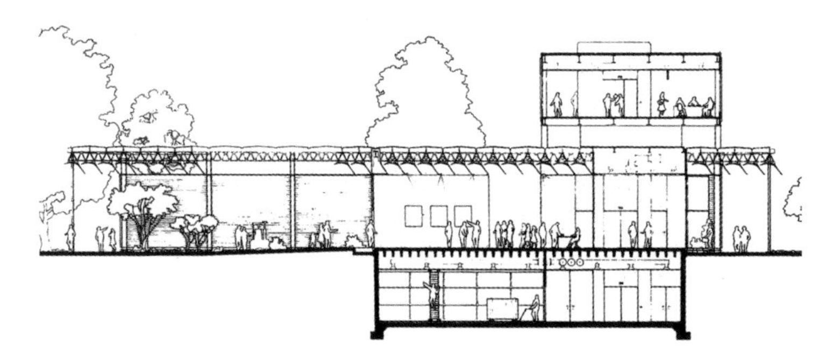

↑ 2 西面景观

← 3 剖面

运用，是从P. 约翰逊设计的门内尔住宅（1950年）引申而来的。藏品馆袒露的钢框架结构及其宽阔环廊是从附近圣托马斯大学的建筑上模仿的——该建筑是在门内尔夫妇的赞助下，由约翰逊设计的（1956—1959年）。顶光的运用使人想到由休斯敦的H. 巴恩斯通和E. 奥布里设计的罗斯科礼拜堂（1971年），它也是在同一社区由门内尔夫妇建造的。技术精巧的顶光设计成为门内尔夫人在该居民区两座加建工程的特征，即赛·通布利画廊（皮亚诺、菲茨杰拉德和阿鲁普设计，1995年）以及拜占庭壁画礼拜堂（F. 德·门内尔和阿鲁普设计，1997年）。

正当后现代主义反对现代派功能主义走向高潮时，皮亚诺仍然确认以功能分析作为设计门内尔藏品馆的基础。他由争辩而限制的取舍，相配

↑ 4 鸟瞰
← 5 门内尔藏品馆
↓ 6 立面局部

↑ 7 室内

于D. 门内尔缺乏伴随着和面对着历史而生活的热望。她赞成现代主义是批判的和思考的，而不是规定性的。她和她的丈夫追求通过现代主义而与历史联系。藏品馆与孟加拉式平房之间的对话——其中藏品馆确认其环境并寻求形成更大的整体——从空间上显示着超现实影响的“魔幻现实主义”，凭借着它，像D. 德·门内尔一般地追求去激励现代建筑中最严格和朴素的倾向。

（S. 福克斯）

↑ 8 露顶天篷
← 9 门厅

参考文献

Peter C. Papademetriou, “The Responsive Box”, *Progressive Architecture* 68(May 1987), pp. 87-97.

Reyner Banham, “In the Neighborhood of Art”, *Art in America* 75(June 1987), pp. 124-129.

Peter Buchanan, *Renzo Piano Building Workshop: Complete Works,* London: Phaidon Press, 1993.

84. 米西索加市政厅和市民广场

地点：米西索加，安大略省，加拿大
建筑师：琼斯，科克兰
设计/建造年代：1983—1987

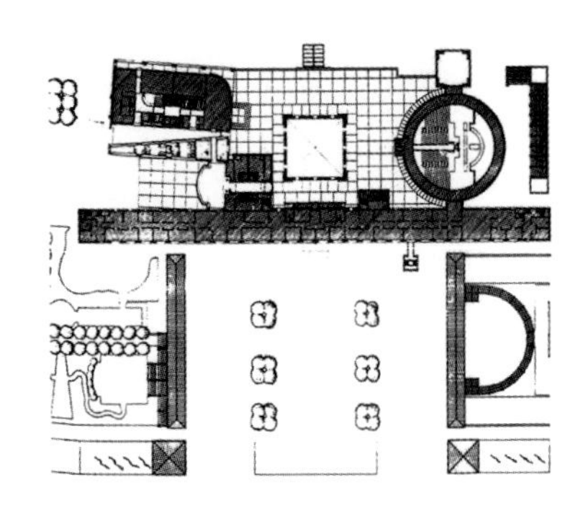

← 1 总平面
→ 2 市民广场鸟瞰

作为一次国际竞赛的获奖作品，由E. 琼斯（1939年生）和M. 科克兰（1943年生）设计的米西索加市中心，是恢复以典型形式为基础的表达城市秩序的最令人信服的后现代尝试。它位于多伦多市的一个郊外工业区，其对称布局和分级构图复兴着源于巴黎美术学院的设计手法，同时摆弄着历史上市政建筑的传统形象和尺度。一处周围花架廊的网格式广场的巨大规模和意象，一座神庙式山墙端坐在轴线上，市政会议厅的圆鼓形座，以及14层高钟塔似的办公大楼，与无名氏的商业和半工业的仓库，以及成为米西索加散乱特点的大停车场造成显著的对比。

与20年前建成的多伦多市政中心的现代派抽象性相比，米西索加市中心表现着后现代派企图回归欧洲悠久传统形象中的类型和空间关系。受到A. 罗西的《城市的建筑》（1966年）一书中的论点以及L. 克里尔形态学研究的影响，体量上确定为简单的、熟悉的表达方式，它意味着进一步加建而成为古典式体系。建筑物表现为黄色砖和石灰石，并与花架廊的木梁一起，有助于提供一种显然与人的尺度相应的构造语言。简单的体形也引起在古典式和农业型之间模棱两可的解读：山墙正面让人想到一座神庙和一座谷仓，而圆筒体形会同时让人想到

↑ 3 前厅

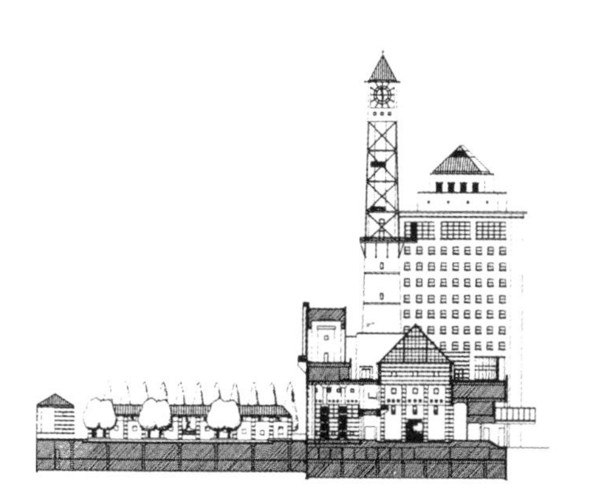

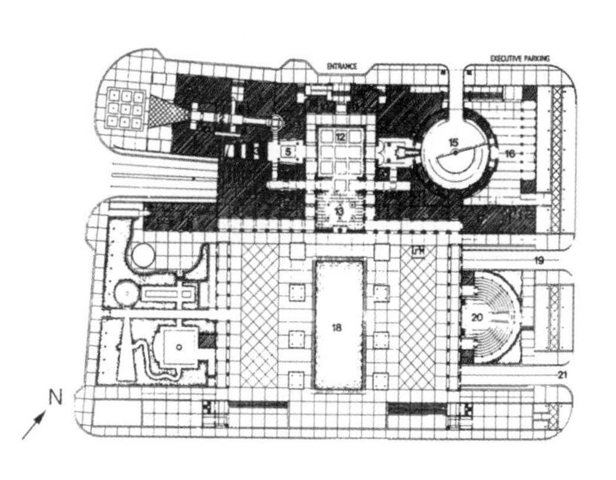

↑ 4 模型
← 5 剖面
→ 6 平面

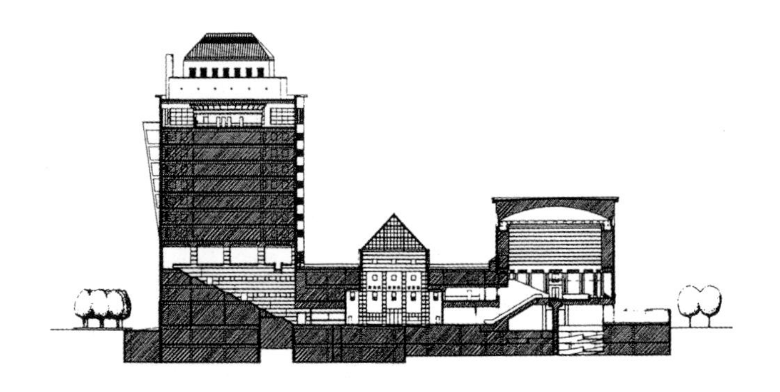

↑ 7 市政厅外观
↓ 8 剖面

古典式穹顶和筒仓。室内中庭雅致的绿色大理石贴面升高三层，并有E. 勒琴斯风格的扇形拱作为主要入口。连接中庭到塔楼的楼梯有三层高，楼梯是增加透视感的，是对伯尔尼尼在梵蒂冈的透视楼梯的出乎意料的引用——在楼梯顶部是一间健身房。办公塔楼的顶层留作有环境景观的自助餐厅，一面可以看到一望无际的草原，另一面可以看到伸展的停车场和仓库。因与停车场尺度和周围郊区平顶方盒子的不匹配，令米西索加市政中心处于一种不幸的尺度中，像是由一位被误解的人道主义教皇委托设计的处于困境的文艺复兴乌托邦。*（R. 英格索尔）*

85. 加拿大建筑中心

地点：蒙特利尔，魁北克省，加拿大
建筑师：P. 罗斯
设计/建造年代：1986—1988

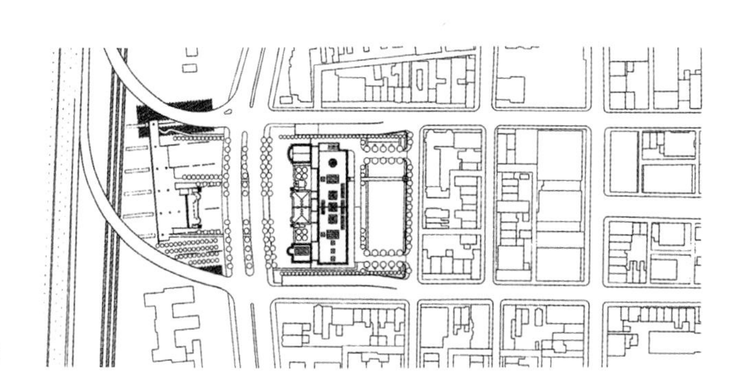

→ 1 总平面

加拿大建筑中心是北美地区特别用作建筑展览和研究的首要机构，它是P. 罗斯毕生从事建筑的成果。她作为创建指导和顾问建筑师，该机构反映着她在搜集图书与档案材料、保护历史建筑物及其邻近地区和探索设计中的新美学倾向等方面的兴趣。她以前的作品，如蒙特利尔的赛迪·布朗夫曼中心（1968年），像她老师密斯·凡·德·罗的建筑那样，是用钢和玻璃严格设计的。与此相比，加拿大建筑中心则展示着罗斯的“蒙特利尔遗产”组织保护建筑物的热情，该组织是她1975年建立的。它也展示着P. 罗斯（1943年生）的后现代主义感觉，她以前的作品曾表现出摆弄历史的组件的强烈爱好，那正是她的导师C. 摩尔的特色。

新建筑类似一个U形，它围绕着一座法国第二帝国风格的肖内西住宅，那是1874年为加拿大太平洋铁路公司总裁建造的。新建筑的两层半小尺度和窄的窗户排列模式，且不说恢复了像外圆角线脚和粗面石工这类历史细部，是服从于原有建筑以及周围其他维多利亚式建筑节奏的。加拿大建筑中心的三部分组织在入口立面上是显而易见的，它在展厅的中央区表现为一堵花岗石空白墙体，两边是带有规则间隔的高耸窗户的侧楼，以其伸出的弯弧形窗与中央部分形成

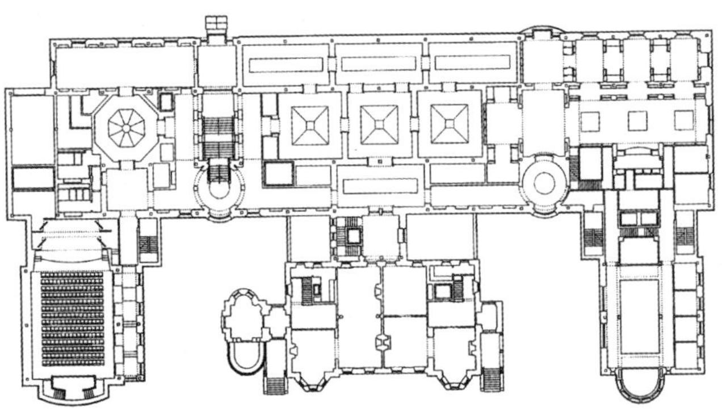

↑ 2 肖内西住宅和加拿大建筑中心
← 3 公共设施平面

↑ 4 鸟瞰
→ 5 外观

对比。西翼，通过有雨罩的入口到达书店、咖啡店和剧场等公共场所，研究中心连同图书室和档案室在比较幽静的东翼。立面上唯一现代的细部是从女儿墙突出的铝檐口，并以其条纹般阴影线统一着体量。

加拿大建筑中心的管理和办公部分放在重新改造的肖内西住宅里，它已经得体地与建筑中心部分相连而成为中间一翼。根据该项目的小规模经常举办建筑展览，如照片、历史性图纸和模型等，展出部分的布置是紧密结合的、学院派模式的六间相连房间，相对较小的拱顶房间通过天窗照明，使人想起J. 索恩设计的伦敦郊外的达利奇画廊。结构基于现代钢和混凝土技术，与在钢筋混凝土基座上的传统承重石灰石墙砌体的混合。黑色花岗石地面与

加拿大枫木壁板，给予室内一种非凡的庄重，而避免了后现代主义的滑稽联想。研究中心的图书室敞向一座宽阔的三层高的中庭。越过繁忙的勒内·勒韦斯克大道的花园，是M. 查尼设计的。其中有仿造的肖内西住宅遗址以及一系列的雕刻纪念品，表现着建筑历史的不同倾向，从古典庙宇直到构成主义构图。20世纪80年代的后现代主义经常被批评为趋向于模仿冒充，但是加拿大建筑中心的忠诚实体和严格构造，对于一个既要保护过去遗产又要促进建筑文化的机构来说，却更接近于吸收历史观念的传统。*（R. 英格索尔）*

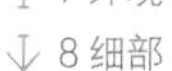

← 6 入口
↑ 7 外观
↓ 8 细部

参考文献

Larry Richards, ed., *Centre Canadien d'Architecture/Canadian Centre for Architecture, Building and Gardens*, Montreal: Canadian Centre for Architecture, 1989.

86. 米尔德里德 • B. 库珀纪念礼拜堂

地点：贝亚维斯塔，阿肯色州，美国
建筑师：E. F. 琼斯和 M. 詹宁斯事务所
设计 / 建造年代：1988

↑ 1 礼拜堂室内

在贝亚维斯塔的礼拜堂中，F. 琼斯将两个古代观念（即宗教的圣区和形式的明晰）与两个现代观念（自然作为神圣的表现形式和材料的真实）结合了起来。像较早建在尤里卡泉附近的索恩克朗礼拜堂一样，该教堂属于二级的或老年住户社区的组成部分，位于令人愉快的树林里，在阿肯色州西北起伏的和偶尔绝妙的景色中，离州际出口不远。由于混合阔叶林是次生林，长成后将变得更加茁壮和动人。

接近礼拜堂时，首先到来访者的停车场，一条残疾人可用的平坦小路曲折地穿过树林和野花，于是建筑物显现出开敞的、确切地说是轮廓分明而又透明的体量。一个人首先看到的是轻型尖券框住的立面，而后才看出该结构是由角铁装配成的一系列轻支架拱，用大块玻璃包了起来。

平坦的道路和礼拜堂的地坪几乎是连续的，所以来人可以直接穿过入口，沿正厅然后停在祭台前，整个时间都可以看到外面的树林。因为琼斯希望景色不被打断，所以边墙很矮——只比坐在正厅的教徒们的视平线稍

↑ 2 纪念礼拜堂

低。这些矮墙里装有散热器、通风装置及空调，大部分炉子、风扇和压缩机都在地下。所以，尽管一个空间理想可以在简单的形式中实现，而要达到室内舒适还是要通过机械的手段。

所有的材料——角铁、玻璃、木材、水泥、沙子、石灰等——全是沿着小路运到现场的，据说没有两个工人搬不动的大料。用于门、长凳和其他装修用的木材是平板的和凸圆线脚的，使来人想起小镇的铁路客站。从一定意义上说，库珀礼拜堂是天国铁路的一个终点，在精神的旅程中设的一个终点站。

琼斯经常被称赞为直接与F. L. 赖特衔接的少数建筑师之一，他能够在赖特的想法上建房而又不照抄其形式。琼斯曾完成了建筑教育并有开设事务所的经验，当他主要向赖特学习的时候，他宣称自己曾吸收赖特有关忠实于材料和天然世界的神圣性格。*（K. 哈林顿）*

参考文献

Robert A. Ivy, *Fay Jones,* Washington, D. C.: AIA Press, 1996.

Regina Hackett, et al., *Fay Jones: A 20 Year Retrospective,* Seattle: University of Washington Press, 1997.

87. 卡利埃尔角历史和考古博物馆

地点：蒙特利尔，魁北克省，加拿大
建筑师：D. S. 汉加努，P. 罗伊
设计/建造年代：1988—1992

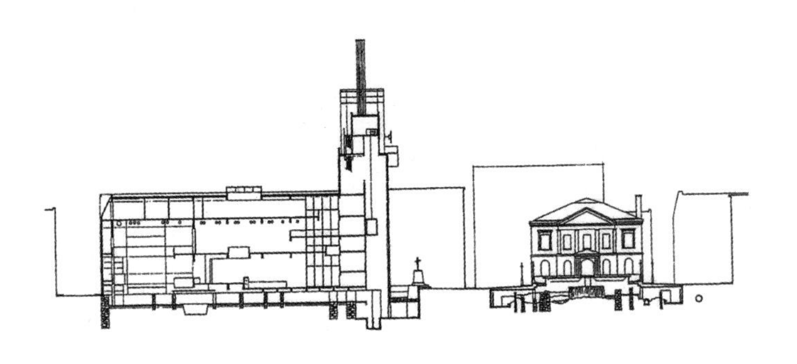

献给蒙特利尔的建在卡利埃尔角的历史和考古博物馆，是由生于罗马尼亚的建筑师D. 汉加努设计的，它是激活350年前建城遗址的一次特别的尝试。此外，新建筑在体量、材料、节奏和传统形象的风格上，导致与城市传统结构的对话。它位于蒙特利尔的老港地区，在早先圣劳伦斯河与圣皮埃尔支流的交汇处，历经数世纪后航道已经改变。该建筑使用穿透平面的当代手法，使人想起法裔秘鲁建筑师H. 西利阿尼的风格。汉加努恢复了场地的三角地痕迹，即通常称为"山嘴"的地方，恢复了在1947年拆除的19世纪保险大楼的外壳和角塔。山嘴由一条地下走廊通向旁边皇家广场下面的一处"地窖"，广场上还展现着原来城市要塞栅栏的桩子遗迹。博物馆的第三个组成部分是重修的1843年的海关建筑，它已经被腾空，拆掉1970年的重修部分，由建筑师M. L. 马格尼将其变为展览空间。

山嘴的下层保留着建于该处的不同建筑的基础，包括17世纪墓地，提供了城市历史中五个不同时期的遗迹。展览的部分被处理成高级剧场的方式，由推拉门和电子多媒体展示来服务。混凝土和钢框架结构处理得像脚手架，以吊挂室内隔断，当一个人环行穿过其三层公共空间时，视线在墙和地板间展开，它使人能得到

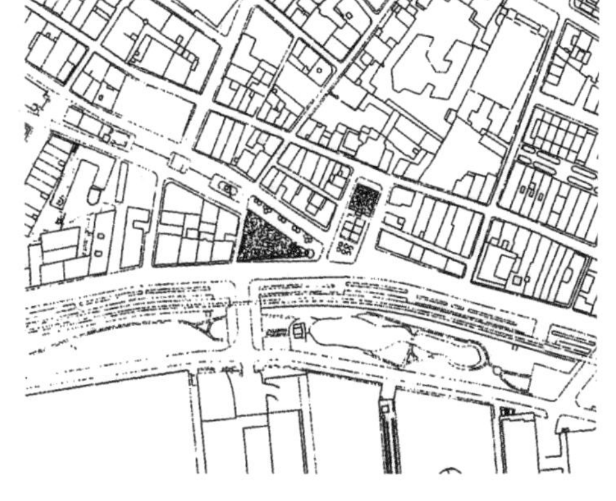

← 1 新埃普龙大楼和修复的顾客住宅的剖面
↑ 2 外观
→ 3 总平面

↑ 4 室内
↓ 5 底层平面

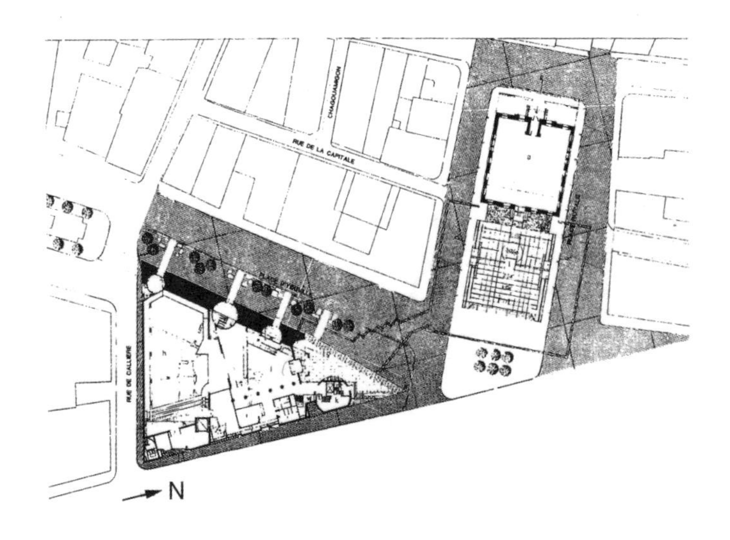

对展品的特殊欣赏。博物馆的外壳是用蒙特利尔石灰石贴面的，并且刻上水平痕迹，以呼应周围建筑物的腰线和檐口线。侧立面上有高度从两层到五层不等的狭长孔，可以从外面看到展览空间。与此相似，角塔的实体上也刻有槽孔，暴露着管道和服务楼梯。穿孔的钢雨罩吊在入口上，带有一种不对称的构成主义趣味。新建筑的功能性组成部分，诸如立在考古墙上的柱子、悬挂和袒露的通风道、插入塔基的电梯，都巧妙地结合了历史片段，给予年代学上相互关联的意义。

（R. 英格索尔）

参考文献

Trevor Boddy, “Excavating History”, *Canadian Architect* 35（May 1990）.

88. 百年综合体——*美国遗产中心和艺术博物馆*

地点：拉勒米，怀俄明州，美国
建筑师：A. 普雷多克
设计／建造年代：1986—1993

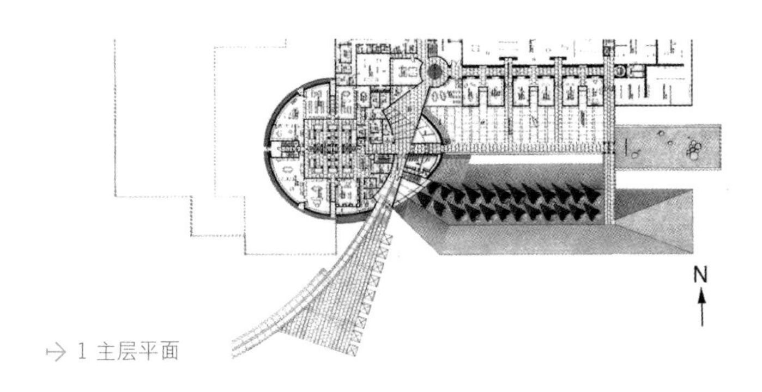

1 主层平面

A. 普雷多克（1937年生）在新墨西哥州阿尔伯克基这个相对比较偏僻的地方工作，他在表达摆脱西方束缚的形象中，较之20世纪晚期任何建筑师所获得的成就都高。他高度形象化的作品，曾自由地运用当地的母题，诸如台地土坯墙和纳瓦霍人的地下基瓦（庙堂）。但是他的方法是基于形式的拼贴，有时是公然的碰撞。普雷多克沉浸在西南地区利用太阳能的意识中，他的作品经常提供敏感的遮阳院落，漏过的天然光线和气候的调节棚架。他对于古老的非欧洲形象、艺术上的打破常规和与生态学直觉的结合，曾吸引到许多公共的和大学的工程委托，去设计纪念性的综合体，包括坦佩的亚利桑那州艺术中心（1989年），拉斯维加斯中心图书馆和儿童博物馆（1990年），以及怀俄明大学的美国遗产中心艺术博物馆。

美国遗产中心为单独的圆锥体形，贴面是茶色紫铜板，它与怀俄明州草原的无限旷野并列，朝向远山梅尼辛弓形峰与派洛特圆丘之间的轴线。普雷多克的纪念性姿态设计出大平原印第安人圆锥帐篷的直接含义，同时围绕着它的较低建筑，则使人想到普韦布洛族的平顶土坯房。就像印第安圆锥帐篷那样，顶部也有一个“天眼”采光，也作为中心火炉的烟道，有六层高的独立烟囱，由一座坚实的木

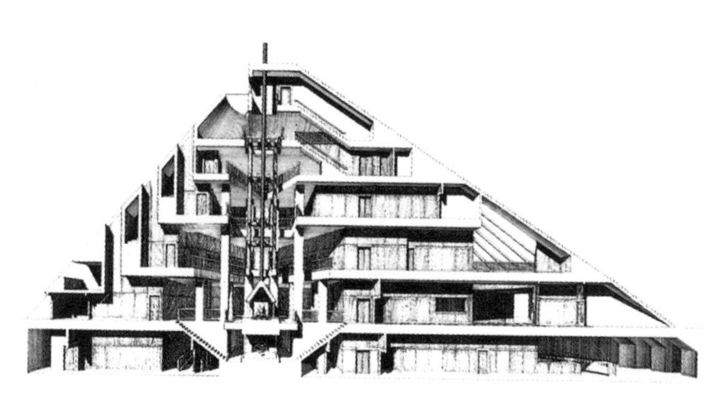

← 2 锥形美国遗产中心
↓ 3 剖面透视图
→ 4 内部构造

柱和梁搭成的架子扶着，它堪与黄石旅店的中心火炉相匹敌。圆锥是从一个滴珠式卵形平面升起的，在最低层建了一系列柱子围着中心敞向中庭。天然光线从圆锥东北面刻进的深缝射入。长期的藏品展厅、公共接待处和访问学者站，都沿着圆锥的周围布置。在旁边的矩形体量的艺术博物馆建于一条交替着展厅和院子的长条里。展厅通过天窗采光。艺术博物馆没变化的焦渣砖墙的单体效果，使人想到路易斯·康的一些最好作品，如特伦顿的犹太社区中心（1956年）。普雷多克的巨型“圆棚”，以对印第安文化通俗形象的表面夸张，已经有了矫揉造作之嫌，但是，该项目在其光线的调节上，在其动态的环流上，以及其对气候的敏感掌握上，竟有如此具有说服力的表现，使其达到象征性的自主，它已超出其所包含的任何历史联想。*（R. 英格索尔）*

参考文献

Geoffrey Baker, *Antoine Predock*, London: Academy Editions, 1997, pp. 662-669.

89. 视觉艺术辅助中心

地点：托莱多，俄亥俄州，美国
建筑师：F. O. 盖里
设计 / 建造年代：1990—1992

↑ 1 走廊内
→ 2 视觉艺术辅助中心

在洛杉矶地区，F. O. 盖里兴起了一种建筑拼贴方法，这见于他自己的住宅（1978年）、加州航天博物馆（1984年）和埃奇默开发区（1988年）。路边广告牌、劣质的构造材料以及商业建筑的杂乱并列，这类作品理想化地赢得了地方风气。盖里并不是在协调的构图中寻求变化，他探索的是依据个人独立的态度，这明显表现在他著名的紊乱的纸板模型中，其中一件粘在另一件上而全然不顾几何规矩。

在20世纪80年代晚期，在大部分加州以外的作品中，盖里展示了一种新的表现主义姿态。在明尼苏达州韦扎塔的温顿客房（1987年），聚集了相对离散的体量，并以不同的材料贴面，而在德国莱茵河魏尔的维特拉博物馆（1989年），则像一大堆多结形式的雕塑。他在90年代早期为美国大学校园完成的建筑，则像是为他的杰作——位于毕尔巴鄂的古根海姆博物馆（1997年）前端钛贴面的一次演习。他为明尼苏达大学设计F. R. 韦斯曼博物馆（1990年），在它的前面放了不锈钢贴面的波浪形小瀑布，俯视着河水，既

↑ 3 庭院

展现出较为协调的雕塑性处理，又用较少的可理解形式。

盖里的托莱多大学的视觉艺术中心是与新古典主义的托莱多艺术博物馆连在一起的，并且从路上望去像是巨型的抽象金属雕塑，以铜皮铅板贴面。庞大的杂乱体积（其中没有一种能用几何学的语言描述），组织成了三堆，从长满草的护坡中凸出来。窗子大部分集中安排如L形幕墙，俯视着一座禅境似的、小卵石铺地的雕塑院落。它像是从建筑体上切下来一块任意的垂直楔子，用以展现其核心。所有的环路都沿着结晶式墙而集中，墙上镶着绿色玻璃窗，只有在眼睛高度的长方块是不透明的磨砂玻璃，以防止西南方向的眩光。在厅内发光和产生活跃效果的是明亮天窗光线的反光金属叶片，光线通过神秘的阁楼射入工作室。室内的平面较为简单，不像从外部结构或上部工作室的复杂断面所料想的那样。令人抱怨的功能问题，如夏天的过热和眩光问题，以及楼上噪声影响底层图书室等，并未严重妨碍建筑物的使用，该建筑像是艺术给予校园作用的一种新的身份。视觉艺术中心是盖里的个人主义方法和代表着展现惊人空间的复杂形式序列的成熟表现。新的画境与创造出内向景观的特点，也符合将大学校园作为逃避城市之所的美国人理想。（*R. 英格索尔*）

参考文献

Thomas Fisher, “Art as Architecture”, *Progressive Architecture* (May 1995).

90. 马萨诸塞湾运输局管理控制中心

地点：波士顿，马萨诸塞州，美国
建筑师：利尔斯和温扎费尔事务所
设计／建造年代：1993

马萨诸塞湾运输局管理控制中心是一座细高的十层大楼，它并入了一座原有的变电站。它位于波士顿金融区南边，包括运输局的系统控制中心，以及各种专门的集中服务空间、办公室和员工的设施。波士顿的建筑师J. 温扎费尔和A. 利尔斯研究了拥挤现场的意外情况和形成城市建筑艺术的分层项目。他们利用建筑，给区域基础设施网的一个成员以显著形象，虽然该建筑物并非公共设施。管理控制中心表明受到后现代文脉主义的影响，就像C. 罗和F. 凯特在《拼贴城市》（1978年）一书中所明确表达的。利尔斯和温扎费尔以热情和想象力追求与环境协调的处理，使该建筑能够跻身于波士顿和剑桥在城市规划上呼应现代建筑的传统。

利尔斯和温扎费尔强调建筑物两个沿街立面协调的平面性质，它们是用斯托尼角的花岗石贴面的。建筑对着狭窄商业大街入口的立面是平的，只在基座上出现了浅浮雕，窗子的高度（或没有窗子）表示着不同的内部用途。东南边背立面，朝着杜威广场和南火车站，以阶梯形片断的侧影和示意

↑ 1 室内

↑ 2 全景

→ 3 剖面及总平面

的附属品，利用指向福特角运河的远视野，给予这座小建筑物一种强有力的体积感。

使用上的混合（它包括在突出的钢桁架阳台后面的一座餐厅，以及一座无窗的双体积空间的管理控制室）表现在建筑物的外形、尺度以及门窗的安排上。对密集地段的充分利用，考虑到金融区的纹理极佳的质感，这些因素通过建筑师巧妙地将其转化为活跃立面的构图系统。令人信服的是这显然表现在和邻近建筑物的水平相连直线上，是以使城市得体的意识来达到的。合乎比例的关系加强着这种得体，以在尺度上建立等级体系，来促使建筑物的环境结合成更大的整体。建筑物有表情的成分（阳台和支承东南立面上雨罩的支柱）在视觉上联系着波士顿其他的里程碑：旁边的跨过福特角运河的铁桥和F. 盖里的拜克港纽伯里360号的加建工程（1988年）。管理控制中心东南立面的挑出侧影是向新野性主义的轮廓致意，包括赛特和杰克逊事务所设计的当地建筑，以及波士顿市政厅（卡尔曼、麦金内尔和诺尔斯事务所设计，1969年），同时其砌筑面与钢壳的联合，也是与马查都、西尔弗蒂、F. 凯特和S. 金的高雅的认同环境的现代主义相一致的。利尔斯和温扎费尔事务所设计该建筑时，既深入到波士顿现代的建筑实践之中，又同样深入到场地的特点之中。

（S. 福克斯）

参考文献

Vernon Mays, "Romantic Machine", *Architecture* 83(February 1994), pp. 48–53.

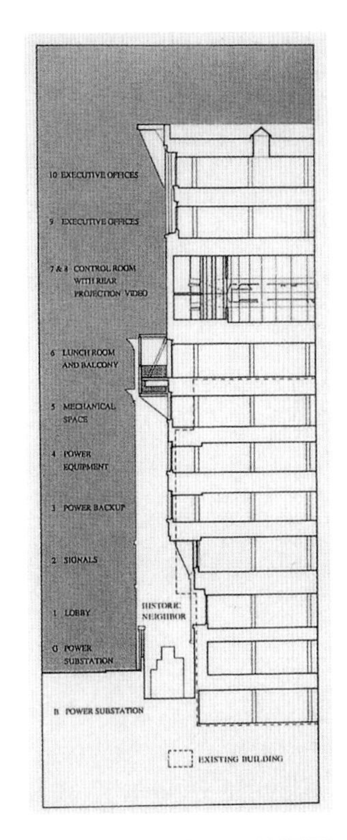

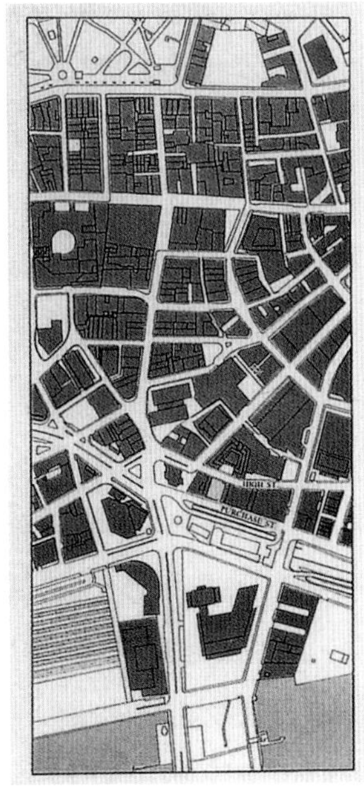

91. 联排式住宅计划

地点：休斯敦，得克萨斯州，美国
建筑师：S. T. 德瓦斯克斯
设计/建造年代：1992—1994

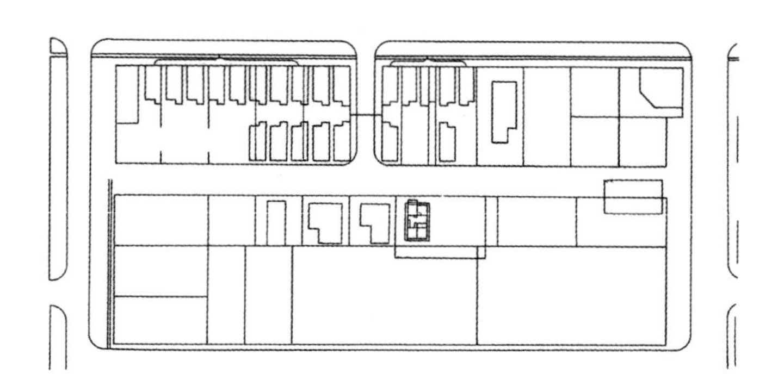

20世纪30年代到80年代，美国城市中由国家资助的“城市更新”项目全面失败以后，“联排式住宅计划”是对其失败的不平凡的回应。该计划是由休斯敦的艺术家R. 洛设想，并由R. 洛和行政官员D. 格罗特费尔特执行的，计划中要处理与社区有关的艺术制作与展出的关系、提供社会服务、历史保护和恢复街坊的活力等问题。该计划由休斯敦大学的建筑学教授S. T. 德瓦斯克斯指导，1939年为出租给黑人家庭而建的，两个22幢背对背成平行两排的住宅街区，被分阶段加以恢复，大部分是由休斯敦的社团志愿者完成的。联排式住宅正面山墙的重复，就像20世纪80年代休斯敦艺术家J. 比格斯以这种盒式小屋为题材的一系列绘画，它是19世纪晚期和20世纪初期的一种民间住宅类型，与美国南方城市中的黑人居民点是连在一起的。

八幢小屋由全美国来的艺术家们去改变设施，两幢供社区的文学活动与音乐活动之用。另外十幢则为年轻母亲提供过渡住房。联排式住宅计划鼓舞人心地展示着艺术家如何参加到社区生活中和尽到市民的责任。虽然它影响的范围不大，但已成为以社区为基础的其他艺术家进取的样板。在1998年至1999年，由赖斯大学建筑系学生设计和建造的一座新住宅（设计人K. 戴伊和

← 1 总平面
↑ 2 联排式住宅

K. 纽斯施勒）已加进了建筑群中。

联排式住宅计划表现着艺术家、文化机构和建筑师们，在处理市中心区衰落以及低收入街坊居民缺少文化设施的长期问题上，具有令人鼓舞的能力。在保护历史性居住模式和民间建筑中，它展示出建筑和保护方面实际行动的潜力，通过大量的志愿者参与，在城内少数族裔和郊区中等收入居民间架起了桥梁。城市空间存在着社会的、文化的、教育的和居住的差别，已经系统地标明在20世纪美国城郊的社区景色中，用在这些差别间架设桥梁的办法，存在着住宅计划扭转了深深体现在美国社会生活和建筑实践中“高级的”与“劣等的”偏见。

（S. 福克斯）

↑ 3 外观细部

92. 美术馆管理中心和格拉赛少年学校

地点：休斯敦，得克萨斯州，美国
建筑师：C. 吉米尼斯；肯德尔－希顿事务所
设计／建造年代：1994

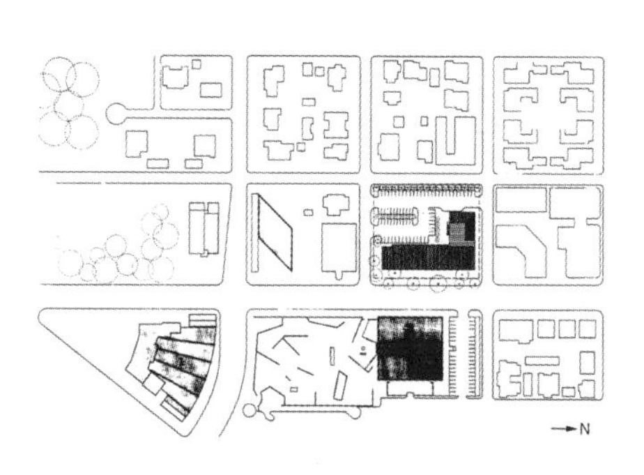

← 1 总平面
↓ 2 正面景观

休斯敦建筑师C. 吉米尼斯（1959年生）为休斯敦美术馆设计的三层办公楼和艺术学校，显示着在被破坏的美国城市中恢复城市建筑艺术的可能性。该行政楼和艺术学校建筑强调着在城市尺度上的空间一致和连续。该建筑建于一整个街区上，邻近美术馆其他财产（包括密斯·凡·德·罗、野口勇和R. 莫尼奥的作品），它从空间上而不是从风格上呼应其公共机构的环境。吉米尼斯在建筑物的所有侧面的外部空间形成上，都强调着场所特点。临街立面，在一列壮观的黑橡树后面排成一行，强调着笔直大道的空间。背立面从停车场的空处造成庭院空间和一对后入口。侧立面则规划式地展现建筑物内的活动。吉米尼斯利用天然光线，柔和地塑造室内空间，为工作、教学和学习创造宁静的环境。

行政楼和少年学校大楼代表着现代建筑的一种

↑ 3 后面景观
→ 4 平面

方式，它不是基于结构的或者技术的表现、纪念性的追求，或是基于后现代文脉的主题。其谦恭和自信源自特定场地对其环境的约定。它作为城市设计中的问题来处理办事工作空间。它将办事工作场所结合于儿童保育与教育的设施，使之适合城市生活的混合使用，而不是从空间上分开或隔离它们。它为了成为城市的一部分而拒绝一种机关式“校园”的郊区观念。*（S. 福克斯）*

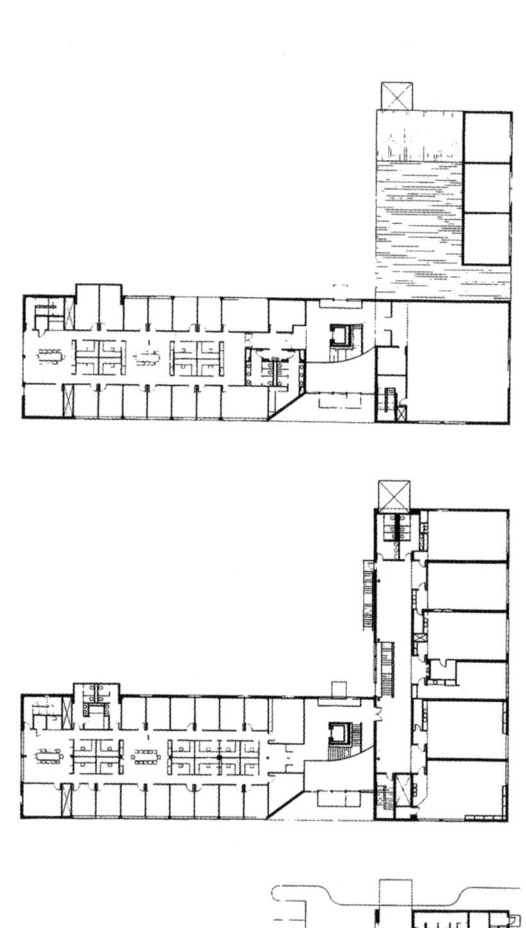

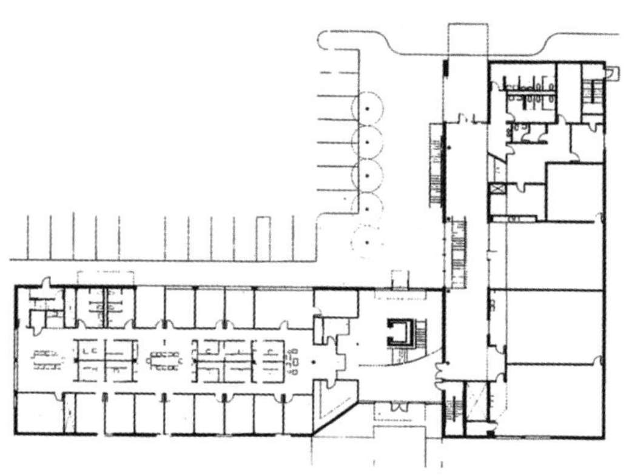

参考文献

“Pieza de Resistencia”, *Arquitectura Viva* 38 (September-October 1994), pp. 54–59.

Gerald Moorhead, “Arts Campus”, *Architectural Record* 183 (January 1995), pp. 70–77.

Carlos Jimenez, *Carlos Jimenez Buildings*, Architecture at Rice 36, Houston: School of Architecture, Rice University and New York: Princeton Architecture Press, 1996.

93. 芬兰大使馆

地点：华盛顿，美国
建筑师：海克南和科莫南事务所
设计 / 建造年代：1994

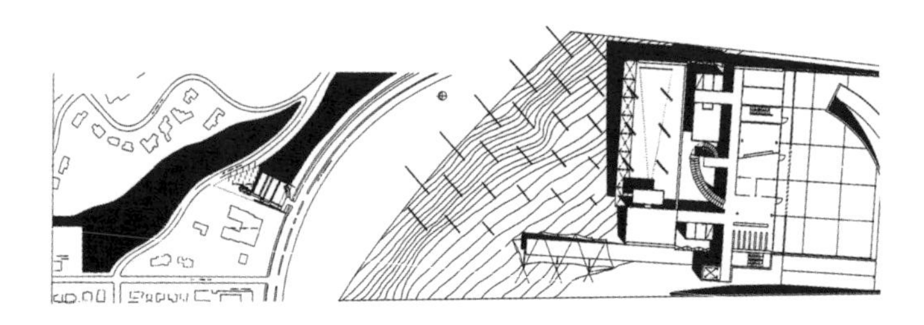

→ 1 总平面
↓ 2 平台

由芬兰建筑师M. 海克南和M. 科莫南设计的位于华盛顿的芬兰大使馆，具有典型朴素和机敏的风格。其正面消失在独立的垂直铜网架的后面——那是座葡萄架。在背面，它混合在树木繁茂的斜坡中，可以从台阶下到一条沟谷旁。侧立面贴以高度反光的绿色花岗石，它进一步与高树协调。这种同时保护自然又补偿其所失的尝试，导致一种极其敏感的介入，其中拉力结构

↑ 3 正面景观
← 4 室内一
→ 5 室内二

↑ 6 外观
← 7 平面
← 8 剖面

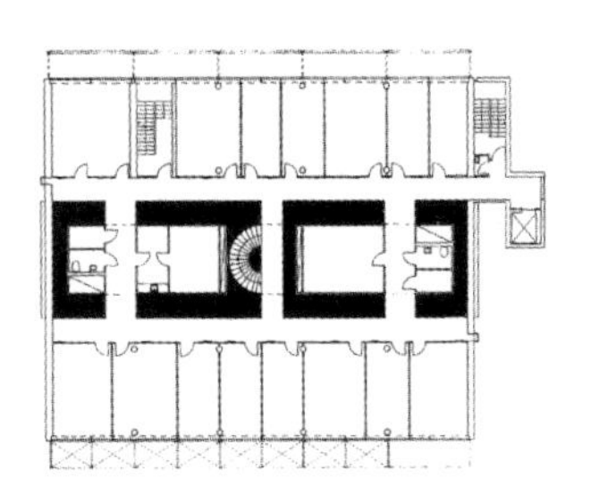

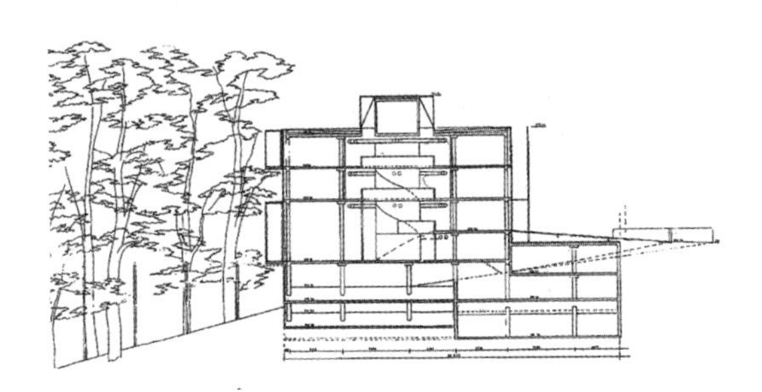

和桥梁技术都被运用到场地上分开的东西，它相配于原本的透明性。

海克南和科莫南把设计设想成一系列透明的水平层面，环绕着一座中心桥梁垂挂着。在南面第一道葡萄架的后面，是一层框在绿漆木框中的玻璃砖墙。这座明亮盒子的室内，分为两排办公室，由柱网支承，眺望着一座中心环行的中庭。依照路易斯·康的“服务的”空间手法，浴室、电梯、小会议室和蹼状楼梯等服务设施都集中环绕着在大的空处两端的两座U形柱子，上面支承着漆成天蓝色的大梁，并且在其空处放置机械设备和管道。沉重的混凝土构件和轻型隔断与钢框架之间的对比，传达着透明和轻巧的总体感觉，它由于在中心空间使用天然光线而得到确认。天窗和侧窗布置给中心空间带来斑驳光影，再加上天桥和悬挂方式的不同简直达到了皮拉内西式的复杂性。入口的下层用作讲堂，而当它敞向中庭的时候，就得到惊人的巨大规模。从中庭可以看到一个花园平台，它连接于从建筑物垂直射出的一根悬挂墩柱上。一座特氟隆面的布雨篷，由缆绳拉成不规则的星形，优雅地中和着建筑物的方头方脑状，并将大使馆进一步引到沟谷的天然美景中。*（R. 英格索尔）*

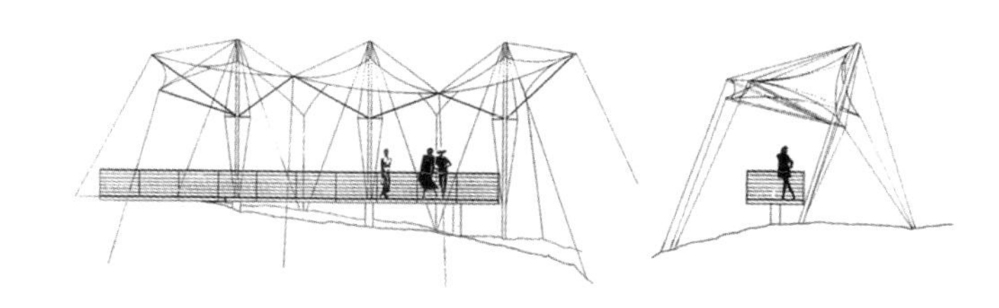

↑ 9 平台剖面
→ 10 中央闭合庭院
↓ 11 闭合庭院

参考文献

Peter Davey, *Heikkenin & Komonen*, Barcelona: Gustavo Gili, 1994.

94. 凤凰中心图书馆

地点：凤凰城，亚利桑那州，美国
建筑师：W. 布鲁德；DWL 建筑师事务所
设计/建造年代：1992—1995

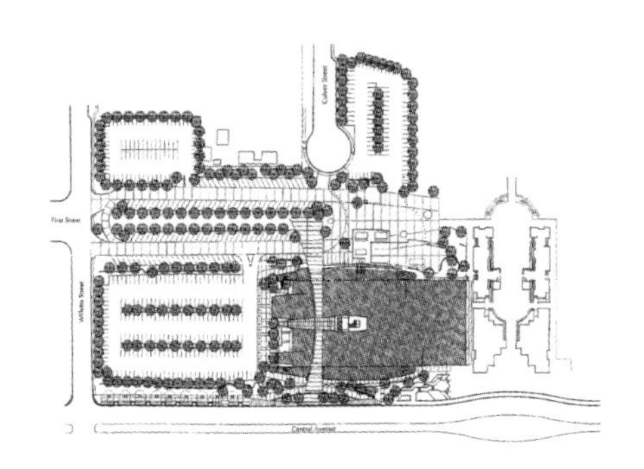

→ 1 总平面
↓ 2 沿街一侧景观

由W. 布鲁德（1946年生）设计的凤凰中心图书馆，是在沙漠岩滩上的一座近似独块巨石的物体。它可能是当代最具有能源效应的公共建筑物，它调动了主动式和被动式的太阳能技术，搞出惊人的视觉效果。它装配了结构层次和服务设施，而很少考虑建筑的一般要素。其外壳那平缓突出的两侧，容纳着机械设备、办公室、浴室和服务楼梯，并且用有孔的铜质波浪形

↑ 3 凤凰中心图书馆

↓ 4 剖面

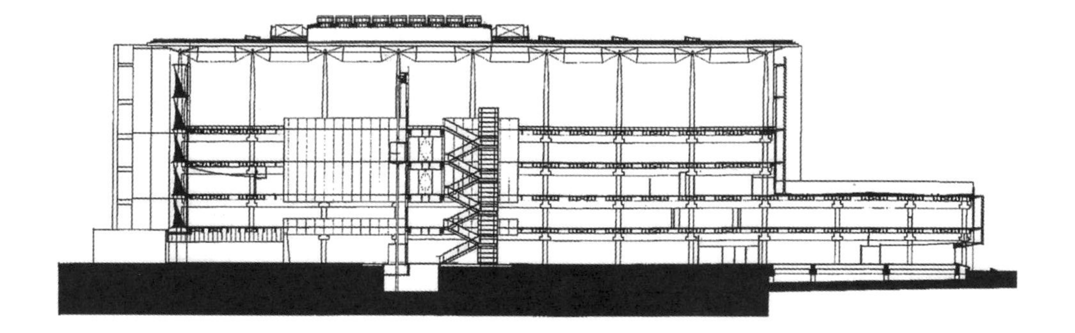

← 5 直立的塑料纤维遮阳板
↓ 6 图书馆北面景观
↓ 7 显示柱顶圆窗

幕片覆盖起来。这种半透明的薄膜，能令人对内部体积有所了解，它既能防护里面的混凝土墙直接暴晒在沙漠的日光下，又能散发由服务设备所产生的热量。较短的立面是完全装玻璃的。在南面，由计算机控制的翼片，每天根据日照强度或开或闭，北面为了防风和眩光，使用28根白色特氟隆织的垂直条带，以钢钉固定成螺旋形的帆。望着花园的两层高基座的粗混凝土工程，以自由形式孔洞的凸出和穿透来装饰，这是地方建筑名家、布鲁德的导师之一P. 索莱瑞的手法。支承着五层结构的内部混凝土柱子，顶端呈渐细的锥形，刚好在贴近阅览室的拱顶下结束。柱子顶上戴有钢喷嘴，挂在支承屋顶的富勒式无限制空间框架下面。每个柱顶上的圆窗，诗意地显示了无梁柱结构的新颖。通过沿侧墙高窗透进的光线，使人产生拱顶在空中翱翔的感觉。进入的顺序是从一座工字钢的雨篷，引向门厅的走廊，一边是蓝色抹灰，另一边是半透明磨砂玻璃的屏障，带有暗藏的华美灯光，这是从意大利大师C. 斯卡帕借用来的细部处理风格。中央有一个为玻璃电梯和玻璃楼梯而设的大井柱，它由天窗照明，并用旋转镜子来加强亮度。这个所谓的“水晶峡谷”大大有利于五个不同楼层的定位。尽管大多数图书馆如迷宫且阴森，与室外很少联系，而凤凰中心图书馆却是非常开敞的，提供着易于接近书架的条件和令人开心的视野。*（R. 英格索尔）*

参考文献

Richard Ingersoll, “Will Bruder: The Architecture of the Outsider”, *Korean Architects,* April 1997.

→ 8 借书处
↓ 9 显示玻璃楼梯
↓ 10 阅览区

95. 神经科学研究所

地点：拉霍亚，加利福尼亚州，美国
建筑师：T. 威廉斯，B. 秦
设计/建造年代：1992—1995

← 1 总平面

T. 威廉斯和B. 秦设计的神经科学研究所在加州大学圣迭戈分校的边上，从索尔克研究所来，只有15分钟步行距离。新建筑群具有类似于路易斯·康设计建筑物的风格，但是业主和建筑师都设想要相反于前者的严肃纪念性以及与景色和社会生活相脱离。为办公、实验和礼堂而设的三座建筑物，像是围绕着一个不规则广场而随意布置的，广场嵌在斜坡的等高线上。

理论中心楼自其钢筋混凝土的基座上挑出，像是一个有活力的水平形体；实验室则像挡土墙似的缩进山里，前面遮以倾斜的不透明玻璃墙；而大厅则位于大护坡堤上，与两座建筑物的关系都是偏斜的，并在房角切出一个张开的凹口作为入口门厅。院子结果成了不规则的U形，汇集着来自不同方向的道路，并将人们送上理论中心楼两边的坡道，或越过实验室的屋顶而通向附近的大学建筑物。在广场的节点，即在理论中心楼的坡道与实验室的入口之间，有一座矩形小水池，种满芦苇，边上还有黑大理石的坐凳，像是从空间伸出的一个舒适的休息点。广场的非对称性平衡，可以在通过时或环行时展现出来，但是却不能在任何一个视点把握其整体。威廉斯和秦巧妙地达到了该机构的创办者和业主发言人G. M. 埃德尔曼博士的目的。他

↑ 2 理论中心和入口坡道
→ 3 北面景观

↑ 4 广场的实验楼和礼堂入口
↑ 5 礼堂室内

说："任何视景、每个突出的特点和地方，都必须美观或有意思，我不愿意人们被某个视点迷住，而对其他地方失望。"

尽管在规划上拒绝索尔克生物研究所的对称性和隔绝状态，但是对于材料和细部的辩证处理，却仍然继续着康的建筑术研究的看法。大片的玻璃窗格，它在室内目视水平上是透明的，但往上却变成磨砂和半透明的，而且伸出屋面变成了女儿墙和栏杆，给予它们支承的和被支承的双重功能。石灰石贴面的表面性，以使其偏离而露出下面理论楼的混凝土结构来强调。室内贴面渗透到室外表面以强调进入大厅的流动感。同时这种处理细节的方式也同样用于城市布局中，如其开敞空间和不规则性，分层的半透明和穿孔材料的透明性，以及执着地安于当地，都给予它新的画境品质，试图创造一处体验为非城市的场所。*（R. 英格索尔）*

参考文献

Ziva Freiman, "The Brain Exchange", *Progressive Architecture*, April 1995, pp. 76-85.

96. 草莓谷学校

地点：维多利亚，不列颠哥伦比亚省，加拿大
建筑师：帕特考建筑师事务所
设计／建造年代：1992—1996

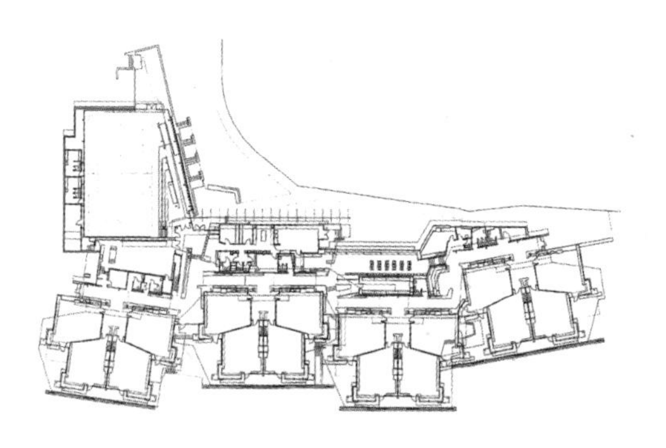

1 总平面

P. 帕特考（1950年生）和J. 帕特考（John Patkau，1947年生）在20世纪90年代，曾在加拿大建筑界中促成了"西海岸"运动。那是从地方建筑师中吸取现代遗产，像帕特考曾主要为其工作过的建筑师A. 阿里克森等人，在引进构图上自由的同时，追求着地方景色中地质上和野生植物的不规则性。他们的海鸟岛学校（1988—1991年）是为不列颠哥伦比亚省土著人居住的阿加西兹社区设计和建造的，使用了倾斜的结构构件来支承曲折的屋顶。他们后来的设计则依靠在倾斜构件与所推的矩形平面之间的张力而获得成功。

草莓谷学校是一座省立初级中学，它服务于距维多利亚市约10千米的市郊社区的中产阶级。前立面以其里出外进的斜墙面，由水平木墙板造成的峭壁似的形象，而与大片独立住宅风格显得不同。短边立面由于彼此分开成一种V形的开口平面而表现为破裂状。长长的走廊，随外部表现出来的摆动线条而联合了学校的所有组成部分，并在每个交接处都展开为一处公共空间，加宽并提供嵌入式设备。袒露的工字钢柱结构被斜向推出去，同时横向工字钢支撑则在走廊顶上呈锯齿形。走廊的斜墙贴面是水平木板，高至目视水平，剩下的则袒露着板条墙面。通风道和其他机械管道裸露在走廊上

↑ 2 草莓谷学校

← 3 剖面

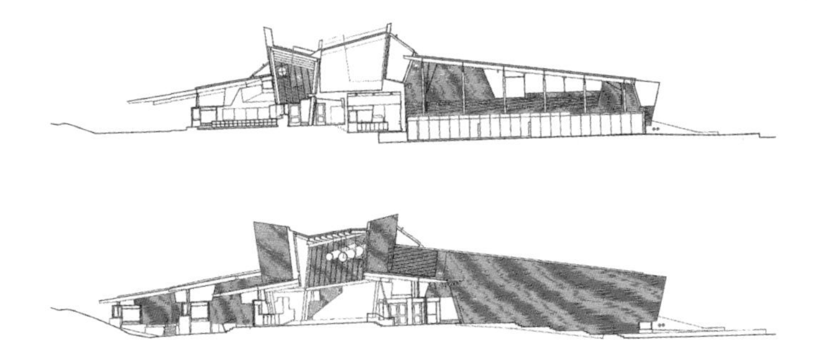

部。无论何处出现直线裂缝，就有从天窗射入的天然光线。每组都含有四间教室的四组建筑物，由在走廊外面的顶部采光的前厅进入，并且每个房间的角窗都对着封闭的院子，它是由交错布置的四组建筑之间的空隙所形成的。帕特考对于“材料的真实性必须显而易见”是如此感兴趣，他们让教室木龙骨墙上的贴面板能看到其厚度。虽然草莓谷学校是由重复的单位组成的，但看上去没有任意两点是相同的。它不像大多数学校的机关建筑风格，它提供一种如画般的奇遇，像是攀登穿过山间裂缝，透出一种由忠实裸露的结构组装起来破裂部分的怪异感觉。*（R. 英格索尔）*

参考文献

Andrew Gruft, *Patkau Architects*, Barcelona: Gustavo Gili, 1997.

↑ 4 外观
← 5 室内
↓ 6 室内倾斜木柱墙和暴露的结构

97. 阿罗诺夫设计和艺术中心

地点：辛辛那提，俄亥俄州，美国
建筑师：P. 艾森曼，R. 特罗特
设计/建造年代：1988—1997

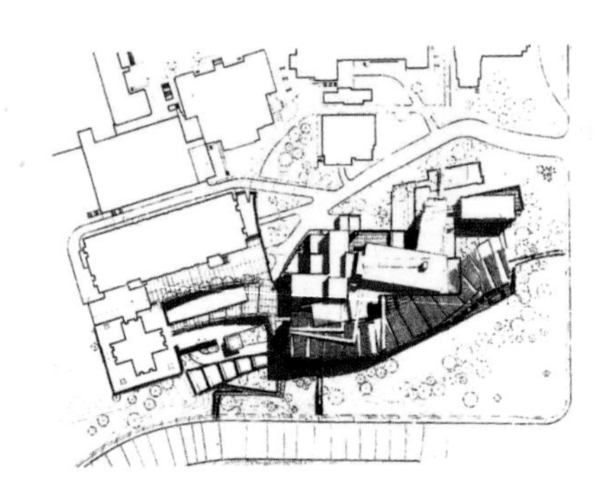

1 总平面
2 外观

P. 艾森曼（1932年生）设计的阿罗诺夫中心，成为这位建筑师在不断发展的研究中的一个新起点，他的理论设想比起20世纪任何建筑师来都更能使其建筑作品获得特色。艾森曼提交的是一种破坏了稳定性的现代主义，基于批判性理论，用他的话说是："展现其自身的目标，作为与将其目标归类为合乎规范的系统理论相对立。"从他职业生涯头十年实践中脱离传统的私人住宅开始，他在80年代的校园设计（1986年完成在哥伦布的俄亥俄州立大学的韦克斯纳视觉艺术中心；1986年为长滩加州大学艺术博物馆所做的设计）和该时期的其他设计，都掘入了地下。它们是理智的构造物，像是"人工发掘的城市"，由设计着的场地历史的叠加网格所造成：地质的、地理的和叙事的。阿罗诺夫的策略采取一个新的方向，属于感性的一种：关心物质的运动、感知和身体。

145000平方英尺（约1.3公顷）的加建工程（包括图书馆、讲堂、行政办公室、咖啡厅、照相实验室、用作评图和展览的多功能厅），使学院用于统一设计课程的设施增加了一倍。面向三座头尾相连、排成一行的原有建筑物，与之形成V形中心，艾森曼使其对比成为长的曲线形，暗示着一个运动体形，在建筑中的一种爬行流动状态，它不能做一

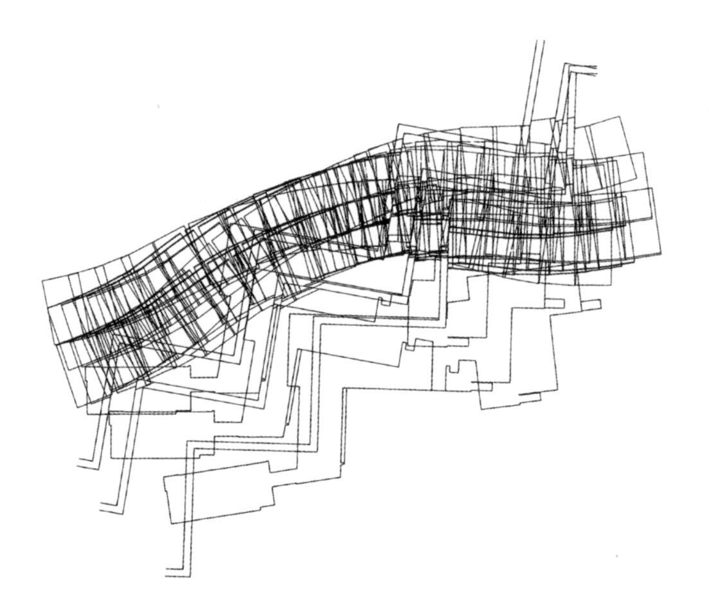

↑ 3 主梯
← 4 弯曲走廊
→ 5 主厅

般的解释或预想。除了在空中能俯视其全貌外，阿罗诺夫中心只能体验于片断中，从街上看，主要的景色都掩藏在护坡里，主要入口深入在场地里面，所以人们从其凸出的悬挑部分进入，并且要上几步台阶，沿着宽阔的弯曲的走廊往前走。这种“建筑漫步”是从理智上理解的，但永远不会作为整体来感受。作为遭遇到原有建筑物的边缘，它是扭弯的、倾斜的、重叠的和不协调转向的，以适应开向一座复杂的多层三角形中庭的空隙。这个有天窗的空间，既扩展又压缩，可以从人行道和桥上望到，从那里人们可以获得片断的、过路人的视觉和听觉含义。

艾森曼曾提到，信息作为建筑设计的一种标志“通过处于片断的、不明确状态的中介而走向我们”。实际上，它代表他第一次利用信息技术，没有它，阿罗诺夫中心的空间和形式的复杂性就不可能进行规划。但是这些都由艾森曼的意志所引导，导向生物形态的和感知的物质运动。这一点在阿罗诺夫中心以后，将渗透在一系列新的设计中，其中包括正在设计的旋涡式屋顶结构的在圣乔治摆渡站的斯塔顿岛科学艺术馆，以及凤凰城的亚利桑那主体育场和会议中心。*（P. 兰伯特）*

参考文献

Peter Eisenman, “The Interiors of Architecture”, Unpublished typescript of presentation for Winter 1988 Seminar, CCA Study Centre, 10 (April 1998), p. 8.

Cynthia C. Davidson, ed., *Eleven Authors in Search of a Building: The Aronoff Center for Design and Art at the University of Cincinnati,* New York: Monacelli Press, 1996.

Jean-Francois Bedard, ed., *Cities of Artificial Excavation: The Works of Peter Eisenman, 1978–1988*, Montreal and Cambridge: CCA/MIT Press, 1994.

Eisenman Architects, Lorenz & Williams, “College of Design, Art and Planning, University of Cincinnati”, *Progressive Architecture*, 72, no.1 (Jan. 1991), p. 82.

98. 列德伯里公园

地点：北约克，安大略省，加拿大
建筑师：希姆，萨克利夫
设计/建造年代：1997

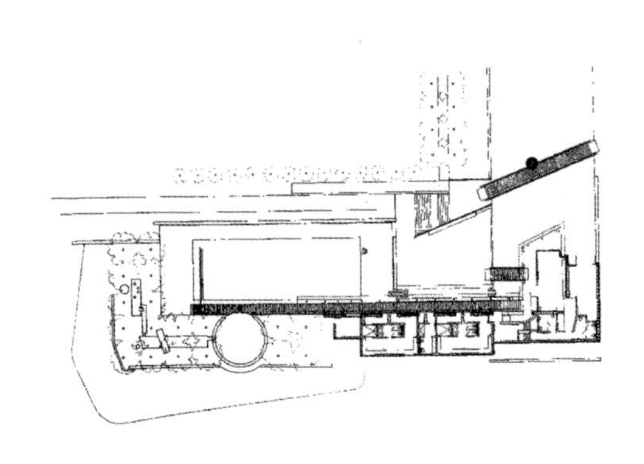

由B. 希姆和H. 萨克利夫设计的列德伯里公园，抓住了“新画境”的精神，虽然建筑上没用这个字眼。它位于北约克，在多伦多以北6英里（约10千米）的一处郊区，该设计试图重新开发出郊区空旷的潜力。公园插入到三个街区的车辆禁行区的核心部位，作为集体的院落，周围是朴素的、典型战后独立住宅用栅栏围起来的后院。一座社区游泳池和滑冰场的项目，由于将水面处理成负空间而被极大地丰富了，小游泳池（25米×8米）升起在一座砖砌平台上几英尺，与大得多的水池（100米×13米）轴线相反，大水池是从地面挖下几英尺深，周围的堤岸仍保持着开挖原状。地形经人工重新改造，在开敞和封闭的景观上，令人激动。一段钢槽口在L形的交接处形成一处小瀑布，诗意地将两个水体连了起来。

冬季滑冰和夏季游泳的项目是重叠的，通过在桥梁西端的小长菱形广场而汇集到一起，该桥梁引到较小的入口桥，同时进到滑冰馆和走向游泳层的台阶。将游泳池不寻常地抬高，根据法规要求公共游泳池四周应有2.5米高的围墙。砖贴面的墙到平台面层是1.5米，往上还有1米高的胸墙，既满足了高度要求，又不妨碍从游泳池平台看到下边的水池。游泳池院落的空旷是由其L形砖围墙所划出的，

← 1 总平面
↑ 2 桥

↑ 3 滑冰场

↓ 4 游泳池

从那里可以看到L形公园更大的空旷宽广。

桥梁以其虚幻的组成为列德伯里公园与相邻小学和三个街区以外的购物区提供着比喻性的联系。它是由带有胸墙栏杆的钢框架结构支承着一条木板人行通道，它的弓形拱券是为了满足赞伯尼磨冰机车从下面通过的高度要求。这座桥梁为游泳者和滑冰者与观看者对话提供了一个好地方，而最终则是为穿越该街区的人们提供一个活动场所。为滑冰者设的两层高的暖厅，重复着现场的L形组织，用两道实墙对着两道玻璃墙。玻璃窗的支架被交错布置成一种均衡而不对称的构图，暗示着新造型派的美学。该馆平顶的木板檐子与游泳层更衣室的遮阳木棚架，形成了统一线条，并且随着桥梁轴线的偏移而凸出30度，在雨篷下留下一处宜人的菱形空间。这处门廊的反传统不规则性，是由特别随意布置的细长十字断面的钢柱来强调的，它在转角处是破坏着规则间距的双柱。

（R. 英格索尔）

参考文献

Richard Ingersoll, “Tectonic Garden”, *Architecture* (July 1998), pp. 86-91.

99. 大西洋艺术中心

地点：新士麦那，佛罗里达州，美国
建筑师：汤普森，罗斯
设计/建造年代：1993—1997

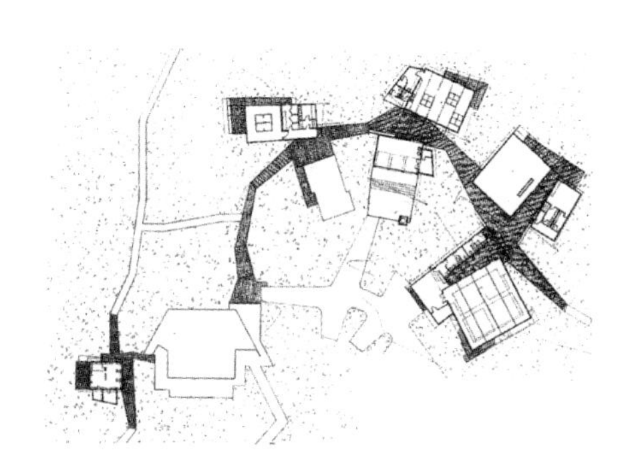

←1 平面

由M. 汤普森和C. 罗斯设计的大西洋艺术中心，位于佛罗里达州的亚热带沼泽地中，它被布置成旋转的模式，使人想到红树沼泽的卷绕样式。这个艺术家聚居地的每个方面——从它的曲线式场地到其材料选择，再到其遮阳和冷却的设施——都被设想成配合自然环境的一个体系。例如停车场就顺从地形而设计成为弧形车道，并且每两个或三个停车位之间，就交替布置同样宽度的绿化，大大减轻了有汽车的感觉。大西洋艺术中心的七个分馆都在支柱上，升离地面1米，并且沿一条弯曲的木板人行道而彼此以斜向展现着。该人行道在通向每座建筑时都展宽，似乎令人想起史密斯在"柏林规划"（1957年）中对人行林荫路的建议。每座雪松贴面的分馆都有一个不相同的单坡镀铅的铜皮屋面，有的带有特殊的采光井，其他的则有石板瓦天窗，还有的是进风设备。该设计也是对民间建筑的一次批判性复兴，在其材料和体积安排上都是熟悉的，但是在其为调节光影的创造性细节上和随意扭转朝向上又是新奇的。每座分馆服务于一种不同的艺术形式——绘画与雕塑工作室、舞蹈室、独奏室、暗室和一个作家图书室，其空间皆适合艺术家去研究、教学和表演。汤普森和罗斯设计的细部一贯是巧妙的：沿木板人行

↑ 2 大西洋艺术中心休息厅屋顶

← 3 轴测图

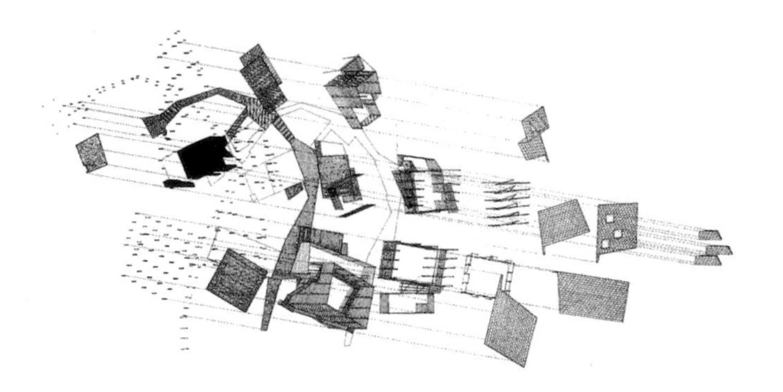

道不用齐腰的栏杆，而用脚面高的栏板不连贯地标志着道路，细细的黑色立杆从台面下升起支承着小圆柱形灯具。绘画与雕塑工作室的椽子组成像“挑绷子”的线那样，为的是支承四个采光井的中等跨度的面积。由钢管做的花架棚架在相临建筑物之间。每个建筑物都用稍微不同的策略去利用北边的光线和遮住西南的日晒，包括用可控木百叶窗的传统技术。大西洋艺术中心不断变化的朝向与其艺术性地沉浸入景色之中的设计，使它不但达到类似于自然界的协调多样，而且创造出了在炎热潮湿的气候中更能持续发展的建筑的一个可行样板。*（R. 英格索尔）*

↑ 4 用杉木建造的休息厅
↓ 5 休息厅之间的钢管藤架

参考文献

Brian Carter and Carla Swickerath, eds., *Sitel Architecture, Thompson and Rose Architects*, Ann Arbor, 1998.

100. 圣依纳爵礼拜堂

地点：西雅图，华盛顿州，美国
建筑师：S. 霍尔
设计/建造年代：1994—1997

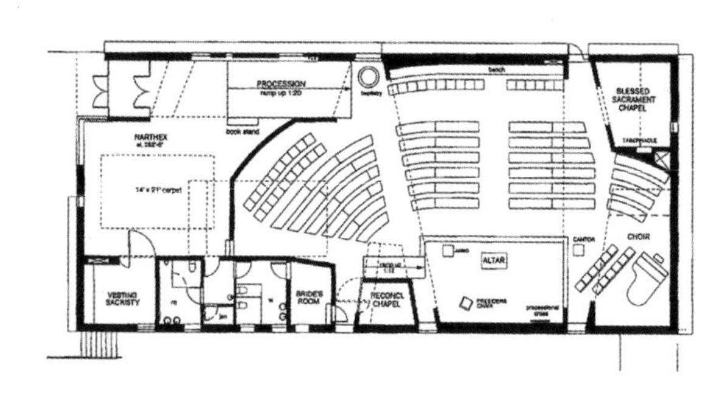

← 1 平面

↑ 2 模型
→ 3 总平面

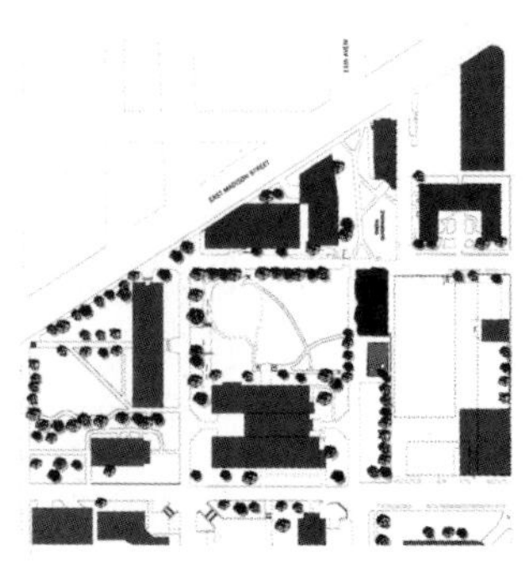

S. 霍尔（1947年生）为西雅图大学设计的圣依纳爵天主教堂，是一座造成假象的简单混凝土盒子，上面是个神秘的镀锌顶罩。它从一个停车场上的平台升起，并以一个浅的倒影池塘和高的钟塔而与校园的其他部分隔离。21块倾斜的混凝土墙板，像拼图玩具那样被装配起来，在接缝处有少量狭长窗户。混凝土曾刷以罗马赭色，而吊装用的吊环却保留下来当作装饰。在受

↑ 4 建有钟楼的礼拜堂

↑ 5 带有弯罩的西北景观
← 6 主入口
↓ 7 东立面

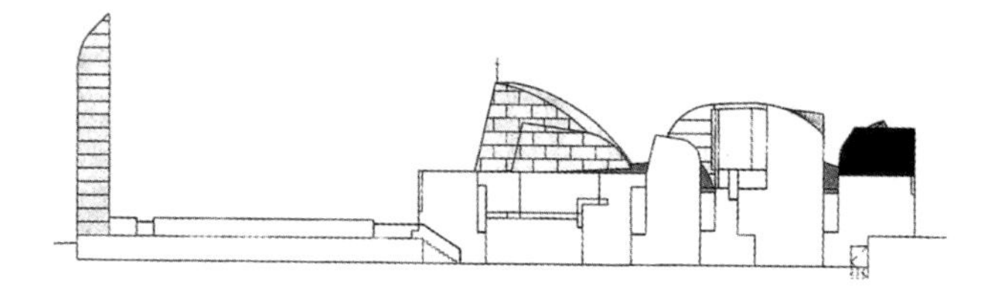

到勒·柯布西耶的土雷特修道院（1955—1960年）“光炮”的启发下，不同类型滤色的和反射的色光，通过屋顶上七个弯罩输进，照亮着礼拜堂的不同部位（前厅、洗礼池、侧礼拜室、歌坛、主厅和告解处）。在晚上，这些“光点”射出的明亮色光，整个校园里都看得见。

建筑的西南角被切掉而成为入口，穿过15厘米厚的橡木大门可进入。门上钻有斜圆孔以夸大其厚度。石凳沿西和南立面排放，服务于道路系统，并给在平静池边进行默祷的人提供逗留与休憩的场地。抽象形式与夸大厚重的天然材料的混合，产生出比拟性的对比效果，那正是宗教体验的本质。盒子建筑的合理性违背着拱形罩棚无法理解的次序，它提供通过意料不到空间的画境般的流程。光线良好的前厅是由中间有条拱槽的两个光源照明的。厚

↑ 8 入口区
↓ 9 剖面

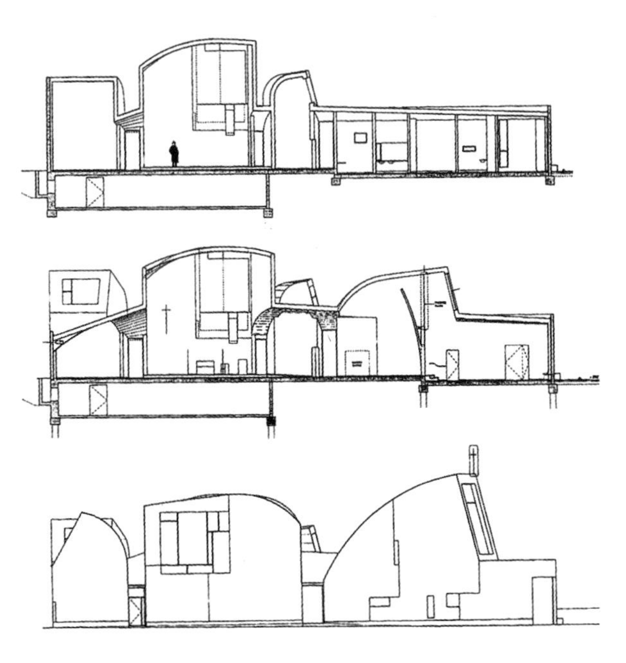

↑ 10 室内
↦ 11 忏悔室

厚的抹灰层，表面是方格形斑片，使光线顺着曲面洒下。在入口轴线上是石头的圣水槽，被置于磨砂玻璃窗剪切面的强烈对比之中。接着向前则进入圆形的中厅里。光线通过黄色玻璃透入，并经过蓝色反光板而照亮着祭台上面的一扇金叶板，这是从墨西哥艺术家M. 戈理兹作品中得到的灵感。祭台右边是一间忏悔室，它由自身的灯槽充分照明，可通过角上的转动木门进入。在左边是歌坛，另有一个拱顶。在远处角落里还有一个特殊的礼拜室，墙是以香树木贴面的，以混合的红绿微光照着，戏剧性

地照着一棵挂在链子上的神秘树干。暗色黄铜和木质装置极少，但却具有创新工艺——管状栏杆在尽端扭转成法兰盘，以便用螺丝拧在平面上。充满于圣依纳爵礼拜堂的设计新颖的构造体系和有力的视觉效果，由一种世俗体验的充足而得到平衡。它创造出的神秘感，加上在光与空间之间难以解释的联系，促进着理性与信仰之间的对话。*（R. 英格索尔）*

参考文献

Alejandro Zaera, ed., *Steven Holl*, El Croquis 78, Madrid, 1996.

本卷主编谢辞

R. 英格索尔

本卷编委们向给予本卷的编写以热情帮助与友好协作的人们致谢。

本套丛书庞大的编撰工作得力于中国建筑学会副理事长张钦楠先生的巨大努力。我们衷心感谢张先生，感谢他在此过程中所表现出的严谨、乐观与幽默。

感谢*Design Book Review*的编辑C. 胡以及合作者B. 胡，他们承担了处理、筛选数百张图片的艰巨工作。

感谢蒙特利尔的加拿大建筑中心的P. 兰伯特及助手D. 米勒和M. 斯普里格的大力援助，他们提供了加拿大的图片资料。

感谢休斯敦的C. 凯西提供的大量图片资料。

感谢得克萨斯州休斯敦赖斯大学的D. L. 莱鲁普、J. 卡斯巴里安及K. 罗伯特的大力支持。

另外还应感谢以各种方式支持我们的人们：R. 巴内斯、M. 克劳福特、A. 克鲁斯、K. 福斯特博士、J. 古加、S. 赫斯岑、C. 吉梅内茨、L. 莱法伊弗、Y. 刘、J. 洛米斯及佛罗伦萨DIPA理事A. 麦克伦。

英中建筑项目对照

1. Fuller (Flatiron) Building, New York, New York, USA, arch.D. H. Burnham & Company
2. Old Faithful Inn, Yellowstone National Park, Wyoming, USA, arch. Robert Reamer
3. Carson, Pirie, Scott, Chicago, Illinois, USA, arch. Louis H. Sullivan
4. Larkin Building, Buffalo, New York, USA, arch. Frank Lloyd Wright
5. Martin House, Buffalo, New York, USA, arch. Frank Lloyd Wright
6. Windsor Station, Additions, Montréal, Québec, Canada, and arch. Edward Maxwell and W. S. Painter
7. Unity Temple, Oak Park, Illinois, USA, arch. Frank Lloyd Wright
8. National Farmers' Bank Building, Owatonna, Minnesota, USA, arch. Louis H. Sullivan
9. Gamble House, Pasadena, California, USA, arch. Greene and Greene
10. Pennsylvania Station, New York, New York, USA, arch. McKim Mead & White
11. First Church of Christ Scientist, Berkeley, California, USA, arch. Bernard Maybeck
12. Carl Schurz High School, Chicago, Illinois, USA, arch. Dwight H. Perkins
13. Administration Building, Rice University, Houston, Texas, USA, arch. Cram, Goodhue & Ferguson
14. Station Square and Greenway Terrace, Queens, New York, USA, arch. Grosvenor Atterbury and Olmsted Brothers
15. Woolworth Building, New York, New York, USA, arch. Cass Gilbert

1. 富勒（熨斗）大厦，纽约市，纽约州，美国，建筑师：D. H. 伯纳姆事务所
2. 老忠诚旅店，黄石国家公园，怀俄明州，美国，建筑师：R. 雷默
3. 卡森·皮里·斯科特百货公司，芝加哥，伊利诺伊州，美国，建筑师：L. H. 沙利文
4. 拉金大厦，布法罗，纽约州，美国，建筑师：F. L. 赖特
5. 马丁住宅，布法罗，纽约州，美国，建筑师：F. L. 赖特
6. 温莎火车站扩建，蒙特利尔，魁北克省，加拿大，建筑师：E. 马克斯韦尔，W. S. 佩因特
7. 统一教堂，橡树公园，芝加哥，伊利诺伊州，美国，建筑师：F. L. 赖特
8. 国家农民银行，奥瓦通纳，明尼苏达州，美国，建筑师：L. H. 沙利文
9. 甘布尔住宅，帕萨迪纳，加利福尼亚州，美国，建筑师：C. S. 格林，H. M. 格林
10. 宾夕法尼亚火车站，纽约市，纽约州，美国，建筑师：麦金、米德和怀特事务所
11. 基督教科学派第一教堂，伯克利，加利福尼亚州，美国，建筑师：B. 梅贝克
12. 卡尔·舒尔茨中学，芝加哥，伊利诺伊州，美国，建筑师：D. H. 珀金斯
13. 赖斯大学行政楼，休斯敦，得克萨斯州，美国，建筑师：克拉姆、古德休和弗格森事务所
14. 车站广场和绿街，森林山花园，昆斯，纽约市，纽约州，美国，建筑师：G. 阿特伯里和奥姆斯特德兄弟
15. 伍尔沃思大楼，纽约市，纽约州，美国，建筑师：C. 吉尔伯特

16. Wrigley Field, Chicago, Illinois, USA, arch. Zachary Taylor Davis
17. Police and Fire Station No.1, Montréal, Québec, Canada, arch. Marius Dufresne
18. Horatio West Court Apartments, Santa Monica, California, USA, arch. Irving Gill
19. Hangar Number One, Lakehurst, New Jersey, USA, arch. U.S. Naval Air Station
20. Chateau Frontenac, Additions, Québec City, Québec, Canada, arch. Edward Maxwell and William Sutherland Maxwell
21. Glass Plant, Ford Motor Company, Dearbon, Michigan, USA, arch. Albert Kahn, Inc.
22. Lovell Beach House, Newport Beach, California, USA, arch. R. M. Schindler
23. Esherick House and Studio, Paoli, Pennsylvania, USA, arch. Wharton Esherick
24. Christ the King Catholic Church, Tulsa, Oklahoma, USA, arch. Francis Barry Byrne
25. YWCA Metropolitan Headquarters Building, Honolulu, Hawaii, USA, arch. Julia Morgan
26. Pavillon Principal, Université de Montréal, Québec, Canada, arch. Ernest Cormier
27. 333 North Michigan Building, Chicago, Illinois, USA, arch. Holabird & Root
28. Lovell "Health" House, Los Angeles, California, USA, arch. Richard Neutra
29. McGraw-Hill Building, New York, New York, USA, arch. Raymond Hood, Godley & Fouilhoux
30. Kingswood School for Girls, North Bloomfield Hills, Michigan, USA, arch. Eliel Saarinen
31. Nebraska State Capitol, Lincoln, Nebraska, USA, arch. Bertram G. Goodhue and Associates
32. PSFS Building, Philadelphia, Pennsylvania, USA, arch. George Howe and William Lescaze
33. Rockefeller Center, New York, New York, USA, arch. Associated Architects
34. Cincinnati Union Terminal, Cincinnati, Ohio, USA, arch. Alfred Fellheimer & Steward Wagner with

16. 里格利球场，芝加哥，伊利诺伊州，美国，建筑师：Z. T. 戴维斯
17. 第一警察所和消防站，蒙特利尔，魁北克省，加拿大，建筑师：M. 迪弗雷纳
18. 贺拉斯西院公寓，圣莫尼卡，加利福尼亚州，美国，建筑师：I. 吉尔
19. 一号飞船库，莱克赫斯特，新泽西州，美国，建筑师：美国海军航空处
20. 弗隆特纳克堡扩建，魁北克市，魁北克省，加拿大，建筑师：E. 马克斯韦尔，W. S. 马克斯韦尔
21. 福特汽车公司玻璃厂房，迪尔伯恩，密歇根州，美国，建筑师：A. 卡恩公司
22. 洛弗尔海滨住宅，纽波特比奇，加利福尼亚州，美国，建筑师：R. M. 欣德勒
23. 埃塞立克住宅和工作室，佩奥利，宾夕法尼亚州，美国，建筑师：W. 埃塞立克
24. 基督王天主教堂，塔尔萨，俄克拉何马州，美国，建筑师：F. B. 伯恩
25. 基督教女青年会大都会总部大楼，檀香山，夏威夷，美国，建筑师：J. 摩根
26. 蒙特利尔大学主楼，蒙特利尔，魁北克省，加拿大，建筑师：E. 科米尔
27. 北密歇根大道 333 号大楼，芝加哥，伊利诺伊州，美国，建筑师：霍拉伯德，鲁特
28. 洛弗尔"健康"住宅，洛杉矶，加利福尼亚州，美国，建筑师：R. 纽特拉
29. 麦格劳－希尔大楼，纽约市，纽约州，美国，建筑师：R. 胡德、戈德利和富霍克斯事务所
30. 金斯伍德女子学校，匡溪教育社区，密歇根州，美国，建筑师：伊莱尔·沙里宁
31. 内布拉斯加州议会大厦，林肯市，内布拉斯加州，美国，建筑师：B. G. 古德休事务所
32. 费城保险基金会（PSFS）大楼，费城，宾夕法尼亚州，美国，建筑师：G. 豪，W. 莱斯卡兹
33. 洛克菲勒中心，纽约市，纽约州，美国，建筑师：联合建筑师事务所
34. 辛辛那提联合车站，辛辛那提，俄亥俄州，美国，建筑师：A. 费尔海默和 S. 瓦格纳建

Rolan Wank

筑事务所

35. Norris Dam, Norris, Tennessee, USA, arch. Rolan Wank, Tennessee Valley Authority

35. 诺里斯坝，诺里斯，田纳西州，美国，建筑师：R. 旺克；田纳西河流域管理局

36. Fallingwater(Kaufmann House), Bear Run, Pennsylvania, USA, arch. Frank Lloyd Wright

36. 落水别墅（考夫曼住宅），熊跑溪，宾夕法尼亚州，美国，建筑师：F. L. 赖特

37. Gropius House, Lincoln, Massachusetts, USA, arch. Walter Gropius and Marcel Breuer

37. 格罗皮乌斯住宅，林肯市，马萨诸塞州，美国，建筑师：W. 格罗皮乌斯，M. 布鲁尔

38. Hanna House, Stanford, California, USA, arch. Frank Lloyd Wright

38. 汉纳住宅，斯坦福，加利福尼亚州，美国，建筑师：F. L. 赖特

39. S. C. Johnson & Son Administration Building, Racine, Wisconsin, USA, arch. Frank Lloyd Wright

39. 约翰逊父子公司办公楼，拉辛，威斯康星州，美国，建筑师：F. L. 赖特

40. First Christian Church, Columbus, Indiana, USA, arch. Eliel Saarinen

40. 第一基督教堂，哥伦布市，印第安纳州，美国，建筑师：伊莱尔 · 沙里宁

41. William Kellet House, Menasha, Wisconsin, USA, arch. Keck & Keck

41. 威廉 · 凯利特住宅，梅纳沙，威斯康星州，美国，建筑师：凯克兄弟

42. Havens House, Berkeley, California, USA, arch. Harwin Hamilton Harris

42. 哈文斯住宅，伯克利，加利福尼亚州，美国，建筑师：H. H. 哈利斯

43. B. C. Binning House, West Vancouver, British Columbia, Canada, arch. B. C. Binning with R. A. D. Berwick and Charles E. Pratt

43. B. C. 宾宁住宅，西温哥华，不列颠哥伦比亚省，加拿大，建筑师：B. C. 宾宁，R. A. D. 贝里克，C. E. 普拉特

44. San Felipe Courts, Houston, Texas, USA, arch. Associated Housing Architects

44. 圣费利波大院，休斯敦，得克萨斯州，美国，建筑师：联合住宅建筑师事务所

45. Case Study House #8, Pacific Palisades, California, USA, arch. Ray and Charles Eames

45. 个案研究住宅 8 号，太平洋岩壁，加利福尼亚州，美国，建筑师：R. 埃姆斯，C. 埃姆斯

46. Glass House, New Canaan, Connecticut, USA, arch. Philip Johnson

46. 玻璃住宅，新坎南，康涅狄格州，美国，建筑师：P. 约翰逊

47. Farnsworth House, Plano, Illinois, USA, arch. Ludwig Mies van der Rohe

47. 范斯沃思住宅，普拉诺，伊利诺伊州，美国，建筑师：路德维希 · 密斯 · 凡 · 德 · 罗

48. Lever House, New York, New York, USA, arch. Skidmore, Owings & Merrill

48. 利华大厦，纽约市，纽约州，美国，建筑师：SOM 事务所

49. United Nations Headquarters, New York, New York, USA, arch. Wallace K. Harrison (director of planning)

49. 联合国总部，纽约市，纽约州，美国，建筑师：W. K. 哈里森（设计主管）

50. Klee Square, Corpus Christi, Texas, USA, arch. Cocke, Bowman & York

50. 克利广场，科珀斯克里斯蒂，得克萨斯州，美国，建筑师：科克、鲍曼和约克事务所

51. Crown Hall, Illinois Institute of Technology, Chicago, Illinois, USA, arch. Ludwig Mies van der Rohe and C. F. Murphy Associates

51. 伊利诺伊理工学院克朗厅，芝加哥，伊利诺伊州，美国，建筑师：路德维希 · 密斯 · 凡 · 德 · 罗

52. Northland Regional Shopping Center, near Detroit, Michigan, USA, arch. Victor Gruen &

52. 北区购物中心，底特律郊区，密歇根州，美国，建筑师：V. 格伦事务所

Associates

53. Phyllis Wheatley Elementary School, New Orleans, Louisiana, USA, arch. Charles R. Colbert with Mark P. Lowery, Sal C. Moschella and James T. Dent Associates

53. 菲利斯 · 惠特利小学，新奥尔良，路易斯安那州，美国，建筑师：C. R. 科尔伯特等

54. Canadian Government Printing Bureau, Hull, Québec, Canada, arch. Ernest Cornier

54. 加拿大政府出版局，赫尔，魁北克省，加拿大，建筑师：E. 科米尔

55. Bavinger House, Norman, Oklahoma, USA, arch. Bruce Goff

55. 贝文格尔住宅，诺曼，俄克拉何马州，美国，建筑师：B. 戈夫

56. Styling Center, General Motors Technical Center, Warren, Michigan, USA, arch. Eero Saarinen & Associates and Smith, Hinchman & Grylls

56. 通用汽车技术中心款式中心，沃伦，密歇根州，美国，建筑师：埃罗 · 沙里宁事务所；史密斯，欣奇曼，格里尔斯

57. BC Hydro Building, Vancouver, British Columbia, Canada, arch. Thompson, Berwick & Pratt; Ron Thom, designer

57. 海德罗大楼，温哥华，不列颠哥伦比亚省，加拿大，建筑师：汤普森、贝里克和普拉特事务所（R. 汤姆设计）

58. Seagram Building, New York, New York, USA, arch. Ludwig Mies van der Rohe, with Philip Johnson, Kahn & Jacobs, Associate Architects

58. 西格拉姆大厦，纽约市，纽约州，美国，建筑师：路德维希 · 密斯 · 凡 · 德 · 罗；P. 约翰逊、卡恩和雅各布斯联合建筑事务所

59. Solomon R. Guggenheim Museum, New York, New York, USA, arch. Frank Lloyd Wright

59. 古根海姆博物馆，纽约市，纽约州，美国，建筑师：F. L. 赖特

60. Richards Medical Research Laboratory, University of Pennsylvania, Philadelphia, Pennsylvania, USA, arch. Louis I. Kahn

60. 理查兹医学研究实验楼，费城，宾夕法尼亚州，美国，建筑师：路易斯 · 康

61. Gateway Arch, Jefferson National Expansion Memorial, St. Louis, Missouri, USA, arch. Eero Saarinen & Associates

61. 杰弗逊国土扩张纪念碑（大拱门），圣路易斯，密苏里州，美国，建筑师：埃罗 · 沙里宁事务所

62. Carpenter Center for the Visual Arts, Harvard University, Cambridge, Massachusetts, USA, arch. Le Corbusier

62. 卡彭特视觉艺术中心，哈佛大学，剑桥，马萨诸塞州，美国，建筑师：勒 · 柯布西耶

63. Massey College, University of Toronto, Ontario, Canada, arch. Thompson, Berwick & Pratt(Ronald J. Thom, Architect-in-Charge)

63. 多伦多大学马西学院，多伦多，安大略省，加拿大，建筑师：汤普森、贝里克和普拉特事务所（R. J. 汤姆，责任建筑师）

64. Vanna Venturi House, Philadelphia, Pennsylvania, USA, arch. R. Venturi and D. Short

64. 范娜 · 文丘里住宅，栗树山，费城，宾夕法尼亚州，美国，建筑师：R. 文丘里，肖特

65. Toronto City Hall, Toronto, Ontario, Canada, arch. Viljo Revell and John B. Parkin Associates

65. 多伦多市政厅，多伦多，安大略省，加拿大，建筑师：V. 雷维尔和 J. B. 帕金事务所

66. McMath-Pierce Solar Telescope, Kitt Peak, Arizona, USA, arch. SOM, Myron Goldsmith

66. 麦克马思－皮尔斯天文观测站，基特山顶，亚利桑那州，美国，建筑师：SOM 事务所，M. 戈德史密斯

67. St. Mary's Roman Catholic Church, Red Deer,

67. 圣玛丽天主教堂，雷德迪尔，艾伯塔省，

Alberta, Canada, arch. Douglas Cardinal

68. Simon Fraser University, Burnaby, British Columbia, Canada, arch. Erickson & Massey
69. Salk Institute for Biological Research, La Jolla, California, USA, arch. Louis I. Kahn
70. The Sea Ranch Condominium I, Mendocino, California, USA, arch. MLTW(Moore, Lyndon, Turnball & Whitaker)
71. U.S. Pavilion, Expo'67, Montréal Québec, Canada, arch. Cambridge Seven Associates and R. Buckminister Fuller
72. Habitat, Expo'67, Montréal, Québec, Canada, arch. Moshe Safdie
73. Ford Foundation Building, New York, New York, USA, arch. Kevin Roche, John Dinkeloo & Associates
74. John Hancock Tower, Chicago, Illinois, USA, arch. Skidmore, Owings & Merrill
75. Kimbell Art Museum, Fort Worth, Texas, USA, arch. Louis I. Kahn
76. Douglas House, Harbor Springs, Michigan, USA, arch. Richard Meier
77. Judiciary Square Metro Station, Washington D.C., USA, arch. Harry Weese
78. The East Building of the National Gallery of Arts, Washington D.C., USA, arch. I. M. Pei & Partners
79. Frank and Berta Gehry House, Santa Monica, California, USA, arch. Frank O. Gehry
80. Vietnam Veterans Memorial, Washington D.C., USA, arch. Maya Lin; Cooper-Lecky Partnership
81. Artillery Sheds, Marfa, Texas, USA, arch. Donald Judd
82. Middleton Inn, Charleston, South Carolina, USA, arch. Clark & Menefee, and Charleston Architectural Group
83. The Menil Collection, Houston, Texas, USA, arch. Renzo Piano and Richard Fitzgerald & Partners with Ove Arup & Partners
84. Mississauga City Hall and Civic Square,

加拿大，建筑师：D. 卡迪纳尔

68. 西蒙·弗雷泽大学，伯纳比，不列颠哥伦比亚省，加拿大，建筑师：埃里克森和马西事务所
69. 索尔克生物研究所，拉霍亚，加利福尼亚州，美国，建筑师：路易斯·康
70. 海滨牧场（1号公寓），门多西诺，加利福尼亚州，美国，建筑师：穆尔、林登、特恩布尔和惠特克事务所（MLTW）
71. 1967年世界博览会美国馆，蒙特利尔，魁北克省，加拿大，建筑师：剑桥七人联合组和R. B. 富勒等
72. “住地67”，蒙特利尔，魁北克省，加拿大，建筑师：M. 萨夫迪
73. 福特基金会大楼，纽约市，纽约州，美国，建筑师：K. 罗奇和J. 丁克鲁事务所
74. 约翰·汉考克大厦，芝加哥，伊利诺伊州，美国，建筑师：SOM事务所
75. 金贝尔艺术博物馆，沃思堡，得克萨斯州，美国，建筑师：路易斯·康
76. 道格拉斯住宅，斯普林斯港，密歇根州，美国，建筑师：R. 迈耶
77. 司法广场地铁站，华盛顿，美国，建筑师：H. 威斯
78. 国家美术馆东馆，华盛顿，美国，建筑师：贝聿铭事务所
79. 弗兰克·盖里和贝尔塔·盖里住宅，圣莫尼卡，加利福尼亚州，美国，建筑师：F. O. 盖里
80. 越战纪念碑，华盛顿，美国，建筑师：M. 林；库珀－莱基事务所
81. 装备库，马尔法，得克萨斯州，美国，建筑师：D. 贾德
82. 米德尔顿旅店，查尔斯顿，南卡罗来纳州，美国，建筑师：克拉克，梅尼菲；查尔斯顿建筑集团
83. 门内尔藏品馆，休斯敦，得克萨斯州，美国，建筑师：R. 皮亚诺和R. 菲茨杰拉德事务所，O. 阿鲁普事务所
84. 米西索加市政厅和市民广场，米西索加，

Mississauga, Ontario, Canada, arch. Jones & Kirkland

安大略省，加拿大，建筑师：琼斯，科克兰

85. Centre Canadien d'Architecture, Montréal, Québec, Canada, arch. Peter Rose

85. 加拿大建筑中心，蒙特利尔，魁北克省，加拿大，建筑师：P. 罗斯

86. Mildred B. Cooper Memorial Chapel, Bella Vista, Arkansas, USA, arch. E. Fay Jones & Maurice Jennings

86. 米尔德里德・B. 库珀纪念礼拜堂，贝亚维斯塔，阿肯色州，美国，建筑师：E. F. 琼斯和 M. 詹宁斯事务所

87. Musée d'Archeologie er Histoire, Pointe-à-Calliére, Montréal, Québec, Canada, arch. Dan S. Hanganu and Provencher Roy

87. 卡利埃尔角历史和考古博物馆，蒙特利尔，魁北克省，加拿大，建筑师：D. S. 汉加努，P. 罗伊

88. Centennial Complex, American Heritage Center and Art Museum, University of Wyoming, Laramie, Wyoming, USA, arch. Antoine Predock

88. 百年综合体——美国遗产中心和艺术博物馆，拉勒米，怀俄明州，美国，建筑师：A. 普雷多克

89. Associates Center for Visual Arts, University of Toledo, Ohio, USA, arch. Frank O. Gehry

89. 视觉艺术辅助中心，托莱多，俄亥俄州，美国，建筑师：F. O. 盖里

90. MBTA Operations Control Center, Boston, Massachusetts, USA, arch. Leers Weinzapfel Associates

90. 马萨诸塞湾运输局管理控制中心，波士顿，马萨诸塞州，美国，建筑师：利尔斯和温扎费尔事务所

91. Project Row Houses, Houston, Texas, USA, arch. Sheryl Tucker de Vasquez

91. 联排式住宅计划，休斯敦，得克萨斯州，美国，建筑师：S. T. 德瓦斯克斯

92. Museum of Fine Arts, Central Administration and Glassell Junior School, Houston, Texas, USA, arch. Carlos Jimenez and Kendall/Heaton Associates

92. 美术馆管理中心和格拉赛少年学校，休斯敦，得克萨斯州，美国，建筑师：C. 吉米尼斯；肯德尔－希顿事务所

93. Finnish Embassy, Washington D.C., USA, arch.H. Heikkinen & M. Komonen

93. 芬兰大使馆，华盛顿，美国，建筑师：海克南和科莫南事务所

94. Phoenix Central Library, Phoenix, Arizona, USA, arch. W. Bruder/DWL Architects

94. 凤凰中心图书馆，凤凰城，亚利桑那州，美国，建筑师：W. 布鲁德；DWL 建筑师事务所

95. Neurosciences Institute, La Jolla, California, USA, arch. Tod Williams and Billie Tsien

95. 神经科学研究所，拉霍亚，加利福尼亚州，美国，建筑师：T. 威廉斯，B. 秦

96. Strawberry Vale School, Victoria, British Columbia, Canada, arch. Patkau Architects

96. 草莓谷学校，维多利亚，不列颠哥伦比亚省，加拿大，建筑师：帕特考建筑师事务所

97. Aronoff Center for Design and Art, University of Cincinnati, Cincinnati, Ohio USA, arch. Peter Eisenman and Richard Trott

97. 阿罗诺夫设计和艺术中心，辛辛那提，俄亥俄州，美国，建筑师：P. 艾森曼，R. 特罗特

98. Ledbury Park, North York, Ontario, Canada, arch. Shim and Sutcliffe

98. 列德伯里公园，北约克，安大略省，加拿大，建筑师：希姆，萨克利夫

99. Atlantic Center for the Arts, New Smyrna, Florida, USA, arch. Thompson and Rose

99. 大西洋艺术中心，新士麦那，佛罗里达州，美国，建筑师：汤普森，罗斯

100. St. Ignatius Chapel, Seattle University, Seattle, Washington, USA, arch. Steven Holl

100. 圣依纳爵礼拜堂，西雅图，华盛顿州，美国，建筑师：S. 霍尔

后记

张钦楠

本丛书是中国建筑学会为配合1999年在中国北京举行第20次世界建筑师大会而编辑，聘请美国哥伦比亚大学建筑系教授K. 弗兰姆普敦为总主编，中国建筑学会副理事长张钦楠为副总主编，按全球“十区五期千项”的原则聘请12位国际知名建筑专家为各卷编辑以及80余名各国建筑师为各卷评论员，通过投票程序选出20世纪全球有代表性的建筑1000项，以图文结合的方式分别介绍。每卷由本卷编辑撰写综合评论，评述本地区建筑在20世纪的演变与成就，并由评论员分工对所选项目各作几百字的单项文字评述，与精选图照配合。中国方面聘请关肇邺、郑时龄、刘开济、罗小未、张祖刚、吴耀东等为编委配合编成。

中国建筑工业出版社于1999年对此项目在人力、财力、物力方面积极投入，以王伯扬、张惠珍、董苏华、黄居正等编辑负责，与奥地利斯普林格出版社紧密合作，共同出版了中文、英文的十卷本精装版。丛书首版面世后，曾获得国际建筑师协会（UIA）屈米建筑理论和教育荣誉奖、国际建筑评论家协会（CICA）荣誉奖以及我国全国科技一等奖和中国出版政府奖提名奖。

国际建筑评论家协会（CICA）对本丛书的评论是：“这部十卷本的作品是对全世界当代建筑的范围广阔的研究，把大量的实例收集在一起。由中国建筑学会发起，很多人提供了评论文字。它提供了一项可持久的记录，并以其多样性、质量、全面性受到嘉奖。这确实是一项给人印象深刻的成就。”

按照原协议及计划，这套丛书在精装本出版后，将继续出版普及的平装本，但由于各种客观原因，未能实现。

众所周知，20世纪世界建筑发生了由传统转为现代的巨大改变，其历史意义远超过了一个世纪的历史记录，生活·读书·新知三联书店有鉴于本丛书的持久文化价值，决定出版中文普及版。此次中文普及版，是在尊重原版的基础上，做了适当的加工与修订，但原“十区”名称中有个别与现今名称不同，保留原貌，以呈现历史真实。此次全面修订出版时，原书名《20世纪世界建筑精品集锦》改为《20世纪世界建筑精品1000件》。希以更好的面目供我国建筑师、建筑学界的师生、广大文化界人士来阅读、保存与参考。

2019年8月29日

图书在版编目（CIP）数据

20 世纪世界建筑精品 1000 件 . 第 1 卷，北美 / （美）K. 弗兰姆普敦总主编；（美）R. 英格索尔本卷主编；英若聪译 . —北京：生活 · 读书 · 新知三联书店，2020. 9
ISBN 978 – 7 – 108 – 06775 – 3

Ⅰ. ① 2… Ⅱ. ① K… ② R… ③英… Ⅲ. ①建筑设计 – 作品集 – 世界 – 现代 Ⅳ. ① TU206

中国版本图书馆 CIP 数据核字（2020）第 138065 号

责任编辑 唐明星
装帧设计 刘 洋
责任校对 安进平
责任印制 宋 家
出版发行 生活 · 讀書 · 新知 三联书店
（北京市东城区美术馆东街 22 号 100010）
网 址 www.sdxjpc.com
经 销 新华书店
印 刷 北京图文天地制版印刷有限公司
版 次 2020 年 9 月北京第 1 版
2020 年 9 月北京第 1 次印刷
开 本 720 毫米 × 1000 毫米 1/16 印张 26
字 数 100 千字 图 468 幅
印 数 0,001 – 3,000 册
定 价 198.00 元
（印装查询：01064002715；邮购查询：01084010542）